紫果西番莲
多倍体诱导与评价研究

许玉兰　蔡年辉　朱雅静　杨振欣　苏鑫　著

化学工业出版社
·北京·

内容简介

《紫果西番莲多倍体诱导与评价研究》围绕紫果西番莲‘满天星’的多倍体诱导与系统评价展开，全书论述了利用胚乳培养诱导的技术途径，建立紫果西番莲三倍体高效再生体系的方法流程；阐述了基于流式细胞术、染色体计数等技术的多倍体鉴定策略；并通过对比二倍体与三倍体植株在形态结构、光合特性及叶绿素荧光参数等方面的差异，揭示了多倍体化引起的表型与生理变化。此外，本书重点分析了三倍体植株在抗旱能力方面的表现，通过PEG-6000模拟干旱和自然干旱胁迫实验，从生长响应、生理适应、光合变化及叶绿素荧光动力学等方面，综合评价了多倍体在抗逆性方面的优势机制。

本书可供高等院校园艺、林学植物生物技术、遗传育种等相关专业师生参考阅读，也可供农林科研院所研究人员和西番莲产业技术人员参考使用。

图书在版编目（CIP）数据

紫果西番莲多倍体诱导与评价研究 / 许玉兰等著. 北京：化学工业出版社，2025. 12. -- ISBN 978-7-122-49320-0

Ⅰ. S682. 2

中国国家版本馆CIP数据核字第2025EJ2567号

责任编辑：尤彩霞　　装帧设计：韩　飞
责任校对：刘曦阳

出版发行：化学工业出版社
(北京市东城区青年湖南街13号　邮政编码100011)
印　　装：北京科印技术咨询服务有限公司数码印刷分部
710mm×1000mm　1/16　印张13½　字数217千字
2026年3月北京第1版第1次印刷

购书咨询：010-64518888　　售后服务：010-64518899
网　　址：http://www.cip.com.cn
凡购买本书，如有缺损质量问题，本社销售中心负责调换。

定　　价：59.00元

前言

紫果西番莲（*Passiflora edulis* Sims）是我国热带、亚热带地区具有重要经济价值的水果作物，其果实风味独特、营养丰富，深受消费者喜爱。其种植、销售在带动农民增收、促进乡村振兴方面展现出显著潜力，对于优化农业产业结构、提升农产品附加值具有战略意义。

长期以来，紫果西番莲品种抗逆性和果实品质仍有较大提升空间，成为制约产业可持续发展的关键瓶颈。多倍体育种作为作物遗传改良的重要手段，在增强植株抗逆性、改善果实品质与提高产量方面表现出巨大潜力。因此，开展紫果西番莲多倍体新种质创制与评价研究，对推动其品种升级和产业高质量发展具有重要意义。

本书以紫果西番莲优良品种'满天星'为研究对象，系统开展了三倍体诱导与综合评价研究。通过利用胚乳培养技术成功建立了高效稳定的三倍体植株再生体系；综合运用流式细胞术、染色体计数等方法对诱导材料进行了倍性鉴定。在此基础上，系统比较了二倍体与三倍体植株在形态解剖结构、光合特性及叶绿素荧光参数等方面的差异，揭示了多倍体引起的表型效应及生理基础变化。为进一步评价多倍体的抗逆性，研究通过PEG-6000模拟干旱胁迫与自然干旱胁迫的模式，深入分析了不同倍性植株在干旱条件下的生长表现、生理响应、光合能力变化及叶绿素荧光动力学特征，明确了三倍体植株表现出更强的抗旱性。通过上述研究，成功获得了紫果西番莲三倍体新种质，并从形态、细胞、生理、光合及抗逆性等多个层面系统揭示了多倍体化对植株生长发育与逆境适应性的影响机制，为紫果西番莲多倍体育种及抗逆优良品种选育提供了重要的理论依据与技术支撑。

本研究过程中，承蒙唐军荣教授和陈林副研究员在实验设计阶段的悉心指导，谨致诚挚谢意。感谢陈诗老师、杨博宁博士在实验实施和数据分析中提供的支持与帮助。在材料培养与指标测定工作中，得到了课题组成员赵李姗、王亚楠、张焕、孙琪、李熙颜、李江飞、汪啟波、王瑜、王雪、陆庄跃、郑超凡、徐骏飞、周驰宇、孙赫、李瑞连、华琦利、廖建珍、张小月等的大力协助，在此一并致谢。同时感谢云南省热带作物科学研究所高世德副研究员在试验材料提供方面给予的支持。

本研究得到了西南地区特色林木种质改良与资源综合利用硕士生导师团队建设项目和西南林业大学林学云南省一流建设学科的资助，主要研究工作在西南山地森林资源保育与利用教育部重点实验室、国家林业和草原局西南地区生物多样性保育重点实验室和云南省高校林木遗传改良与繁育重点实验室完成，特此鸣谢。

限于作者学术水平与研究条件，书中难免存在疏漏与不足之处，恳请读者指正。

许玉兰
2025 年 9 月于昆明

目录

第 1 章 研究背景 / 1

第1章

研究背景

植物种质资源是生产和发展的基础性与战略性资源，是良种选育的原材料，是品种改良的物质基础。植物在长期的栽培过程中容易形成品种单一、同质化突出等问题。研究表明，在同种植物中通过自然选择、演化产生的不同特征群体与生态型的不同基因型的植物，在生长形态和遗传标记等方面均表现出丰富的多态性（Tyagi et al.，2011；Nevo，2009），且具有不同基因型的同种植物常常具有不同的表现，如经自然驯化人工选育而来的西番莲‘平塘1号’具有更强的抗寒性能，经过选育出的良种往往有更高的经济与利用价值。

作物改良常通过选育新品种的方式来实现，其中诱导植物变成多倍体是获得优良品种的重要手段。紫果西番莲（*Passiflora edulis* Sims，又名鸡蛋果、百香果、洋石榴）是西番莲科（Passifloraceae）西番莲属（*Passiflora*）的多年生常绿藤本攀援植物，其具有较高的食用价值、观赏价值、药用价值，是近年来研究较多的藤本植物。然而，紫果西番莲受到各种疾病的影响，种植面积增加、种植挑战大、产量有限，加之紫果西番莲为果类作物，易感染病虫害，其中包括病毒、细菌、真菌和植原体疾病以及寄生线虫造成的病虫害，这使得其产量与质量均受到了影响（Freitas et al.，2015；Da Graca，1976）。

在编者课题组前期的努力下已成功获得紫果西番莲中的品种‘满天星’三倍体组培苗，然而对于‘满天星’三倍体植株的生理生化特性及其抗性能力等优良性的评价还未有研究。为了对‘满天星’三倍体作出评价，编者对‘满天星’二倍体与三倍体的生理生化特性及抗性展开研究，旨在为‘满天星’三倍体的优良性作出初步判断。

1.1 西番莲研究概况

1.1.1 西番莲属植物种质资源概况

西番莲科西番莲属的植物多为草质或木质藤本，稀为灌木或小乔木。西番莲科约有 16 个属，600 余种，其中我国有西番莲属和蒴果属（余东等，2005）。野生西番莲属全世界有 500 多种，我国有 17 种，主要分布在华南与西南地区，其中云南种类最多（华文，2011）。主要栽培的西番莲属有 400 多种，我国有 21 种，其中包含 2 个变种（陆虑远和庄西卿，1989）。目前，世界上作为食用栽培的西番莲多数为紫果西番莲（*Passiflora edulis* Sims.）、黄果西番莲（*Passiflora edulis* f. *flaviapa* Degener）、樟叶西番莲（*Passiflora laurifolia* Linn.）、大果西番莲（*Passiflora quadrangularis* Linn.）等（余东等，2005；杨涛等，2023）。我国主要栽培的有紫果西番莲、黄果西番莲、黄果与紫果杂交种等三大类（Viana et al.，2012）。黄果西番莲有‘黄金杂交种 1 号’、‘芭乐味黄金果’ 2 个品种，紫果西番莲有‘满天星’、‘黑美人’、‘台农 1 号’等三个品种（韦晓霞等，2019）。

1.1.2 紫果西番莲‘满天星’分布及生长特性

紫果西番莲属于西番莲科西番莲属的多年生常绿草质藤本植物，叶互生，两性花，成熟果为紫色或黄色浆果，其果汁含有多种水果的复合香味（高建华等，2012）。其原产地为南美洲巴西，主要栽培在热带、亚热带地区（周葵等，2015），现在我国的台湾、广东、福建、广西、浙江、四川、云南等地区均有分布（章宁等，2003）。生长环境对土壤条件要求不高，但在富含有机质、疏松、土层深厚且排水良好、阳光充足的向阳地生长最佳，适宜生长在 20～30℃的气候条件下，选择土壤的酸碱度为 5.5～6.5，土壤厚度为 0.5m 以上的土地栽培最适宜（李莉萍，2012）。其适宜在降雨量为 760～1270mm 的热带山区及亚热带地区生长，雨水过多或者干旱都对其生长不宜，长时间的干旱会使其叶片变黄，生长缓慢，甚至果实萎缩脱落，气温在 15～25℃时生长良好。一般 2 月中、下旬新梢萌发，以后新梢抽生没有明显的季节性。3 月上旬开始现花蕾，4 月份为盛花期，花是晨开暮闭，自交亲和，自然（蜜蜂传粉）授粉结果率约 40%，稔实后 24d 果实达到最大，从坐果到成熟一般需 80～90d，7 月中旬至 8 月底为果实成熟期，单果重 25～40g，亩❶产 250～500kg（吴均秀，1994）。

紫果西番莲易成活，适应性强，病虫害较少，种植后一年即可收获，持续结果期长，经济价值高，且投入少、见效快，可在我国适生地区大力发展和推广，应用前景十分广阔。由于紫果西番莲果汁含量高、酸甜可口、热稳定性良好，近年来市场上关于西番莲的产品主要以果汁饮料为主，且国际市场对西番莲果汁的需求每年以 15%～20%的速度增长，有供不应求的趋势（张佳艳和任仙娥，2016）。且近年来，人们对紫果西番莲的研究主要集中于药用价值（邹江冰等，2015）、化学成分（高建华等，2012）和深加工产品（杜丽娟等，2019）等方面，而在紫果西番莲倍性育种方面报道较少，所以对紫果西番莲进行多倍体的诱导研究是必要的。

‘满天星’是紫果西番莲中的一个品种，因其表面布满了星星一样的斑斑点点而得名（韦晓霞等，2019）。其叶片为掌状 3 裂，少数为 2 裂，叶长 12.61～14.41cm，叶宽 11.64～17.56cm。花梗长 2.12～2.70cm，花朵苞片为绿色，有 5 枚萼片，5 枚花瓣，柱头呈肾形，萼片背部顶端具 1 角状附属器。萼片外面绿色，内面白色，长 3.11～3.43cm，花瓣白色。‘满天星’果皮光滑，为紫红色，成熟果重约 134.82g，熟果实果肉颜色为橙黄色，其果皮较厚，果实可进行加工综合利用（章希娟等，2017），是目前种植面积较广，且产量较高、品质较优、出汁率较高的主栽品种，但植株的耐寒性较差（章宁等，2003），不适宜北方地区栽培（赵兴蕊等，2021），年平均气温不低于 18℃，月平均气温不低于 8℃的地区可栽培，其生长的最适温度为 20℃～35℃（王亚楠等，2019）。

1.1.3 紫果西番莲的应用价值

经济价值体现在果实中，其果实中的芳香物质超过 165 种，是世界上已知的芳香型水果之一，几乎涵盖了热带、亚热带大部分水果的香型。果浆内富含维生素 C、总类胡萝卜素、总酚、总黄酮等（周玉娟等，2008；Janzantti et al.，2012），近年来其果实制作的果汁、果脯、果酒、果冻等食品均为市场热销产品（刘晓静等，2017；De Oliveira et al.，2015）。其果实是典型的浆果，香味较为独特且浓郁，含有菠萝、番石榴、芒果、柑橘、苹果、

❶ 1 亩＝667m^2。

柠檬、香蕉等多种水果的风味，所以被誉为“果汁之王” （唐明荣等，2018）。市场需求的增加，丰富了西番莲的产品类型，随即有人也开发了西番莲果茶、果酱、果糕等食品，市场利用率也随着越来越大，进一步促使西番莲的经济价值升高，于是对紫果西番莲的研究就显得更加重要（De Oliveira et al.，2015）。紫果西番莲果皮中的果胶是一种天然的增稠剂，可用于食品加工中。不止如此，紫果西番莲的根、藤、花和果均可入药，植株在神经痛、间歇性哮喘、一般性癫痫发作、儿童注意力不集中、心悸、癔病、高血压、更年期综合征、心律异常及缓解疼痛方面有辅助疗效（陈惠芳，2005）。其叶醇提取物具有抗焦虑活性，果汁具有延缓衰老和抗疲劳的作用（Dhawan et al.，2001）。还有研究发现紫果西番莲对 O_3 引起的氧化应激具有耐受性（Fernandes et al.，2019）。所以利用西番莲制药对于药品市场是一个新且有益的选择，并且成功引起了医疗领域和制药行业的广泛关注（Xirui et al.，2020；Ony et al.，2022）。

近年来，紫果西番莲的果皮逐渐被提取研究，研究发现紫果西番莲果皮中含有果胶、黄酮、花青素等活性物质，所以紫果西番莲果皮不仅可作为食品增稠剂及制作果脯、果酱等，还具有一定的药用价值（高建华等，2012）。其果汁中活性成分丰富，含有多种维生素、氨基酸、有机酸等，风味独特，香味浓郁，既可直接食用，也可加工成饮料果酱，酸甜可口。紫果西番莲籽含有较高的油脂，有研究发现西番莲籽油中含有亚油酸、黄酮、多酚等活性物质，具有较好的药用前景（张静波等，2000）。除此以外，紫果西番莲还具有其他的保健功能（Montanher et al.，2007）。

1.1.4 紫果西番莲‘满天星’研究进展

在西番莲属植物多倍体的研究史上，早在 1996 年 Mohamed 等就成功通过诱导龙珠果（*Passiflora foetida*）的成熟胚乳得到龙珠果的三倍体植株，且植株已成功栽培至开花但未观察到坐果。李淑真等（1998）通过使用 TDZ 等激素诱导紫果西番莲未成熟和近成熟胚乳成功获得紫果西番莲的三倍体不定芽并建立了可再生体系。张琴等（2000）、Antoniazzi 等（2018）利用紫果西番莲胚乳进行离体培养均成功获得了三倍体植株，但胚乳愈伤组织的诱导率不高，不定芽分化数量少。现已经知道的紫果西番莲三倍体诱导的方法都是通过培养胚乳来得到三倍体植株，胚乳培养法被认为是一种一步法，由于胚乳是由一个单倍体精核和两个单倍体极核在胚囊内融合而形成的三倍体组织（Thomas et al.，2000），因此可以合理地假设该组织可以再生三倍体植株。

近年来，贵州、广西、云南等地区将西番莲种植作为“短、平、快”的精准扶贫项目进行推广，西番莲产业也迎来了新的发展机遇（吴凤婵，2022）。随着市场的需求越来越大，如何使紫果西番莲变得高质量高产也成了近年来研究者关注的热点问题（De Oliveira et al.，2015）。在加工紫果西番莲的果汁饮料时，果实内含有大量的种子影响果汁的风味，果胶使果汁的黏度提高，淀粉降低果汁的透明度和稳定性，致使果汁的出汁率和生产效率较低，从而间接影响了紫果西番莲的加工业，也严重影响了西番莲的产量和品质（Janzantti et al.，2012）。

目前，对紫果西番莲的研究主要在：引种栽培研究（唐明荣等，2018；饶建新等，2012）、组织培养研究（王亚楠等，2019；孙琪等，2018）、果实的成分分析（刘晓静等，2017）和比较出目前市场上抗性较好的品种（韦晓霞等，2019）。

对于紫果西番莲‘满天星’的研究主要在：建立了组织培养体系；构建了植株稳定的再生体系；诱导了经过检测稳定的二倍体、三倍体无菌苗；移栽了二倍体、三倍体植株，挂果成功；进行了不同倍性的生长情况、生理特性及初步抗旱性比较研究。

前人研究得出：紫果西番莲‘满天星’的三倍体植株表现出苗木矮化、地径粗壮，以及同一位置的叶片变得短且窄、叶柄长变短、茎节变短粗的特征，叶片叶绿素含量较二倍体更高，植株抗性有所增强。但在全球炎热高温、干旱情况越来越严重的大环境下，初步的抗旱性研究结果还不能使紫果西番莲‘满天星’广泛种植，对其抗逆性机理还未知。

1.2 植物多倍体的研究概况

1.2.1 植物多倍体的概念

多倍体是指拥有三套或三套以上完整染色体的生物（Song et al.，2012），这被认为是植物多样性的显性特征（Rothfels，2021）。根据染色体组的来源差异，染色体组的加倍有两种情况，源自同一个体的为同源多倍体，染色体组来自不同物种杂交的即为异源多倍体（曾正明等，2000）。自然界中染色体的加倍是物种进化的一种表现和特征（彭云霞等，2012），植物随着染色体组的加倍，其生长性状和生理性状也随之做出改变，是一种形成新物种的快捷方式。因此人工诱导多倍体选育植物新种质也受到了广泛的研究。多倍体在自然界中普遍存在，许多研究表明，多倍体植物无论在形态上还是生理生化上都比正常的二倍体具有更丰富的变异（Tingting et al.，2021；Jiana et al.，2023）。

1.2.2 植物多倍体的特征

植物多倍体的优势主要表现在：巨大性、可育性下降、营养成分含量增加、生长发育延迟和抗性增强。随着染色体数的增加，植物细胞的体积也相应增大，形态表现为植物器官的增大，具体表现在植株的枝变粗、叶变厚、花变大、果变大、气孔也变大等（王雪等，2022）。多倍体的巨大性对经济林类的植物具有重大意义，有果树、材用植物、药用植物、观赏性植物等。以及进一步使其各类营养成分含量和产量也明显增加，植物的生理活动也更加旺盛，使得碳水化合物、维生素、蛋白质等的合成速率也相对提高（杨振欣等，2023）。随着染色体数的增加，也提高了与抗逆能力具有相关性的酶类活性和代谢物的含量，从而使得多倍体植物的抗逆性也得到增强（Chen R et al.，2016）。

1.2.2.1 巨大性

由于多倍体植物的染色体数增加，细胞体积也相应增大，形态表现为器官增大，具体表现有细胞体积增大、枝粗、叶厚、花大、果大、气孔大等，即多倍体的巨大性。如四倍体金银花较二倍体金银花的胚根粗大、生长点明显、叶片肥厚宽大且颜色变深、叶脉变深、叶片气孔变大、植株粗壮高大（王惠利和赵晓明，2014）。多倍体的巨大性对果树、材用植物、药用植物、观赏性植物具有重大意义。重庆市农业科学院果树研究所韩国辉等（2018）通过比较多个品种的果桑叶片和果实性状发现多倍体材料的果桑品果实更大，这一研究说明果树多倍体育种可大大提高果实产量。

1.2.2.2 营养成分含量增加

多倍体植物的巨大性进一步使其各营养成分含量和产量明显增加，由于多倍体植物染色体数目的增多，其细胞具有更多的基因组合形式，植物生理活动更加旺盛，随之糖、维生素、蛋白质等的合成速率也会相对提高。祝泽兵（2010）研究发现，四倍体山杨的最大净光合速率、表观量子效率和光饱和点均较高，CO_2 饱和点均大于二倍体山杨；多倍体木薯的器官一般比二倍体植株大，且叶绿素及淀粉含量明显高于二倍体（符芳宁等，2019）；武娅歌等（2019）研究发现二倍体黄瓜子叶保卫细胞的大小和保卫细胞内叶单位面积绿体数目都比四倍体黄瓜少。

1.2.2.3 抗性增强

一方面随着染色体数的增加，与抗逆能力相关的酶类活性和代谢物的含量也随之提高，从而致使多倍体植物的抗性随之增强。另一方面，由于多倍体植株一般较矮，茎秆粗壮，能较好地抵抗倒伏，有的还具有抗干旱、抗病虫害等其他抗性。侯金波（2007）从美国引进的优良速生树种竹柳生长快，抗性强。与桑树的二倍体相比，多倍体品种的耐干旱能力更强（郭龙等，2014）。温国等（2019）分析了枇杷多倍体与二倍体的抗旱性，发现多倍体材料抗旱性较二倍体强。吴雪娟等（2016）利用不同浓度的秋水仙素与2.00%二甲基亚砜配合处理百合小鳞茎，获得抗性良好的四倍体植株。唐淑玲（2015）利用秋水仙素浸泡处理萌动的毛稔种子，通过不同处理方式对毛稔进行多倍体诱导，通过对诱导出的多倍体材料进行形态学观察、气孔特征鉴定、染色体计数、鉴定多倍体，成功获得了叶形奇特、花径更大、抗性更强的毛稔新种质。

1.2.2.4 可育性下降

有研究者利用0.2%秋水仙碱处理甜瓜的幼苗茎尖并成功获得了四倍体植株，对比分析了二倍体植株与四倍体植株的单果重及果实纵径，发现四倍体甜瓜的值均明显小于二倍体，实种腔内出现大量空批籽粒，单瓜正常种子数显著降低，由此说明四倍体甜瓜的可育性较二倍体下降了（张勇等，2012）。由此可知，多倍体甜瓜的种子数量少，且饱满度差，从而使得可育性降低。对二倍体、三倍体、四倍体梨的生长进行观察比较发现，三倍体和四倍体梨花粉的含量及花粉分化芽的频率都显著低于二倍体，且多倍体梨的种子饱满度及出苗率均比二倍体低，多倍体的花粉率低，可见有可育性低的趋势（黄礼森和李树玲，1990）。

1.2.2.5 生长期延长

植物的生长情况与细胞分裂及生长素的含量有关，多倍体植株各种生物含量的变化会引起一些代谢问题，从而造成多倍体植株生长缓慢。向素琼（2002）在组织培养的基础上，利用染色体倍性技术对沙田柚和红江橙进行多倍体育种，获得了大量无核的三倍体及四倍体品种，并通过植株外部形态及气孔特性比较多倍体植株与二倍体植株的生长差异，发现多倍体植株的生长速度都比二倍体植株的生长速度慢。穆怀志（2010）利用秋水仙素处理白桦的种子诱导出了四倍体白桦植株，对 2 年生的四倍体白桦与二倍体白桦的生理指标进行统计分析，结果表明四倍体植株的平均苗高显著低于二倍体植株。植物的生长情况与细胞分裂素、细胞生长素的含量有关，会引起植物多倍体出现一些代谢问题，这就是多倍体植株生长较缓慢的原因之一（洪陈洁等，2014）。

1.2.3 植物多倍体研究的意义

多倍体育种已经得到了广泛的应用，为生产、生活带来了很大的经济价值。植物多倍体的优势，对经济林类植物具有重大意义。对于观赏植物，植株染色体加倍后可使植株更粗壮、叶片更宽厚、花冠更大且更厚实、叶色加深、花色更加浓艳，使其观赏特性优于二倍体（张源珊，2020）。植株染色体加倍后进一步使其各类营养成分含量和产量得到明显的增加，植物的生理活动变得更加旺盛（杨振欣等，2023）。

1.3 人工诱导多倍体的基本途径

多倍体是指细胞核中有 3 套及 3 套以上染色体组的植物个体，植物多倍体都源于细胞核内染色体组的倍性发生变异，而这种变异的发生有两种方式：一种是体细胞分裂过程中通过物理诱导和化学试剂诱导使染色体加倍，另一种是减数分裂过程中染色体不能正常配对导致分裂异常（曹春利，2010）。植物倍性育种是获得遗传变异的重要途径，自然多倍体的植物是有限的，因此想要充分利用多倍体的优势，必须进行人工诱导。

1.3.1 胚乳培养与细胞融合

多数被子植物的胚乳由雄配子体的 1 个单倍体核和雌配子体的 2 个单倍体核组成，所以胚乳是天然的三倍体材料，且胚乳具有细胞全能性，因此胚乳在适当条件下培养可直接获得三倍体再生植株（朱登云等，1996）。早期通过胚乳培养获得罗氏核实木的三倍体再生植株开始，利用胚乳培养诱导三倍体植株的方法就得到了迅速推广。如聂振朋等（2014）将椪柑胚乳作为试验材料，通过不同浓度配比的不同激素及不同培养基处理胚乳进行胚乳培养以获得椪柑三倍体再生植株，发现各个处理对胚乳培养的影响不同。姚淼等（2015）以未成熟的巴戟天种子为启动材料，用不同培养基处理巴戟天种子内的胚乳进行愈伤组织诱导，并分化再生植株，经染色体鉴定再生植株是三倍体植株。郭婧（2012）通过对盾叶薯蓣胚乳培养获得了三倍体植株，并建立了盾叶薯蓣三倍体快繁体系。胚乳培养中胚乳的正确切取是关键，植物激素的种类和浓度的配比是诱导的主要因素。不同植物的胚乳培养条件不同，如大麦胚乳培养必须有 2,4-D（朱庆麟和陈新民，1985），柚子的胚乳培养一定要有赤霉素（王家福和陈振光，1999）。

细胞融合是细胞工程中的一项重要技术，植物细胞融合是植物体细胞杂交的过程之一，其主要目的是利用细胞膜的流动性使不同种间原生质体融合，从而得到杂交细胞（李向辉，1987）。利用这项技术，可使不同种间的体细胞进行融合，既克服了远缘杂交障碍，又扩大了基因重组的范围（霍乃蕊和韩克光，2006）。由于植物的各种组织都可以形成原生质体，且植物原生质体融合没有选择性，能够克服植物远缘杂交障碍，因此原生质体融合不仅能得到同源多倍体，还能获得异源多倍体。这一技术手段结合了原生质体培养和组织培养，对林木种质资源的改良和新品种的研发起到了巨大的作用（李琦，2018）。细胞融合技术是在原生质体培养技术的基础上发展起来的，目前利用原生质体进行培养并成功获得再生植株的高等植物已有多种，其中涉及了多个木本植物的种属（张芬等，2018）。木本植物在原生质体培养和细胞融合方面的技术研究起步较晚，难度较大，所以研究进展慢，成果少，其中柑橘（刘继红，2016）、杨树（谢华永，2004）等树种在此方面有相关报道。

1.3.2 不同倍性个体间杂交

利用可育的不同倍性的同一材料进行杂交，是获得新多倍体的一种高效且简便的方式。由于三倍体不规则的减数分裂，利用三倍体与二倍体杂交能获得新的多倍体。通过不同倍体间的杂交获得多倍体的植株有杨树（孙佩等，2019）、桑树（朱方容等，2003）、枸杞（石志刚等，2016）、桦木（沙二等，2008）等。郭朋辉等（2019）以云南地区野生紫斑百合及栽培品系东方百合和 OT 百合为材料，通过远缘杂交技术，成功获得了亲代 F_1，并通过染色体鉴定了倍性。吴玉香等（2018）将 D 组雷蒙德氏棉能同时和 A1、A2 组杂交成功并获得了杂种后代，进一步验证了雷蒙德氏棉被视为四倍体棉种祖先的直接证据。经前人研究发现，利用杂交培育获取多倍体时，杂交培育的试验材料中需要有天然的多倍体或已经通过人工方法获得了可以进行有性繁殖的多倍体，并需要多倍体在与另外一个亲本杂交时配合力较强，方可获得多倍体，否则得不到所期待的效果或即使培育出了多倍体，性状也达不到普通二倍体的效果，而且当获得的亲代不可育时，可通过秋水仙素处理恢复其可育性。

1.4 诱导多倍体的方法

1.4.1 化学因素诱导

化学法诱导多倍体是人工诱导多倍体中最为常见的方法，主要通过化学试剂抑制处于分裂中植物组织、器官甚至细胞的纺锤丝的形成，使染色体不能拉向两极，不能进行正常分裂，形成染色体加倍的细胞核，从而使植物染色体数加倍（张爱清，2016）。常用的化学试剂有秋水仙素、除草剂、生物碱、富民隆、氧化亚氮、吲哚乙酸等，其中秋水仙素的使用较为普遍（郑永强和徐坤，2003）。目前，基于秋水仙素试剂诱导植物多倍体的常用方法有浸渍法、混培法、滴液法。赵红艳等（2012）通过秋水仙素处理天山雪莲叶片诱导出的愈伤组织进行多倍体诱导研究时获得了大量的嵌合体材料。可见使用秋水仙素进行多倍体诱导时，获得的再生植株不是整倍体，可能是因为不是所有细胞的染色体数都增加。所以要想提高多倍体的诱变率及实验效率，对嵌合体进行纯化是必要的。

1.4.1.1 浸渍法

浸渍法一般将诱导材料浸渍在经过滤灭菌的秋水仙素溶液中，浸渍一段时间后用无菌水清洗，再转入未添加秋水仙素培养基中培养。诱导处理的具体浓度和具体时间要视材料对秋水仙素的敏感程度而定。如万水林等（2018）采用0.05％的秋水仙素浸泡金沙柚的幼芽 8h，多倍体诱导率可达20.83％，用 0.30％的秋水仙素浸泡金沙柚的幼苗 24h，多倍体诱导率达58.90％。用 0.05％的秋水仙素溶液浸泡诱导渥丹百合种子 48h 能成功诱导出四倍体，诱变率达 20.00％（王宇婷等，2019）。可见用秋水仙素处理不同树种，处理时间及秋水仙素浓度也不同，且同一树种，处理的器官不同，秋水仙素的浓度和处理时间也不同，所以诱导处理的具体浓度和具体时间要视材料对秋水仙素的敏感程度而定。有研究者把浸泡在秋水仙素溶液的材料在摇床上处理，以此来提高诱导率，如石小兵等（2016）用0.30%浓度的秋水仙素溶液摇床振荡处理野生三叶木通丛生芽，获得了四倍体丛生芽。

1.4.1.2 混培法

混培法是指在灭过菌但未凝固的培养基中加入经过滤灭菌的秋水仙素溶液摇匀，冷却凝固后，将外植体放入凝固好的培养基中培养一段时间再转入不含秋水仙素的新鲜培养基中。采用混培法以0.30%的秋水仙素处理马铃薯野生种14d后成功诱导出多倍体植株，诱导变异率为31.60%（张艳萍和蒲秀琴，2018）。邱芬等（2017）利用不同浓度的秋水仙素以混培法处理无籽刺梨的组培苗，进行无籽刺梨的多倍体诱导试验，当用100mg/L的秋水仙素混培预处理1d后，无籽刺梨多倍体的诱导效果较好。可见用秋水仙素诱导多倍体时，与浸渍法相比，混培法的处理时间较长且试剂浓度要求较大。对于不同植物而言，诱导方法不同，诱导效果也不同，有研究表明在诱导多倍体时发现浸渍法优于混培法（陈柏君和高山林，2000），而周嘉裕（2002）在诱导辣椒多倍体时发现混培法效果更佳。

1.4.1.3 滴液法

用无菌的脱脂棉包裹幼嫩的诱导材料，经常滴加秋水仙素溶液使脱脂棉不干，连续处理若干时间。为增加秋水仙素溶液渗入材料组织的能力和提高诱导率常加入2%～3%的二甲基亚砜有机物质（二甲基亚砜，Dimethyl Sulfoxide，简写DMSO，是一种非常重要的有机溶剂，具有极强的渗透性和吸湿性，作为载体“携带”秋水仙素分子一起进入组织内部，大大提高了秋水仙素的渗透效率）。周朴华和何立珍（1995）用0.02%～0.05%秋水仙素处理黄花菜愈伤组织24h，获得了同源四倍体，同时发现加入2%的二甲基亚砜，多倍体的诱导率可提高10%。郭展雄和吴进义（1989）把用0.2%秋水仙素溶液浸泡过的小棉球置于桑树幼苗生长点上处理2d后获得四倍体植株。滴液法相对耗药、费时，所以人们常采用浸渍法和混培法。

1.4.2 物理因素诱导

利用机械损伤、温度、射线、太空诱导、离心力等物理方法也是人工诱导多倍体的方法之一，从给番茄打顶的物理诱导获得多倍体开始，育种工作者开始了物理诱导多倍体的大量研究。杨春桃（2014）通过100 Gy ^{60}Co γ射线的辐照四倍体小麦籽粒进行物理诱导，获得了矮化突变的新品种植株。

张利珍（2011）利用化学诱导与物理诱变相结合，通过不同浓度的秋水仙素和低能氮离子束处理蒙古黄芪种子，进行多倍体诱导试验，成功获得了四倍体黄芪。李云等（2000）在极端温度下处理银毛杨、毛新杨的雌性花芽获得了三倍体。韩玉琴等（2004）利用低温长时间处理小麦幼苗，并成功获得了多倍体。但由于物理诱导多倍体的诱导率低、嵌合率高、危害性大且不稳定，所以日常生产中应用较少（张爱清，2016）。

1.4.3 植物组织培养在植物多倍体诱导中的应用

植物组织培养是指在无菌条件下，利用含有不同激素的不同培养基培养植物的离体组织、器官等技术，又叫离体培养。因植物组织培养有繁殖系数大、速度快，具有保持母本的优良性状、给植株脱毒等特点，植物组织培养在农业及林业方面应用十分广泛（段莹星，2018）。组织培养可在短时间内繁殖大量遗传性状相同的植株，可大大节约育种成本及育种时间。由于组织培养的繁殖方式多，可供加倍的材料可以是种子、茎段、离体组织、丛生芽、愈伤组织等（张虹等，2017），从而使加倍方式多样，加倍目的更加明确，并且处在分生状态的材料，加倍频率更大。高方可（2016）以黑果腺肋花楸的组培苗茎尖、组培苗幼嫩叶、愈伤组织为诱导材料，利用秋水仙素结合组织培养技术以不同方式诱导黑果腺肋花楸多倍体，并获得了四倍体植株，且不同诱导方式的多倍体诱变率不同。组织培养有繁殖速度快、繁殖系数大的特点（陈士刚等，2010），秋水仙素结合组织培养技术诱导多倍体时，可以一次处理大量的植物材料，并能短时间内扩繁大量的诱导材料以及加倍后的多倍体材料，使育种进程加快，育种效率提高，从而缩短育种的时间（王振宇等，2015）。杨丽娟（2009）利用组织培养结合化学试剂处理获得了多倍体植株，并缩短了育种时间，减少嵌合体的产生。使用秋水仙素进行多倍体诱导时，获得的再生植株不是整倍体，可能是因为不是所有细胞的染色体数都增加。所以要想提高多倍体的诱变率及实验效率，对嵌合体进行纯化是必要的。通过对材料进行组织培养后再进行诱导处理，能诱导加倍的多倍体单细胞分化出不定芽，并发育成单株，形成同质多倍体，提高诱导率，避免方法本身导致嵌合体的干扰。如辛培尧等（2013）发现组织培养结合秋水仙素诱导滇杨四倍体能有效减少嵌合体。且通过组织繁殖的后代整齐一致，能保持原有品种的优良特性，对保质、保纯有着特殊作用（李茂娟等，2019）。试验条件易于控制，生产效率高。组织培养技术在人工控制的室内进行，不受自然条件和季节的限制，秋水仙素结合组织培养诱导多倍体，可以保证实验条件的一致性，减少外界环境对实验结果的干扰（Qiao et al.，2015），且易于重复实验结果，有利于实验结果的统计和分析，提高工作效率，为得到较为精确的实验数据奠定了基础。

1.5 多倍体鉴定

及时地鉴定出多倍体可以节约诱导时间，节约材料，提高育种效率。多倍体由于染色体加倍，其外部形态特征和内部结构特征都发生了明显变化，这些变化也是鉴定倍性的特征。一般情况下，多倍体鉴定从形态上观察植物器官是否明显增大为基础，通过染色体计数、分子标记、流式细胞仪检测、细胞学等鉴定植物倍性。

1.5.1 形态鉴定

形态鉴定是一种简单、直观、粗放的初步鉴定法，主要根据植株、花、果实、种子的形状颜色大小等外部形态的差异。一般情况下，多倍体与二倍体相比，其植株的根茎较粗，叶片宽大且较厚、叶片颜色较深。如郑君强等（2014）比较了金柑的变异植株与二倍体植株的形态特征后，发现绝大多数变异植株的茎加粗、叶片变厚变宽、叶色变深。武娅歌等（2019）通过秋水仙素诱导欧洲温室型黄瓜幼苗获得四倍体黄瓜，与二倍体亲本相比，同源四倍体黄瓜子叶、叶片、主茎、雌雄花均明显增大。刘岩等（2019）检测了多倍体桑树的生长形态和染色体倍性，发现多倍体芽萌发枝条的叶片肥厚、叶型扭曲畸变、节间稠密、叶色变深。与二倍体植株相比，有斑白合的四倍体植株叶片肥厚且宽大、叶色变深绿、叶表面有轻微褶皱、叶柄粗壮（张锡庆等，2017）。一般情况下，形态鉴定法用于多倍体鉴定的初步筛选，即筛选出疑似变异的材料。

1.5.2 生理化指标鉴定

植物倍性的差异会引起生理指标的改变，这种变化可作为鉴定植物倍性的依据。常用的鉴定指标有光合速率、渗透压、持水量、含糖量、维生素含量、蒸腾速率等。张凡（2014）研究发现四倍体金莲花的叶绿素含量、蒸腾速率及光合速率平均值明显高于二倍体金莲花。周慧文等（2019）通过秋水仙素离体诱导四倍体木薯，并对四倍体植株与二倍体进行生理化指的测定对比后，发现四倍体的净光合速率、气孔导度和蒸腾速率这几项指标较二倍体有所增强，胞间 CO_2 浓度差异不显著，四倍体木薯的叶绿素含量、含水量较二倍体增大，淀粉含量减小。与二倍体白桦相比，四倍体白桦的净光合速率、光饱和点、光补偿点、羧化效率均明显提高（穆怀志等，2010）。可见，生理生化指标具有相对性，在同一倍性的不同品种间也存在差异，所以只有生理生化指标只能在一些特定植物的特定指标上进行初步判断。

1.5.3 细胞学鉴定

细胞学鉴定的指标包括植株的细胞大小，气孔大小、数量及比例，保卫细胞叶绿体数量，花粉形态大小、花粉母细胞减数分裂情况等。刘倩（2014）利用不同浓度的秋水仙素处理不同苜蓿属植物种子进行多倍体诱导研究，并通过细胞学特征鉴定诱导材料的倍性。张穗生（2002）通过不同浓度的秋水仙素处理罗汉果幼苗的芽尖，进行罗汉果的多倍体诱导研究，经细胞学鉴定成功获得了四倍体植株。赵立宁和臧巩固（1990）发现与二倍体相比，芝麻多倍体的花粉粒较大，形状变化明显，多倍体芝麻花粉粒直径比其亲本二倍体大 0.3 倍左右。多倍体黑枸杞植株具有叶色深绿，叶片加厚、卷曲，叶下表皮气孔增大，密度减少等特征（张虹等，2017）。邵冰洁等（2018）通过叶片下表皮气孔及保卫细胞大小确定植株倍性。

1.5.4 分子水平鉴定

主要利用流式细胞仪检测 DNA 的相对含量，并结合分子标记技术进行倍性鉴定。流式细胞仪鉴定的最大特点是可以自动快速地测定同一个细胞的多种相关参数，同时还可以获得同一个细胞的不同种散射光强以及不同波长荧光强度的数值。付绍红等（2013）通过流式细胞技术和 SSR 技术手段鉴定甘蓝种多倍体的倍性，并分析诱导甘蓝种间杂交诱导效果。可见 SSR 分子鉴定手段判断诱导效果流式细胞仪鉴定植物倍性的可靠性已得到众多实验的证实。王磊等（2012）利用分子标记和流式细胞仪分别对四倍体小金海棠与二倍体山定子的杂交后代进行倍性分析，并通过 SNP 技术分析杂交群体，与 SSR 和 FCM 的结果进行比较，最终，通过与染色体计数验证对比，发现 SNP 对多倍体鉴定的准确率高。

1.5.5 染色体计数

在植物多倍体育种工作中，对观察到的染色体进行计数是最直接、操作简便、可靠准确地染色体倍性鉴定方法（刘倩，2014）。此方法方法对染色体制片技术中的预处理方法、染色时间、预处理时间、解离时间、取材时间、解离温度等多个方面的要求都很严格，工作量较大（刘岩等，2019）。尽管如此，植物多倍体倍性鉴定的确定，必须建立在对其染色体数目准确观察的基础之上。魏秀清和陈晓静（2009）在不同预处理、解离、制片方法和酶解时间等不同处理条件下对紫果西番莲进行核型分析。李晶等（2016）用秋水仙素处理黑果枸杞组培苗顶端叶片，进行黑果枸杞的多倍体诱导研究，并利用染色体计数法鉴定植株倍性，成功获得了 4 株四倍体枸杞植株。张琴等（2000）利用染色体工程，结合组培快繁技术，对培育多倍体西番莲类型的技术方法进行了研究，并用染色体计数鉴定了不同方法诱导的多倍体倍性。文明富等（2016）使用去壁低渗法对 2 个甘蔗品种进行染色体数目与核型分析，观察出其染色体数。符芳宁等（2019）利用不同浓度的秋水仙素以不同方式处理木薯组培苗，进行木薯的多倍体诱导研究，对经秋水仙素处理的木薯增殖苗进行染色体鉴定，发现不同处理方式处理下木薯的多倍体的诱导情况不同。

1.6 多倍体植物的生理生化研究

植物的生理生化活动是植物生长中的基本过程，通过测定植物的生理生化指标我们可以了解植物的物质代谢、能量转换与生长发育的规律进而对植物的优良性、适应性及抗逆性做出评价。在对多倍体植物的研究上也常常通过测定多倍体植物与二倍体植物的生理生化指标来进行比较。

1.6.1 渗透调节物质

渗透调节是植物通过代谢活动降低水势以维持正常的代谢。其是植物自身增加了细胞内溶质的浓度从而使其吸水量变低，让植物能够在逆境中存活下来的一种手段（郭华军，2010）。渗透调节物质就是指参与细胞渗透调节的溶质，其主要分为两大类：无机离子与有机物质。无机离子包括 K^+、Cl^-、Ca^{2+}、Mg^{2+}、Na^+ 等；有机物质包括可溶性糖、蛋白质、有机酸碱、游离氨基酸、脯氨酸等。植物在逆境环境中渗透调节物质的含量会表现出不同程度的增加（邵艳军等，2006）。

可溶性糖是一种参与植物渗透调节的小分子溶质，其主要包括葡萄糖、果糖、蔗糖、海藻糖等，可溶性糖含量与植物抗性相关，植物常通过提高体内可溶性糖的含量来维持自身的正常代谢。研究发现抗性强的植物往往含有较高的可溶性糖含量，如在对二、四倍体蒲公英的根、叶、花序的研究中发现，四倍体蒲公英的可溶性糖较二倍体蒲公英平均增加了 50%（田永生和赵晓明，2007）。在四倍体苏州青上也有相同的发现，四倍体苏州青较二倍体植株可溶性糖含量增加了 205%（潘静雯等，2020）。郑于莉（2014）在使用秋水仙素诱导青花菜四倍体时发现，四倍体青花菜较二倍体在营养品质上均有提高，包括可溶性糖，但干物质有所下降。

可溶性蛋白含量是植物体内一个重要的生理生化指标，蛋白质的干重是生物体内占比最大的分子，可溶性蛋白主要是植物体内参与各种代谢的酶类，测量可溶性蛋白的含量可以使我们更加了解植物体的总代谢。在对杨花萝卜的研究中发现，二、四倍体杨花萝卜在经过 2℃、10d 的低温处理后，其可溶性蛋白含量体现出四倍体显著高于二倍体的现象（颜志明等，2007）。在对多倍体西瓜进行高温胁迫处理时，可溶性蛋白的含量随着胁迫的加重而下降，但三、四倍体的下降幅度小于二倍体种（何毅等，2015）。可溶性蛋白亲水性强，在逆境中植物常通过增加其含量来提高细胞的保水能力，在对杂交兰四倍体和二倍体的低温胁迫试验中发现，四倍体株系 T1 和 T2 的可溶性蛋白含量在低温条件下增幅较二倍体株系高 2.4 和 2.5 倍，具有更强的抗低温能力（王园园等，2014）。

脯氨酸是一种能够反映植物在逆境环境中生长状况的渗透调节物质，在植物受到胁迫时会产生大量的脯氨酸来提高细胞体内的渗透压，从而平衡细胞内的压差，避免细胞死亡（简令成，2009）。此外，脯氨酸还对被胁迫的植物起到修复作用，主要是保护了膜结构的稳定性、解除金属离子的毒害（Vadim et al.，2003；Essah et al.，2003）、减少活性氧造成的损伤和保护光系统Ⅱ（PSⅡ）（Davenport & Tester，2000）。当植物在逆境中生长时常会累积一些脯氨酸来维持自身的代谢平衡，如在对六倍体和四倍体的小麦进行低温处理时发现，随着倍性的提高，植物体内脯氨酸的含量显著提高，高倍体的小麦具有更强的抗寒能力（Nejadsadeghi et al.，2014）。何毅等（2015）对二、三、四倍体的西瓜进行高温闷棚处理，处理 30d 后发现三倍体植株的脯氨酸含量最高，其次是四倍体，二倍体植株最低，综合比较后发现多倍体西瓜的耐热性要强于二倍体西瓜。在对菘蓝的研究中也得到了类似结果，用甘露醇模拟干旱对二、四倍体菘蓝进行胁迫，结果显示，四倍体菘蓝在不同浓度的甘露醇胁迫下脯氨酸含量均高于二倍体菘蓝，四倍体菘蓝较二倍体菘蓝有更强的耐干旱能力（孙强等，2013）。

综上所述，探寻植物渗透调节物质在植物体内的含量及变化，可以为评价植物的适应性及优良性提供依据和指导。

1.6.2 叶绿素

叶绿体中的色素包含叶绿素和类胡萝卜素，其中叶绿素又包括叶绿素 a 和叶绿素 b，它们的作用分别是转化光能和收集光能，在逆境中植物通过提高光能的转化效率来保证碳的同化，因而叶绿素的含量常被用作评判植物抗性强弱的指标。叶绿素与植物光合作用存在正相关的关系，其是植物进行光合作用的主要色素，所以叶绿素含量的高低常被用作评判多倍体植物优良性的重要指标。在太子参多倍体诱导及离体快繁的研究中发现，四倍体太子参的叶绿素含量较二倍体提高了 11.11%（洪晓云，2013）。对平陆百合试管苗的诱导鉴定中发现，四倍体平陆百合叶片和鳞茎中的叶绿素 a、叶绿素 b、总叶绿素含量均高于二倍体脱毒试管苗（王鹏丽，2018）。在对滇杨多倍体的研究中也有同样的结论，滇杨四倍体植株的叶绿素含量是二倍体植株的 1.5 倍（陈杰等，2013）。

1.6.3 抗氧化酶

植物在维持正常的生命活动时，体内会产生适量的活性氧，当植物受到逆境胁迫时，植物体内的活性氧平衡被打破，产生大量的活性氧，抗氧化系统的作用就是清除与平衡活性氧（李璇等，2013）。抗氧化系统主要是依靠抗氧化酶及抗氧化剂协同作用调节植物细胞体内平衡。抗氧化酶包括超氧化物歧化酶（Superoxide Dismutase，SOD）、过氧化物酶（Peroxidase，POD）、过氧化氢酶（Catalase，CAT）等。对薯蓣属四倍体和二倍体植株进行 5d 的高温试验，结果显示四倍体植株的 SOD、POD、CAT 较二倍体植株活性增强，说明四倍体植株具有更强的抗氧化防御系统和更强的耐热性（Zhang et al.，2010）。彭滢等（2021）选用枳橙二倍体及其同源四倍体的 2 年生盆栽苗叶片，进行自然干旱后对其生理状况进行分析，四倍体枳橙干旱处理后其叶片 SOD 和 POD 活性表现为先升高后降低，四倍体的 SOD 及 POD 活性总体高于二倍体。对 2 年生和 3 年生的二倍体及其同源四倍体桔梗叶片进行生理生化指标的测定，结果显示：无论是 2 年生还是 3 年生的不同倍性桔梗，皆表现出四倍体桔梗 SOD、POD 较二倍体桔梗明显提高的现象（赵庆年等，2015）。不同的植物间其抗氧化酶活性的变化并无一致规律，在多倍体植物中常表现出抗氧化酶活性随着倍性的升高而增强的现象，但是这并不是恒定的，如在对热带作物香蕉的研究中发现，对二倍体野生香蕉和三倍体威廉斯香蕉进行低温胁迫处理后，三倍体香蕉的总抗氧化能力均低于二倍体香蕉（张进忠等，2014）。

1.6.4 膜伤害性

丙二醛（Malondialdehyde，MDA）是植物体内膜脂过氧化的最终产物，其会严重损伤生物膜，在植物遭遇逆境胁迫时产生。MDA 会对植物的光合、呼吸、代谢等生理进程产生负影响（陈少裕，1991），抗性弱的植物往往在遭遇逆境时产生大量的 MDA。不止如此，MDA 能与蛋白质中的氨基和核酸反应生成 skiff 碱，skiff 碱会降低膜稳定性和使膜的渗透性变强，因而 MDA 常被用作反映植物抗性的指标，它与植物的抗性呈负相关关系。刘凤霞（2018）以新疆库尔勒香梨为材料诱导出了 6 个四倍体株系，并比较了二倍体与四倍体的抗寒性，结果显示，经过寒性胁迫后的二倍体其 MDA 含量显著大于诱导出的 6 个四倍体株系，证明四倍体库尔勒香梨较二倍体抗寒。在对平陆百合脱毒试管苗的诱导研究中，也测定了诱导出的四倍体抗氧化酶活性及 MDA 含量，结果表明四倍体平陆百合的抗氧化酶活性高于二倍体，而 MDA 含量显著低于二倍体（王鹏丽，2018）。在对四、八倍体烟草的低温胁迫试验中也发现，在低温胁迫下八倍体烟草的 MDA 含量显著低于四倍体烟草（Deng et al.，2012）。

1.6.5 多倍体植物的光合特性研究

当植物细胞核内染色体组加倍以后，常导致植物形态和生理上的变化，如巨大性、可孕性低、有机合成速率增加、维生素、矿物质含量增加和抗逆性增强等（晏春耕，2007），这些改变都与基因剂量有关。在多倍体植物的光合特性研究方面，王茜龄等（2011）对多倍体桑树与二倍体桑树的光合性能进行比较，结果显示，多倍体桑树较二倍体桑树而言，不仅光合性能增强，产量、品质都有所提高。符芳宁（2019）对木薯多倍体的研究也有相同的结论，木薯田间光合特性的测定中多倍体的净光合速率、蒸腾速率、气孔速率均比二倍体增强，但胞间 CO_2 浓度变化不是很明显。在对二倍体和四倍体西瓜转录组的初步分析中发现二、四倍体西瓜的差异表达基因大都与光合作用有关，四倍体植株在调控光合作用的相关基因上有较高的表达量（许哲等，2020）。

1.6.6 多倍体植物的叶绿素荧光研究

叶绿素荧光可以作为植物光合作用研究的探针。叶绿素荧光主要能够反映光能吸收、激发能传递和光化学反应等光合作用的原初反应过程，其还与电子传递、质子梯度的建立及 ATP（腺苷三磷酸）合成和 CO_2 固定等过程有关。几乎所有光合作用过程的变化均可通过叶绿素荧光反映出来，而荧光测定技术不需破碎细胞，不伤害生物体，因此通过研究叶绿素荧光来间接研究光合作用的变化是一种简便、快捷、可靠的方法。叶绿体荧光通过荧光参数的变化来反映光合作用中光系统对光能的吸收、传递、耗散、分配等（Rohacek & Bartak，1999），于是叶绿素荧光参数也被作为研究多倍体植物优良性、抗性的一个优良参数。在对甜瓜属异源多倍体的研究中发现与二倍体相比，异源四倍体的 PSⅡ（光系统Ⅱ）电子传递效率（ΦPSⅡ）和光化学淬灭系数（qP）较二倍体显著升高（陈友根等，2010）。杜琳等（2011）在对白桦四倍体与二倍体的光合特性比较中也得到了相同的论点，即四倍体白桦叶绿素荧光参数中的 PSⅡ中心非环式电子传递量子产额较二倍体提高了 13.28%，显著高于二倍体。四倍体与二倍体木薯相比叶绿素荧光参数与叶绿素均升高，四倍体木薯叶片的 PSⅡ反应中心捕光能力增强、光化学转化效率升高，参与代谢、光合作用等途径相关蛋白质表达水平上调，叶片的光合速率高于二倍体植株（安飞飞等，2013）。叶绿素荧光参数已被用作探寻植物光合过程的可靠指标，与植物光合参数相结合将使我们能更准确地了解植物的光合作用过程。

1.7 干旱胁迫对植物的影响

1.7.1 干旱胁迫的危害

全球气候的巨大变化，导致干旱事件的频率和强度剧增，而极端干旱致使森林衰退（Li et al.，2020）。目前，全球干旱半干旱面积已经占到全球的土地总面积的30%，且干旱区正在逐渐扩散。而在我国这个比例更高，占国土面积的47%，占总耕地面积的51%（梁俊梅，2017）。我国北方的旱灾较南方更重，但根据云南省近几十年实测的气象资料统计得出，云南省大部分的地区依然有不同程度的干旱情况存在且正在发生着（祁俊青等，2019）。在高等植物的生长过程中，高等植物会因为周围的恶劣环境遭受影响进而停止发育，如干旱、低温或者高温等，特别是在干旱的环境下高等植物植株因为缺乏水分，阻碍了植株的生长（范钧星等，2016）。在植物植株的细胞组分中，水的占比最大。水分亏缺对植物的直接影响有：植株的水势会降低、植株的叶片脱水和液压受到阻力等方面的影响，并由此引发多种次级现象，例如植物会出现细胞膨压降低、气孔会关闭、光合能力将下降、碳分配将做出改变、膜与蛋白失稳、活性氧增加及离子毒性积累等现象（杨娟等，2021）。根据相关研究得知，气候变化引起的干旱胁迫作为最严重的自然灾害和非生物胁迫，越来越频繁和持续，在很大程度上限制了农业生产和作物产量（Cohen et al.，2020）。植物在长期进化的适应过程中，形成了抵抗逆境环境变化的机制（武维华，2008），导致植物的代谢紊乱和渗透压出现异常，甚至会使其植物的产量减少、减产甚至死亡（米娜等，2016）。因干旱造成植物生长困难甚至死亡的问题，已经成为当下研究的重中之重。

1.7.2 抗旱机理的相关研究

水资源短缺对植物构成持续性挑战被认为是全球植物生产力的严重制约因素之一（O'Brien et al.，2015）。植物在缺水的情况下，通常不断地调整自身形态和生长以适应自身生存的干旱环境，吸收更多的营养用来提高其竞争能力（许维宏等，2010）。通过自身的生理活动或生理变化来逃避或防御胁迫（范钧星等，2016）。植物在长期的进化适应过程中，形成了由外部生长形态特征变化到内部的生理生化特性、蛋白合成变化、光合作用及基因调控等机制来调节自身的抗旱能力（李瑞雪等，2017）。在植物受到水分胁迫时，植物通过2种方式做出改变用来适应外界环境的变化，主要包括形态特征方面和生理生化方面（武维华，2008）。在形态特征方面，植物通过增加根长和重量进一步挖掘土壤深层水分来适应干旱逆境环境；叶片的细胞体积变小、叶脉变密集，有利于水分运输以及减少细胞膨胀和收缩产生的细胞损伤，进而提高植物的抗旱性能（刘祖祺和张石城，1994）。在植物的生理生化方面，抗旱的生理机制主要表现在：细胞原生质结构和组分将发生改变、水解酶的活性也会改变、植物逆境激素会做出调节、渗透调节物质含量发生变化等（叶胜拓，2013）。干旱胁迫会影响植物的许多功能，会影响植物的光合作用等（云建英等，2006）。限制水分向空气中流失的策略主要包括脱落酸（ABA）介导的气孔关闭调节，气孔是参与气体交换的高度特化的细胞，它通过叶片的蒸腾作用造成植物大量的水分丧失，在干旱胁迫下，气孔会关闭，导致植物的 CO_2 大量积累，从而降低了植株的光合作用（Bohnert & Sheveleva，1998；席小慧等，2019）。干旱胁迫会影响植物的叶绿素含量及叶绿素荧光，叶绿素含量和光合电子传输系统可能遭受破坏，导致产生活性氧（Zgallaï et al.，2005），以及导致细胞膜快速扩散，最终使其细胞死亡（Upadhyaya et al.，2007）。叶绿素吸收的能量被 PSⅡ光系统使用（Baker & Rosenqvist，2004），以及用来衡量整体光合作用中被叶绿素吸收的光和 PSⅡ光系统使用的光的比例，其衡量的重要指标是 PSⅡ光化学量子效率，它可以在干旱胁迫条件下做出改变（Maxwell & Johnson，2000）。

第❷章 紫果西番莲满天星三倍体的诱导与鉴定

2.1 材料与方法

2.1.1 试验材料

紫果西番莲及其‘满天星’品种的成熟果实采自云南省热带作物科学研究所，本次试验中以紫果西番莲‘满天星’的胚乳为胚乳培养的试验材料。

2.1.2 试验用具及试剂

试验试剂：6-BA、IBA、IAA、NAA、ZT、TDZ、MS 培养基、2，4-D、秋水仙素、蔗糖、琼脂、盐酸、氢氧化钠、浓硫酸、升汞、8-羟基喹啉、秋水仙素-8-羟基喹啉混合液、卡诺固定液（乙醇：冰醋酸＝3：1，体积比）、酒精、蒸馏水、卡宝品红染色液、松节油等。

试验用具：烧杯、量筒、锥形瓶、玻璃棒、胶头滴管、载玻片、盖玻片、显微镜、电子天平、高温高压灭菌锅、超净工作台等。

2.1.3 试验方法

2.1.3.1 基于胚乳培养的紫果西番莲‘满天星’三倍体植株再生

2.1.3.1.1 外植体消毒

将处理好的‘满天星’种子放置无菌操作台上，用 75％的酒精消毒 20s，再用 0.1％的升汞消毒 8min，在此过程中要不断摇晃，使种子能够充分消毒，减少种子受污染程度。消毒完种子之后用事先准备好的无菌水对其进行 3～4 次冲洗后备用。

2.1.3.1.2 胚乳愈伤组织诱导试验方案

在无菌操作台上用手术刀和镊子剥掉经处理过的种子外壳，去掉其子叶后将胚乳接入含有不同浓度配比的 ZT、TDZ、2,4-D 等植物激素的培养基中诱导愈伤组织，以不加植物激素的 MS 培养基作为对照处理，具体浓度配比见表 2-1。本试验共 12 个处理，每 10 瓶培养基一个处理，每个培养基接 4 块胚乳，每个处理重复 3 次。诱导时胚乳先暗培养 15d 后继续光培养，每周观察一次，30d 后统计诱导情况。

表 2-1 不同激素对紫果西番莲胚乳的诱导处理组合

处理	ZT/(mg/L)	2,4-D/(mg/L)	TDZ/(mg/L)	胚乳个数/个
1	0.00	0.00	0.00	40
2	0.50	0.50		40
3	0.50	1.00		40
4	0.50	2.00		40
5	1.00	0.50		40
6	1.00	1.00		40
7	1.00	2.00		40
8			0.40	40
9			0.50	40
10			1.00	40
11			1.50	40

2.1.3.1.3 愈伤组织的分化

将 TDZ 诱导出的胚乳愈伤组织记为 A 型，ZT 和 2,4-D 诱导出的胚乳愈伤组织记为 B 型，分别把两种类型的愈伤组织切成小块接种到含有不同浓度配比的 6-BA、IBA、培养基中继续培养。每种类型的愈伤组织设 6 个处理，每个处理重复 3 次，培养 30d 后统计分化情况。

2.1.3.1.4 不定芽适宜生长培养基的筛选

将上一阶段胚乳愈伤组织分化出的不定芽分别接入含有不同浓度配比的 6-BA、IBA 的 MS 培养基和 1/2MS 中继续培养，每周观察一次，30d 后统计生长情况。

2.1.3.2 流式细胞检测倍性

以二倍体植株为对照材料，胚乳培养获得的再生植株以及经秋水仙素处理的材料检测样本，取疑似材料的幼嫩叶片送至昆明医科大学进行流式细胞仪倍性鉴定，其中材料的倍性＝对照倍性(2)×(样本的中位数值÷对照的中位数值)。

2.1.3.3 三倍体的增殖培养

以经流式细胞仪检测为三倍体的不定芽为试验材料，培养基为含有1mg/L 6-BA和不同浓度IAA的MS培养基，去掉三倍体不定芽较大的叶片后接入增殖培养基中，共设置3个处理，每个处理重复3次。每周观察一次，统计长出腋芽的最早时间，30d后统计每个植株长出腋芽数及其生长状况。

2.1.3.4 紫果西番莲‘满天星’二倍体和三倍体的生根培养

以二倍体、三倍体的植株为试验材料，去掉较大的叶片后，将不同倍性的植株接入不含有激素的MS培养基种继续培养20d左右。然后把不定芽接入添加0.2%炭粉以及0.5mg/L IBA的1/2MS培养基中进行生根培养共设置3个处理，每个处理重复3次。每周观察一次，45d后统计不同倍性材料的生根情况。

2.1.3.5 紫果西番莲‘满天星’二倍体和三倍体的炼苗移栽

将生根的西番莲二倍体、三倍体植株移到室内培养5d左右，敞开培养瓶盖子继续练苗5d左右，将出生根苗取出用自来水冲洗干净，多菌灵浸泡10min后，用0.3mg/L IBA溶液浸泡30min。将生根苗移栽到基质中遮阳培养，移载基质使用红土∶腐殖土∶珍珠岩＝1∶2∶1（体积比）比例混合。30d后统计不同倍性植株的生长状况。

2.1.3.6 多倍体鉴定

2.1.3.6.1 流式细胞仪鉴定

以不同紫果西番莲二倍体无菌苗及不同处理获得的无菌苗为试验材料，将无菌苗的幼嫩叶片放置培养皿中，加入400μL（Sysmex Cystain UX Precise P）倍性试剂中的裂解液，用锋利的刀片垂直切碎，将样品通过30μm的Prtec Celltrics过滤器过滤到测试管中，加入1600μL染色液，将样品送至昆明医科大学利用流式细胞仪检测倍性。

2.1.3.6.2 形态鉴定

以二倍体植株为对照，观察胚乳培养分化的不定芽，对不同倍性植株的叶长、叶宽、茎粗、苗高等形态指标进行测定，不同倍性的材料分别做3次测定，并对以上指标进行方差分析，以此来分析不同倍性的各形态指标的显著差异。

2.1.3.6.3 染色体计数

取材：在上午 9：00～11：00 之间取紫果西番莲二倍体、三倍体植株的组培苗，切取 1～3cm 左右长的根尖。

预处理：室温下将根尖分别浸泡于不同浓度的秋水仙素溶液、0.002mol/L 8-羟基喹啉溶液、秋水仙素-8-羟基喹啉混合液中不同时间。

固定：从预处理液中取出根尖，蒸馏水漂洗 2～3 次后置于卡诺固定液中固定 10min，取出根尖后立即放入 90%酒精中浸洗过渡，取出根尖用滤纸吸干后移入 70%酒精中备用。

解离：将固定过的根尖用蒸馏水漂洗 2～3 次，滤纸吸干后投入 1mol/L 盐酸溶液中，在 60℃恒温水浴锅中解离 30min 后，用蒸馏水多次漂洗，切取根尖顶部 1～2mm 备用。

染色体制片观察：将处理好的根尖用滤纸吸干置于载玻片中央，切掉根冠，切取根尖分生区部分 1～2mm，先用镊子尖轻轻将其捣碎，用卡宝品红染色液染色不同时间，然后 45 °倾斜盖上盖玻片，大拇指正对材料用力往下压，先用镊子轻敲，最后用铅笔的橡皮头敲打盖玻片至细胞均匀分散，用滤纸吸干盖玻片周围的染色液。将压好的片子置于显微镜下观察，在低倍镜下寻找到清晰的图像后，逐步换至高倍镜下进行观察，最后往盖玻片上滴 1 滴松节油，再调制 100 倍镜下观察制片效果，待寻找到清晰的细胞中期分裂相，并拍照取像进行记录。

2.1.4 数据分析

所有数据使用 Excel2003 统计，使用 SPSS20.0 软件对数据进行描述统计分析、均值比较及多因素方差分析。

$$诱导率(\%)=\frac{诱导出愈伤组织的材料数}{接种数}\times 100\%$$

$$分化率(\%)=\frac{分化出不定芽的材料数}{接种数}\times 100\%$$

$$增殖系数=\frac{增殖所得芽株数}{接种数}\times 100\%$$

$$死亡率(\%)=\frac{死亡株数}{接种数}\times 100\%$$

$$生根率(\%)=\frac{生根株数}{接种数}\times 100\%$$

2.2 结果与分析

2.2.1 ‘满天星’胚乳愈伤组织诱导及植株再生

2.2.1.1 愈伤组织诱导

2.2.1.1.1 ZT与2，4-D组合对胚乳愈伤组织诱导的影响

胚乳接种到培养基中后，暗培养的7d左右，所有胚乳开始膨大，并呈现出黄绿色的点。暗培养15d左右，对照处理的愈伤组织不再生长，其他的胚乳均由之前的黄绿色转变成翠绿色。之后转到光培养，培养20d左右，胚乳上翠绿色的点增加，形成块状的愈伤组织［图2-1（a)］，培养30d左右，愈伤组织体积增大［图2-1（b)］。

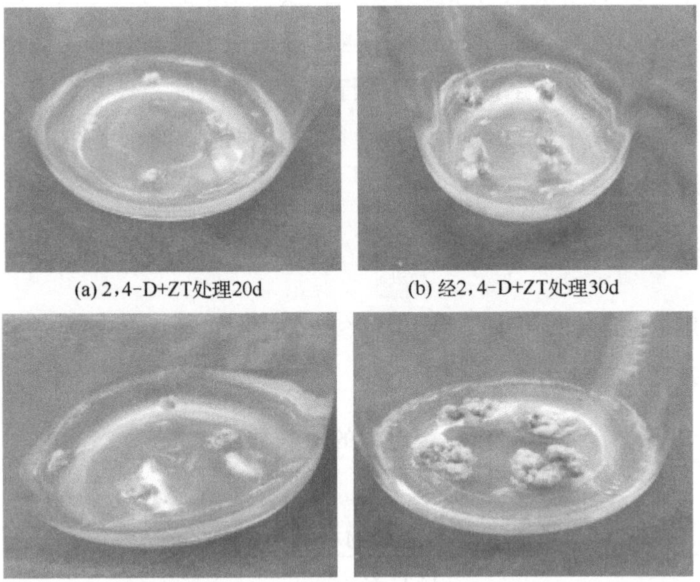

(a) 2，4-D+ZT处理20d

(b) 经2，4-D+ZT处理30d

(c) 经TDZ处理20d

(d) 经TDZ处理30d

图2-1 不同激素下胚乳愈伤组织图像

胚乳培养30d后，不同浓度配比的2，4-D、ZT对胚乳愈伤组织的诱导

结果见表 2-2，2,4-D 和 ZT 的 2,4-D 和 ZT 的浓度配比不同，愈伤组织诱导效果也不同。当 ZT 浓度不变时，2,4-D 浓度越大，愈伤组织诱导率越大，当 2,4-D 浓度大于或等于 1mg/L 时，2,4-D 浓度越大，愈伤组织诱导率越小。由此可知当 2,4-D 与 ZT 配合使用时，其浓度过高或低都不利于胚乳愈伤组织的诱导。2,4-D 浓度一定时，搭配不同浓度的 ZT，其愈伤组织的诱导效果也不同，可见两种激素的不同浓度配比对胚乳愈伤组织诱导有显著影响（表 2-2）。

表 2-2 ZT 与 2,4-D 的不同组合对诱导胚乳愈伤组织的结果

处理	ZT/(mg/L)	2,4-D/(mg/L)	胚乳数/个	污染率/%	诱导率/%
1	0.00	0.00	40	5.00±0.00ab	0.00±0.00e
2	0.50	0.50	40	7.50±1.44a	48.33±2.20c
3	0.50	1.00	40	3.33±0.83b	78.33±2.20a
4	0.50	2.00	40	3.33±0.83b	36.67±0.83d
5	1.00	0.50	40	4.17±1.67b	65.83±0.83b
6	1.00	1.00	40	7.50±0.00a	51.67±1.67c
7	1.00	2.00	40	3.33±0.83b	35.83±0.83d

注：表中的数据为平均值±标准误，不同小写字母表示在 0.05 水平上的差异显性，下同。

2.2.1.1.2 TDZ 对胚乳愈伤组织诱导的影响

不同浓度的 TDZ 对胚乳愈伤组织的诱导结果见表 2-3。添加不同浓度 TDZ 的培养基处理胚乳 15d 左右，胚乳均开始膨大，且大部分胚乳有小绿点出现，培养 20d 左右，大部分胚乳均出现浅绿色的愈伤组织［图 2-1 (c)］，培养 30d 左右，愈伤组织体积变大［图 2-1 (d)］。随着 TDZ 浓度的增加，胚乳愈伤组织诱导率也随之增加，但 TDZ 浓度过大，胚乳边缘容易褐化，最后致死，即低浓度的 TDZ 不利于胚乳愈伤组织的诱导，高浓度的 TDZ 不利于愈伤组织的成活。TDZ 浓度不同时，胚乳愈伤组织的诱导率相差较大，可见紫果西番莲‘满天星’品种的胚乳对 TDZ 较敏感。

表 2-3 TDZ 诱导胚乳愈伤组织的结果

处理	TDZ/(mg/L)	胚乳个数/个	污染率/%	诱导率/%
1	0.00	40	2.50±0.00a	0.00±0.00e
2	0.40	40	2.50±0.00a	15.00±1.44d
3	0.50	40	4.17±1.44a	53.33±1.67b
4	1.00	40	3.33±1.44a	83.33±1.67a
5	1.50	40	3.33±1.44a	26.67±1.67c

注：不同小写字母表示各处理差异显著（$p<0.05$）。

2.2.1.2 不同浓度激素配比对胚乳愈伤组织生长的影响

激素种类及浓度不同，胚乳愈伤组织的诱导率不同，愈伤组织的生长情况也不同，不同浓度激素配比对胚乳愈伤组织生长情况的影响见表 2-4。ZT 和 2,4-D 配合使用时，最早诱导出愈伤组织的时间较 TDZ 的短，其愈伤组织质地总体紧密，呈浅绿色，边缘有褐化现象。TDZ 诱导出的胚乳愈伤组织体积较 ZT 和 2,4-D 的小，出现芽点的时间较短，其愈伤组织较稀疏，TDZ 的浓度不同，其愈伤组织的颜色及体积大小也各不相同。

表 2-4 不同处理下胚乳愈伤组织的生长情况

处理	ZT /(mg/L)	2-4,D /(mg/L)	TDZ /(mg/L)	胚乳数 /个	愈伤组织的生长情况
1	0.00	0.00	0.00	40	胚乳膨大,但不能继续生长
2	0.50	0.50		40	愈伤组织紧密,呈浅绿色
3	0.50	1.00		40	愈伤组织紧密,呈浅绿色
4	0.50	2.00		40	愈伤组织紧密,呈浅绿色
5	1.00	0.50		40	愈伤组织紧密,呈浅绿色
6	1.00	1.00		40	愈伤组织紧密,呈浅绿色,有玻璃化趋势
7	1.00	2.00		40	愈伤组织紧密,呈浅绿色,有玻璃化趋势
8			0.40	40	愈伤组织稀疏,呈黄绿色,体积较小
9			0.50	40	愈伤组织稀疏,呈黄绿色,有芽点出现
10			1.00	40	愈伤组织稀疏,呈翠绿色,有芽点出现
11			1.50	40	愈伤组织稀疏,呈黄绿色,有芽点出现

2.2.1.3 6-BA 与 IBA 组合对愈伤组织分化的影响

把 TDZ 诱导出的胚乳愈伤组织（A）和 ZT、2,4-D 诱导出的胚乳愈伤组织（B）切成小块，分别用含有不同浓度配比的 6-BA 和 IBA 进行分化培养，分化结果见表 2-5。

表 2-5 不同类型愈伤组织的分化结果

处理	愈伤组织类型	6-BA /(mg/L)	IBA /(mg/L)	愈伤组织数 /块	死亡率 /%	分化芽数 /块	分化率 /%	平均每个材料分化芽数/个
1	A	1.00	0.30	20	20.00	8	40.00	3
2	A	1.00	0.40	20	10.00	15	75.00	4
3	A	1.00	0.50	20	5.00	9	45.00	5
4	A	2.00	0.30	20	30.00	4	20.00	4

续表

处理	愈伤组织类型	6-BA /(mg/L)	IBA /(mg/L)	愈伤组织数/块	死亡率/%	分化芽数/块	分化率/%	平均每个材料分化芽数/个
5	A	2.00	0.40	20	20.00	11	55.00	4
6	A	2.00	0.50	20	15.00	7	35.00	4
7	B	1.00	0.30	20	10.00	6	30.00	2
8	B	1.00	0.40	20	20.00	4	20.00	2
9	B	1.00	0.50	20	10.00	6	30.00	2
10	B	2.00	0.30	20	15.00	6	30.00	2
11	B	2.00	0.40	20	10.00	12	60.00	4
12	B	2.00	0.50	20	20.00	8	40.00	3

分化培养 20d 左右，不加激素处理的愈伤组织会膨大但不会进一步分化，其余组合愈伤组织均膨大，且部分愈伤组织颜色由浅绿色变成绿色［图 2-2（a)］。继续培养 35d 左右，部分愈伤组织上开始形成小芽［图 2-2（b)］，且愈伤组织伤口边缘发芽率最高。

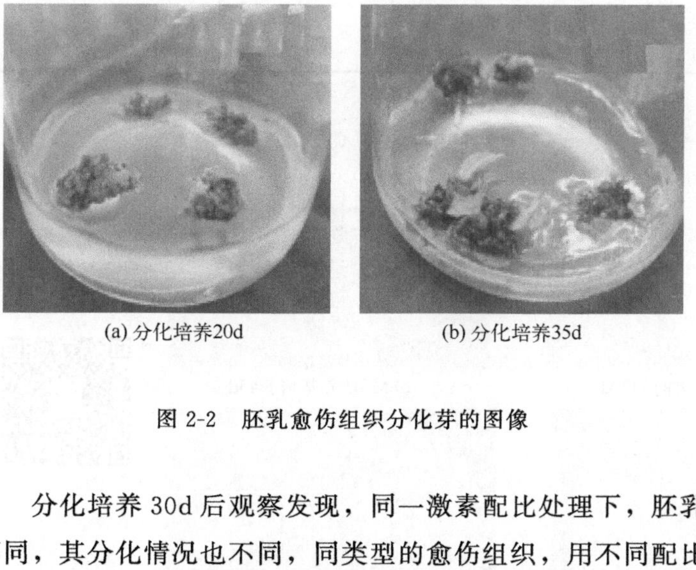

(a) 分化培养20d　　(b) 分化培养35d

图 2-2　胚乳愈伤组织分化芽的图像

分化培养 30d 后观察发现，同一激素配比处理下，胚乳愈伤组织的类型不同，其分化情况也不同，同类型的愈伤组织，用不同配比的激素处理，其分化芽的效果也不同。用一定浓度的 6-BA 及不同浓度的 IBA 分化培养两种类型的愈伤组织时，IBA 的浓度为 0.4mg/L 时，分化效果最佳。愈伤组织较紧密时（B），高浓度的 6-BA 有利于其分化芽，低浓度的 6-BA 更适合稀疏的愈伤组织（A）分化。

2.2.1.4 6-BA 对不定芽生长的影响

将前期分化出的芽分别在含有 0.4mg/L 的 IBA 及不同浓度 6-BA 的培养基中培养，结果见表 2-6。培养 10d 左右后发现 1/2MS 培养基的小芽的叶片打开，且其茎段变长，而 MS 培养基中的小芽无明显变化。培养 20d 后 MS 培养基中的部分小芽有叶片张开［图 2-3（a)］，而 1/2MS 培养基培养条件下的小芽叶片变大，部分小芽的叶片变多，且部分不定芽有根长出［图 2-3（c)］。培养 45d 左右，不定芽的生长情况见表 2-5，MS 培养基中部分小芽有叶片张开，且有长高趋势［图 2-3（b)］，1/2MS 培养基中的小芽大部分有 1～2 个叶片的长出［图 2-3（d)］。综合比较不同培养条件下再生植株的成活株数及其平均高度发现，同一培养条件下，较高浓度的 6-BA 在 1/2MS 培养基更利于植株成活，1/2MS 培养基能促进植株茎段的生长。

表 2-6　不同培养条件下不定芽的生长的情况

培养基	6-BA /(mg/L)	IBA /(mg/L)	处理芽数 /个	再生植株数 /株	再生植株平均高度 /cm
MS	1.00	0.40	10	8	1.50
	2.00	0.40	10	6	1.50
1/2MS	1.00	0.40	10	7	2.30
	2.00	0.40	10	8	2.30

(a) MS培养基培养时间20d　(b) MS培养基培养45d

(c) 1/2MS培养基培养20d　(d) 1/2MS培养基培养45d

图 2-3　不同培养基配方对不定芽生长的影响

2.2.2 流式细胞仪检测倍性

以‘满天星’二倍体植株为对照样品，采用流式细胞仪对‘满天星’胚乳再生植株进行倍性分析发现，对照样品的 DNA 含量的荧光峰值在 4597.48，具体分析结果见图 2-4（a），胚乳再生植株的 DNA 含量的荧光峰值在 7199.75，分析见图 2-4（b），经计算得知胚乳再生植株出现 DNA 含量荧光峰值的位置是二倍体对照组的 1.5 倍，可见胚乳培养的再生植株为三倍体植株，且经检测其余 28 株胚乳再生植株都为三倍体，说明西番莲胚乳培养再生植株是获得西番莲三倍体最直接的方法。

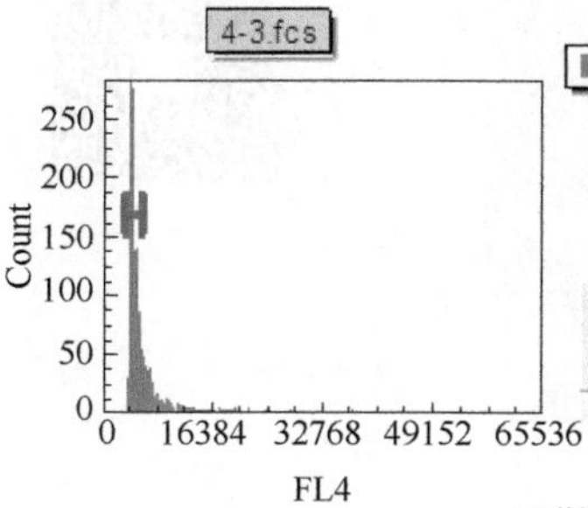

4-3.fcs

a

Parameter	Marker	# of Events	Median	Geometric Mean	CV
FL4	M1	3831	4484.0	4597.48	9.87

(a)‘满天星’二倍体材料的DNA含量荧光峰值

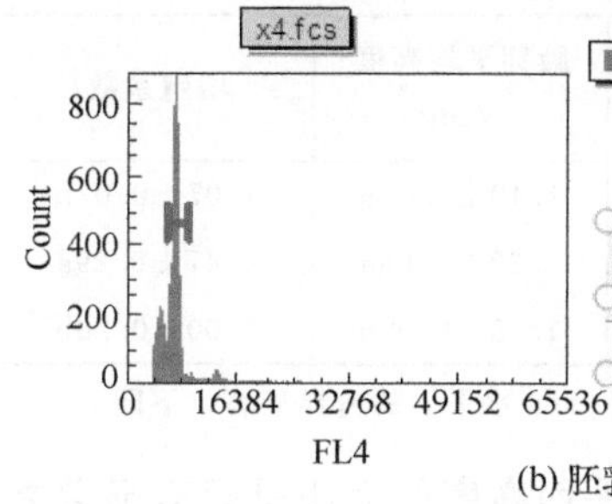

x4.fcs

b

Parameter	Marker	# of Events	Median	Geometric Mean	CV
FL4	M1	14922	7179.0	7199.75	6.95

(b) 胚乳培养再生植株DNA含量荧光峰值

图 2-4 ‘满天星’胚乳培养再生植株的流式细胞仪倍性鉴定结果

2.2.3 多倍体的扩繁

把经过培养的不定芽接入增殖培养基中培养一周左右，部分不定芽有长高趋势，培养 10d 左右部分不定芽有新的叶片长出，15d 左右，部分不定芽的叶腋有芽点出现（图 2-5），增殖培养 30d 左右，发现平均每个不定芽都有腋芽长出，但 IAA 浓度不同，腋芽的生长状况也不同，不同浓度的 IAA 对三倍体的增殖结果见表 2-7。不定芽的增殖主要通过叶腋分化腋芽及基部分化不定芽两种形式，而本实验中不同浓度的 IAA 与 1mg/L 的 6-BA 增殖的芽主要是叶腋的腋芽。由表 2-7 可知，0.2mg/L 的 IAA 与 1mg/L 的 6-BA 对三倍体植株的腋芽增殖效果最佳，其诱导出的腋芽平均数及腋芽平均高度均最大，且其 5 个原材的最大腋芽数达 25 株，即平均每个不定芽诱导出 5 个腋芽。

图 2-5　三倍体不定芽的增殖图

表 2-7　不同浓度的 IAA 与 1mg/L 的 6-BA 对三倍体植株的增殖结果

处理	6-BA /(mg/L)	IAA /(mg/L)	处理材料 /株	腋芽数	腋芽平均高度 /cm	增殖系数
1	1.00	0.10	5	5.53±0.33b	1.40±0.03b	1.07±0.07b
2	1.00	0.20	5	22.33±1.45a	2.32±0.09a	4.47±0.29a
3	1.00	0.30	5	5.00±1.00b	1.48±0.09b	1.00±0.20b

注：表中的数据为平均值±标准误，不同小写字母表示在 0.05 水平上的差异显著，下同。

为了分析不同处理组合对腋芽株数、腋芽平均高度的大小是否有显著差异，对统计结果进行了单因素方差分析，其分析结果如表 2-8 所示。由表 2-8 可知，腋芽株数、腋芽平均高度的组间显著性均为 $p<0.01$，说明不同处理组合对腋芽株数、腋芽平均高度有极显著差异。

表 2-8　不同处理腋芽数和腋芽平均高度单因素方差分析

指标	变异来源	离差平方和	自由度	均方	F 值	显著性
腋芽数	处理间	589.556	2	294.778	91.483	0.000
	处理内	19.333	6	3.222		
	总数	608.889	8			

续表

指标	变异来源	离差平方和	自由度	均方	*F* 值	显著性
腋芽平均高度	处理间	1.542	2	0.771	42.692	0.000
	处理内	0.108	6	0.018		
	总数	1.65	8			

2.2.4 紫果西番莲‘满天星’二倍体和三倍体的生根培养

对不同倍性的植株在同一培养条件下进行生根培养，每个倍性的植株进行 3 个重复处理，45d 统计不同倍性紫果西番莲的生根情况，并用直尺量出不同倍性西番莲的主根数、侧根数、主根长、侧根长，然后求各指标的平均数，每个倍性的植株进行 3 次测量。对不同倍性紫果西番莲各个指标的描述分析结果见表 2-9。

表 2-9　不同倍性材料的生根结果

序号	倍性	主根平均数/根	侧根平均数/根	主根平均长度/cm	侧根平均长度/cm	生根率/%
1	2	11.3±7.88	15.67±5.49	6.33±1.58	3.80±1.31	77.78±11.11
2	3	9.7±4.01	14.67±8.11	5.07±1.12	1.50±0.76	55.56±11.11

注：表中的数据为平均值±标准误，不同小写字母表示在 0.05 水平上的差异显著性，下同。

由表 2-9 可知，在同一培养条件下，培养材料的倍性不同，生根情况也不同。其中二倍体的主根平均数及侧根平均数的均值比三倍体多，且两个指标的平均长度比三倍体大。说明在 0.2%炭粉及 0.5mg/L IBA 的 1/2MS 培养基培养条件更适合二倍体紫果西番莲的生根，同一培养条件下二倍体紫果西番莲的生根能力优于多倍体紫果西番莲的生长能力。

2.2.5 紫果西番莲‘满天星’二倍体和三倍体的炼苗移栽

将不同倍性的紫果西番莲的组培苗在室温自然光下培养 2 周左右，把组培苗移到已装有基质的穴盘中。移栽 20d 后发现三倍体的叶片变大，且植株有长高现象，而二倍体植株没有明显变化，推测多倍体紫果西番莲植株对环境的适应性比二倍体紫果西番莲植株强。

2.2.6 紫果西番莲‘满天星’二倍体和三倍体的形态观察比较

生长时间均为 45d 的紫果西番莲植株，倍性不同，形态上也存在明显的差异。与二倍体［图 2-6（a)］植株相比，紫果西番莲三倍体植株的叶片表面有凸起，叶边缘有锯齿［图 2-6（b)］。

(a) 紫果西番莲二倍体植株　　(b) 紫果西番莲三倍体植株

图 2-6　紫果西番莲不同倍性植株对比图

对不同倍体的叶型指数、茎粗、苗高等形态指标进行了描述性分析，其分析结果见表 2-10。由表 2-10 可知，与二倍体相比，紫果西番莲三倍体植株的叶长、茎粗、苗高增加，紫果西番莲三倍体叶片宽度大于二倍体植株，从叶型指数看，不同倍体的叶型指数不同且差距明显，推测不同倍性对叶型指数的差异显著。

表 2-10　二倍体、三倍体的形态指标比较

序号	倍性	叶长/cm	叶宽/cm	叶型指数/(叶长/叶宽)	平均茎粗/cm	苗高/cm
1	二倍体	4.67±0.67a	2.00±0.00a	2.80±0.26a	0.87±0.00a	9.67±0.88a
2	三倍体	5.00±0.00a	2.67±0.33a	2.16±0.26ab	1.17±0.00a	10.00±2.89a

注：表中的数据为平均值±标准误，不同小写字母表示在 0.05 水平上的差异显著，下同。

2.2.7　染色体计数

2.2.7.1　不同预处理试剂、时间对紫果西番莲染色体制片效果的影响

以紫果西番莲二倍体植株的根尖为试验材料，用 0.2% 秋水仙素、

0.002mol/L 8-羟基喹啉、秋水仙素和8-羟基喹啉的混合液为预处理试剂，进行染色体制片，预处理时间为2.5～3.5h。用同种预处理试剂时，预处理的时间不同，产生的制片效果也不同，具体结果见表2-11。其中预处理时间为3h的处理中，染色体分散良好，染色体形态清晰，条数分明，长度适中。预处理2.5h时，染色体细长且相互粘连，大部分叠合在一起，不利于染色体的观察。预处理3.5h，染色体过度缩短，缢痕不清晰，随体不明显，影响染色体的形态。

处理时间为3h时，但不同的预处理试剂液对阻止或破坏纺锤体微管形成、染色体浓缩变短、染色体的分散的程度不同，不同处理液下染色体图像见图2-7。室温下将紫果西番莲组培苗根尖浸泡于秋水仙素-8-羟基喹啉混合液中预处理3h，得到的染色体形态清晰可见、条数分明、分散良好、缩短变粗，此时的观察效佳。

表2-11　不同预处理试剂、时间对紫果西番莲染色体制片效果的影响

序号	预处理试剂	预处理时间/h	分散效果	染色体形态
1	0.2%秋水仙素	2.5	差	染色体高度浓缩成点状聚集在一起，形态不清晰
2	0.2%秋水仙素	3	较好	染色体细长，有小部分重叠现象，着丝点清晰
3	0.2%秋水仙素	3.5	良好	染色体缩短变粗，形态清晰，缢痕清晰，着丝点明显
4	0.002mol/L 8-羟基喹啉	2.5	差	染色体形态模糊，难以辨别，观察困难
5	0.002mol/L 8-羟基喹啉	3	良好	染色体形态清晰，条数分明，长度适中
6	0.002mol/L 8-羟基喹啉	3.5	较差	染色体形态清晰可见，粘连重叠，计数困难
7	秋水仙素＋8-羟基喹啉的混合液	2.5	差	染色体细长，形态较好，但容易粘连，叠合在一起
8	秋水仙素＋8-羟基喹啉的混合液	3	良好	染色体高度浓缩变短，长度适宜，形态清晰，条数分明
9	秋水仙素＋8-羟基喹啉的混合液	3.5	差	染色体较长，形态较好，很少粘连叠合

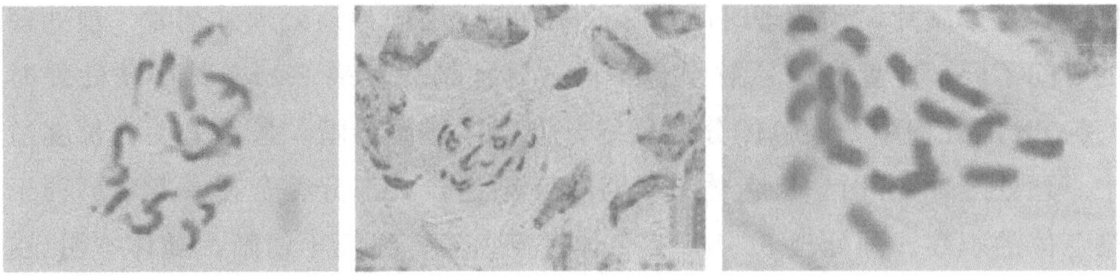

(a) 0.2%秋水仙素预处理　(b) 0.002 mol/L 8-羟基喹啉预处理　(c) 秋水仙素-8-羟基喹啉混合液预处理

图 2-7　不同预处理试剂处理 3h 得到的紫果西番莲染色体形态的图像

2.2.7.2　染色体倍性鉴定结果

利用紫果西番莲染色体制片技术，对显微镜下观察到的 40 张染色体图像，进行染色体的计数，发现紫果西番莲染色体均以 18 条为主，可以确定紫果西番莲染色体数均为 $2n=2x=18$ 条，具体见结果表 2-12。

表 2-12　根尖染色体制片法鉴定紫果西番莲染色体倍性结果

材料编号	染色体条数	倍性鉴定	材料编号	染色体条数	倍性鉴定	材料编号	染色体条数	倍性鉴定
1	18	$2n=2x=18$	15	16	$2n=2x=18$	29	14	$2n=2x=18$
2	16	$2n=2x=18$	16	16	$2n=2x=18$	30	14	$2n=2x=18$
3	18	$2n=2x=18$	17	17	$2n=2x=18$	31	14	$2n=2x=18$
4	18	$2n=2x=18$	18	18	$2n=2x=18$	32	18	$2n=2x=18$
5	15	$2n=2x=18$	19	16	$2n=2x=18$	33	16	$2n=2x=18$
6	18	$2n=2x=18$	20	17	$2n=2x=18$	34	18	$2n=2x=18$
7	17	$2n=2x=18$	21	18	$2n=2x=18$	35	18	$2n=2x=18$
8	15	$2n=2x=18$	22	18	$2n=2x=18$	36	18	$2n=2x=18$
9	15	$2n=2x=18$	23	18	$2n=2x=18$	37	16	$2n=2x=18$
10	16	$2n=2x=18$	24	18	$2n=2x=18$	38	15	$2n=2x=18$
11	18	$2n=2x=18$	25	16	$2n=2x=18$	39	16	$2n=2x=18$
12	18	$2n=2x=18$	26	15	$2n=2x=18$	40	16	$2n=2x=18$
13	16	$2n=2x=18$	27	15	$2n=2x=18$			
14	15	$2n=2x=18$	28	18	$2n=2x=18$			

2.3 讨论

2.3.1 胚乳愈伤组织的诱导

在愈伤组织诱导中，生长素和分裂素起着十分重要的调控作用，适宜的激素及其浓度配比是胚乳诱导出愈伤组织的关键因素（张桂芳，2017）。如吕天舒（2015）分别用TDZ和IBA组合、BA和2,4-D组合诱导黑果腺肋花楸胚乳愈伤组织时发现，TDZ和IBA组合处理的胚乳愈伤组织诱导率最高。在诱导枇杷胚乳愈伤组织时发现，6-BA、2,4-D、GA_3配合使用时对愈伤组织诱导频率较高，其中2,4-D是诱导胚乳愈伤组织的主导因素（彭晓军和王永清，2002），可见不同植物激素组合对胚乳愈伤组织诱导的影响也很大。

本次试验以紫果西番莲‘满天星’品种的胚乳为材料，分别用含有不同浓度的2,4-D和不同浓度的ZT组合，以及不同浓度的TDZ的培养基进行诱导培养，发现所有处理组合下的胚乳均能产生愈伤组织，但处理组合不同，胚乳愈伤组织的频率及其形态也不同。与西番莲相关文献（王亚楠，2019）一致的是西番莲的胚乳在诱导愈伤组织诱导时较为容易，且TDZ浓度为1mg/L时，西番莲胚乳愈伤组织的诱导率最大，但本次试验胚乳愈伤组织的诱导率较大，为83.33%，且此处理下的胚乳愈伤组织后期分化出芽点，有利于后期的分化。对比文献没有发现不同的培养条件，产生这种差异的原因可能是西番莲胚乳的再生能力不同，因为有研究表明，不同的外植体由于其再生能力存在差异，诱导体胚的能力会有不同（张桂芳，2017）。

2.3.2 愈伤组织分化及再生植株的形成

本次试验用不同激素配比组合诱导胚乳时，产生了不同类型的愈伤组织（紧密和稀疏），用不同激素配比分别分化处理两种愈伤组织发现，胚乳愈伤组织的类型不同，其分化情况也不同，同类型的愈伤组织，用不同配比的激素处理，其分化芽的效果也不同。本研究发现高浓度的6-BA适用于分化较紧密的西番莲愈伤组织，低浓度的6-BA对较稀疏的愈伤组织的分化效果较好，且无论6-BA的浓度是1mg/L还是2mg/L，其与浓度为0.4mg/L的IBA组合使用时，愈伤组织分化芽的效果最佳。

胚乳愈伤组织的诱导是形成再生植株的一个重要阶段，在合适的培养条件下，胚乳愈伤组织可以向器官分化方向发展再生出不定芽或生成胚状体，最后再生成植株。把前期愈伤组织分化的不定芽再接入含有不同浓度配比6-BA和IBA的培养基中，且两种激素的浓度均设为分化时的最适合浓度，改变培养基类型，结果发现1/2MS培养基能促进植株茎段的生长。

2.3.3 增殖培养

增殖过程主要与外植体的部位与生理状态、培养基种类、外源激素配比等相关，增殖的主要途径有无菌短枝型、丛生芽增殖型、器官发生型、胚状体发生型等（于秋艳，2016）。蒋含笑（2015）对香芋的无菌苗，进行丛生芽继代增殖发现，含有NAA的MS培养基最适合无菌苗丛生芽的增殖。张静等（2020）研究发现，狭叶黄芩丛生芽增殖的最佳培养基为MS＋1.0mg/L 6-BA＋0.5mg/L NAA。王红玲等（2019）利用楸叶泡桐和白花泡桐杂交无性系的枝条的叶片进行愈伤组织诱导，筛选出的最佳培养基为：MS＋12mg/L 6-BA＋0.4mg/L NAA。

本研究用不同浓度配比的6-BA与NAA对紫果西番莲三倍体无菌苗进行丛生芽增殖，发现同一激素配比及培养条件下，三倍体的增殖效果较好。同时也开展四倍体的增殖培养，用不同浓度配比的6-BA与IBA对三倍体和四倍体两种倍性的叶片进行器官发生型增殖培养时发现，四倍体的叶片1mg/L 6-BA与0.4mg/L IBA的培养基中直接分化出不定芽，而在同一培养条件下，三倍体的叶片在增殖培养基中没有诱导出愈伤组织，也没有不定芽产生。可见不同倍性的同种植株的同一部位，继代增殖的途径和能力不同。

2.3.4 生根培养

有研究表明植物生长调剂对不定根的形成有确定性作用，一般情况下生长素能促进根的形成，而分裂素不利于生根，所以添加活性炭有助于无菌苗的生根。邹家通等（2019）对澳洲坚果组培苗诱导生根时发现，说明1/2MS基本培养基更适宜用于澳洲坚果不定芽的生根培养。1/2MS基本培养基是指大量和钙盐减半的MS培养基，由此可见适当减低无机盐的浓度和Ca^{2+}的浓度有利于根的形成和生长。由于植物根系的形成与生长具有向暗性的特点，有利于发根，适当减低无机盐的浓度有利于发根（袁梅和林萍，2009）。孙占育等（2010）认为，在植物组织培养生根中，合适的活性炭浓度有利于生根，可提供生根的暗环境，可防止褐变，有利生根，有利于提高培养体内可溶性蛋白和总糖的含量，能吸附植物生长调节剂与其他有机物等有利生根的物质。和寿星等（2007）认为，高浓度的6-BA对根的形成与生长有抑制作用，活性炭的加入可以完全逆转这种抑制作用，并且活性炭还能吸附其他有利于生根的物质。本次研究发现添加有0.2g/L炭粉的1/2MS培养基跟适合紫果西番莲无菌苗的生根，且同一培养条件下，二倍体无菌苗的生根率＞三倍体无菌苗的生根率。

2.3.5 炼苗移栽

无菌苗长期在人工控制的弱光、恒温、的环境中生长，对自然环境变化的适应性差。有研究表明：为提高无菌苗的适应性及移栽成活率，移栽前可采取逐步过渡的措施，即移栽前进行练苗，如移栽前1周，闭口在自然光下炼苗（姜冬等，2013）；或逐渐提高光强度，促进试管苗健壮生长，提高其适应外界环境的能力（郭子霞等，2011）。移栽时，排水性和透气性良好的疏松基质有助于加快移栽苗生长速度、促进根系发育以及提高移栽成活率（陈春满等，2008）。王亚楠等（2019）在紫果西番莲离体快繁体系建立的研究中发现，紫果西番莲练苗移栽的最适土壤基质为红土∶腐殖土∶蛭石＝1∶2∶1（体积比）。在对彩色马蹄莲品种多倍体诱导及其生物学特征变化的研究中，刘晓静等（2014）发现，多倍体植株的多数生物学特性优于二倍体植株，且其对环境的适应性更强。本次试验在紫果西番莲的最适练苗基质的条件下分别移栽培养了紫果西番莲的二倍体、三倍体植株，移栽20天后对比发现，不同倍性的紫果西番莲植株在同一培养条件下生长情况不同。

2.3.6 染色体计数

染色体制片效果与取材时间、预处理时间、解离时间、染色时间、预处理试剂等条件紧密相关。预处理的主要作用就是通过阻止或者破坏纺锤体微管的形成使大量细胞停滞在分裂中期，导致染色体高度浓缩，使染色体缩短变粗，从而有利于染色体的分散，获得分散良好、形态清晰的染色体图像，有利于染色体制片和观察（陈士炎和叶大鹏，1987）。预处理适宜，中期分裂相较多，染色体分散性好，缩短适中，缢痕明显；预处理过度，染色体就会过度缩短，聚缩成团。魏秀清和陈晓静（2009）以饱和对二氯苯、4℃低温蒸馏水、0.05%秋水仙素和饱和α-溴萘溶液为预处理试剂，比较5种预处理试剂对紫果西番莲制片效果的影响，结果表明0.002mol/L 8-羟基喹啉预处理效果最好。邢冰等（2019）比较了不同浓度的预处理液对冬凌草染色体制片效果的影响，研究发现用0.1%秋水仙碱溶液处理冬凌草下胚轴1h，预处理效果最佳。本试验比较了0.2%秋水仙素、0.002mol/L 8-羟基喹啉、秋水仙素和8-羟基喹啉混合液3种预处理试剂及不同预处理时间对紫果西番莲染色体制片效果的影响。结果表明，用秋水仙素溶液与0.002mol/L 8-羟基喹啉等体积混合进行预处理所获得的染色体分散良好、缩短变粗、形态清晰，效果较好，这可能是秋水仙素和8-羟基喹啉混合液同时具备了两种试剂的优点，克服了两种试剂的缺点，效果比较稳定，受温度影响较小，重复性较好。目前还没有用秋水仙素-8-羟基喹啉混合液对西番莲进行预处理的报道，本研究可为今后紫果西番莲染色体制片技术的优化提供参考。

预处理时间对染色体制片的结果也会有重要影响，预处理的时间过长或者过短都会影响制片效果，从而对染色体的计数和观察带来干扰。本次研究发现，秋水仙素和8-羟基喹啉混合液预处理3h后得到的染色体长度适宜、条数分明、形态清晰，效果最佳。预处理2.5h，预处理时间过短，导致染色体不够浓缩，染色体形态模糊不清、体态细长，还有拖尾现象，很难进行后续的观察和计数工作；预处理3.5h，预处理时间过长，导致染色体过度浓缩变短，染色体缩短呈点状，而且分散性很差，所获得的染色体图像效果欠佳，不利于后续工作的展开。

2.4 小　结

以紫果西番莲‘满天星’品种的胚乳为试验材料，通过不同组合的激素对其进行愈伤组织诱导、愈伤组织分化、再生植株形成、继代增殖、生根等培养，并对再生植株进行了倍性鉴定。

（1）对紫果西番莲‘满天星’品种的胚乳进行愈伤组织的诱导时，不同处理诱导出的胚乳愈伤组织的质地及诱导率不同，但两种处理得到的愈伤组织诱导率相差不大，但稀疏型愈伤组织后期分化较快，所以适宜‘满天星’胚乳愈伤组织诱导最好的配方为：MS+ 1.0mg/L TDZ，诱导率为83.33%。

（2）把稀疏和紧密两种状态的愈伤组织分别接入含有不同浓度配比的6-BA和IBA的培养基中进行分化培养，发现不同浓度配比的6-BA和IBA对不同类型胚乳愈伤组织的分化能力不同，适宜‘满天星’胚乳愈伤组织分化最好的配方为：MS+2.0mg/L 6BA+0.4mg/L IBA，分化率为75.00%。

（3）把紫果西番莲胚乳的不定芽接入含有不同浓度激素的配方中继续培养，发现在不同激素配比、培养基中，生长情况不同，适宜‘满天星’胚乳分化的不定芽生长的最好配方为：1/2MS ＋ 2.0mg/L 6-BA＋0.4mg/L IBA，不定芽的生长状况最好。

（4）三倍体植株在含有 MS＋0.2mg/LIAA＋1mg/L6-BA 的培养基上增殖效果最好。

（5）三倍体植株在 1/2MS＋0.5mg/L IBA＋0.2％炭粉的培养基内易生根，并采用原质土∶腐殖土∶蛭石＝1∶2∶1 的基质中完成炼苗移栽。

第❸章 紫果西番莲‘满天星’二倍体与三倍体的生长与生理特性比较

3.1 材料与方法

3.1.1 试验材料

植物材料紫果西番莲‘满天星’的种子来自于云南省热带作物科学研究所，在前期课题组已通过胚乳培养法成功获得了紫果西番莲‘满天星’的三倍体无菌苗及二倍体无菌苗，以二倍体和三倍体紫果西番莲‘满天星’的无菌苗为试验启动材料。

试验试剂：6-BA（6-苄氨基嘌呤）、IBA（吲哚丁酸）、IAA（吲哚乙酸）、NAA（萘乙酸）、秋水仙素、蔗糖、琼脂、盐酸、氢氧化钠、浓硫酸、升汞、8-羟基喹啉、秋水仙素-8-羟基喹啉混合液、卡诺固定液（乙醇∶冰醋酸=3∶1，体积比）、酒精、蒸馏水、改良苯酚品红染色液、松节油、蒽酮、考马斯亮蓝 G-250、磷酸、SOD、POD、CAT、MDA、PRO 试剂盒（苏州格锐思公司）。

试验用具：烧杯、量筒、锥形瓶、玻璃棒、胶头滴管、载玻片、盖玻片，显微镜、电子天平、高温高压灭菌锅、超净工作台、离心机、紫外分光光度计、酶标仪、LI-6800 光合仪、Handy PEA 植物效率仪等。

3.1.2 试验方法

3.1.2.1 染色体计数与气孔参数差异分析

前期课题组得到的紫果西番莲‘满天星’二倍体和三倍体无菌苗已经过流式细胞仪检测确定其倍性水平，但流式法的准确性仍然没有染色体制片法可靠，所以需先对材料进行倍性的确定。

参照课题组前期丰国蕊等（2021）对紫果西番莲二倍体进行的染色体计数法稍作改进对生长两个月的紫果西番莲‘满天星’二倍体及三倍体无菌苗进行染色体计数。

在上午 9：00～11：00 之间于超净工作台中切取 0.5cm 左右的‘满天星’二倍体与三倍体幼嫩根尖组织，用蒸馏水清洗干净立即放入浓度为 0.1%的秋水仙素溶液与 0.002mol/L 8-羟基喹啉等体积混合液中，预处理 3h 后，用 90%乙醇和 70%乙醇浸洗片刻立即拿出，用蒸馏水清洗 3～4 次，然后置于 4℃的冰箱中用卡诺固定液中固定 24h，取出后用 90%乙醇浸洗片刻立即拿出置于 70%乙醇中待用，用蒸馏水清洗 3～4 次后将根尖组织放入 1mol/L 盐酸溶液中置于 60℃的恒温水浴锅中解离 3min、5min、7min 后取出进行染色。依据不同的解离时间共设置三个处理，每处理设置三个重复，每重复观察三片载玻片上的染色体情况。

将处理好的根尖用滤纸吸干置于载玻片中央，用无菌手术刀将根尖材料纵切为两份，然后用镊子尖轻轻将其捣碎，将改良苯酚品红染色液滴到材料上浸泡 5min，然后大拇指正对材料用力往下盖上盖玻片，注意不要移动盖玻片位置，否则成像不清晰，最后用铅笔的橡皮头敲打盖玻片至细胞均匀分散。处理完成后置于电子显微镜下观察拍照取像。

采用叶表皮指甲油覆膜法对紫果西番莲‘满天星’二倍体及三倍体无菌苗进行气孔形态的观察，选取在培养基中生长两个月的组培苗的中下部叶片来进行观察。于超净工作台中将叶片取出，快速擦干水分，平滑地涂上透明色的指甲油，待指甲油完全干透后将其撕下置于电子显微镜下观察。紫果西番莲‘满天星’二倍体与三倍体各随机选取三株苗上的叶片进行观测，每株苗观测一片叶，在 20 倍的电子显微镜下取像，取成像清晰的图片进行气孔长宽及密度的测定。

3.1.2.2 无菌苗生根培养基的筛选

将在培养基中生长的紫果西番莲‘满天星’三倍体无菌苗置于超净工作台中，切取植株上部 1cm 左右，然后置于添加不同激素的 1/2 MS（加入 30g/L 蔗糖和 4.3g/L 琼脂）固体培养基中，共设 9 个处理分别为 0.1mg/L、0.5mg/L、0.75mg/L、1mg/L、1.5mg/L 的 IBA 及 0.1mg/L、0.3mg/L、0.5mg/L 的 NAA，培养基中均加入 0.2g/L 的活性碳（AC），以不加激素的 1/2 MS 培养基为对照。每处理 7 株无菌苗，设 3 个重复，培养室的温度为（25±2)℃，光照时间为 12h/d，光照强度 1000～1500lx，培养 30d 后观察生根情况（表 3-1）。

表 3-1　三倍体‘满天星’生根培养基筛选配方表

处理	培养基配方
1	0.2g AC+1/2MS
2	0.1mg/L IBA+0.2g AC+1/2MS
3	0.5mg/L IBA+0.2g AC+1/2MS
4	0.75mg/L IBA+0.2g AC+1/2MS
5	1.0mg/L IBA+0.2g AC+1/2MS
6	1.5mg/L IBA+0.2g AC+1/2MS
7	0.1mg/L NAA+0.2g AC+1/2MS
8	0.3mg/L NAA+0.2g AC+1/2MS
9	0.5mg/L NAA+0.2g AC+1/2MS

将筛选出的最适合紫果西番莲‘满天星’三倍体无菌苗生根的配方与前期课题组筛选出的最适紫果西番莲‘满天星’二倍体无菌苗的生根培养基配方（0.5mg/L IBA+0.2g AC+1/2 MS）进行对比，对比出最适合紫果西番莲‘满天星’二倍体与三倍体的培养基，为后续的实验奠定基础。将无菌苗切为 1cm 高度移至两种培养基中。紫果西番莲‘满天星’二倍体与三倍体各 10 株无菌苗，设 3 个重复，培养室的温度为（25±2)℃，光照时间为 12h/d，光照强度 1000～1500lx，培养 30d 后观察生根情况。

3.1.2.3　紫果西番莲‘满天星’二倍体与三倍体生长特性比较

将生根的无菌苗进行炼苗：组培苗在培养室中生长 2 个月后将其拿出置于室内自然光下，将瓶盖在一周内逐渐打开直至完全打开，两周后待植物适应自然空气，将其拿出浸泡于 0.1%的多菌灵中 10min 后移至土壤中，土壤经过 0.5%的高锰酸钾消毒，基质为红土∶腐殖土∶珍珠岩=1∶2∶1（体积比）。将盆栽苗放置于西南林业大学苗圃中，选择 8 L 的塑料盆进行种植。

自 2021 年 6 月中开始对 5 月份移栽的苗木生长量进行测量，采用皮尺和直尺（cm）及游标卡尺（mm）测量紫果西番莲‘满天星’二倍体与三倍体苗木的苗高、地径、茎节数量、叶片长、叶片宽、叶柄长，紫果西番莲‘满天星’二倍体与三倍体各测定 3 株苗木，测定至 12 月份止。其中叶片长、宽及叶柄长选取植株的中上部成熟叶进行测量。

3.1.2.4 紫果西番莲‘满天星’二倍体与三倍体生理特性比较

自2021年8月开始，对田间生长的紫果西番莲‘满天星’二倍体与三倍体的生理指标可溶性糖、可溶性蛋白质和叶绿素的含量进行测定，采集中上部长势统一的叶片（4～6片叶）进行测量，紫果西番莲‘满天星’二倍体与三倍体各采集3株苗木的叶片，每株苗木测定一次，测定数据时收集3个重复数据。

使用考马斯亮蓝G-250染色法测定可溶性蛋白质。称取鲜样0.3 g，加入5mL蒸馏水研磨成匀浆后，3000r/min离心10min，上清液备用。吸取样品提取液0.1mL加入0.9mL蒸馏水（以1mL蒸馏水为对照），放入试管中，加入5mL考马斯亮蓝试剂，摇匀，放置2min后在595nm下比色，测定吸光度，并通过标准曲线（按照考马斯亮蓝G-250染色法中的标准曲线测定方法测得）查得蛋白质含量。

使用硫酸蒽酮比色法进行可溶性糖含量的测定，称取0.1g样品，加入少量蒸馏水于研钵中研磨成匀浆，然后转入试管中，加蒸馏水洗涤研钵至试管，溶液体积控制在10mL左右，将试管置沸水浴中加塞煮沸30min，拿出插入冰中冷却后再煮15min，拿出后立即插入冰中，定容至25mL后2500r/min离心10min，离心后过滤定容至100mL备用。吸取处理好的溶液2mL（以蒸馏水为对照）于试管中，加入0.5mL蒽酮试剂，再缓慢加入5mL浓H_2SO_4，盖上试管塞后，轻轻摇匀，再置沸水浴中加热1min。冷却至室温后，在620nm波长下比色，记录吸光度。查标准曲线（按照硫酸蒽酮比色法中的标准曲线测定方法测得）得知对应的葡萄糖含量（μg）。

试验使用乙醇法测定叶绿素含量，称取剪碎的新鲜样品0.1g，放入研钵中，加入少量石英砂及少量的95%乙醇，研成均浆，静置后将溶液倒入加了滤纸的25mL定容瓶中，用95%乙醇的乙醇冲洗定容。把叶绿体色素提取液倒入光径1cm的比色杯内。以95%乙醇为空白，在分光光度计下分别以波长663nm、645nm下或652nm测定吸光度。

以上指标每月测定一次，测定至12月份止。

3.1.2.5 紫果西番莲‘满天星’二倍体与三倍体酶活性及丙二醛含量比较

自2021年8月开始，选用苏州格锐思公司的试剂盒测定超氧化物歧化酶（SOD）活性、过氧化物酶（POD）活性、过氧化氢酶（CAT）活性、丙二醛（MDA）含量，采集紫果西番莲‘满天星’二倍体与三倍体中上部长势统一的叶片（4～6片叶）进行测量，紫果西番莲‘满天星’二倍体与三倍体各随机选取 3 株苗木的叶片进行采集。每株苗的叶片为一个重复，共三个重复。对 0.1g 的样品进行冰浴研磨，后采用试剂盒中的方法进行测定。使用酶标仪测定并记录。测定至 12 月份止。

3.1.2.6 紫果西番莲‘满天星’二倍体与三倍体光合特性与叶绿素荧光参数的比较

自 2021 年 7 月开始，在每月月中早晨 8：30～10：30 对在田间生长两个月的紫果西番莲‘满天星’二倍体与三倍体植株进行光合特性与叶绿素荧光参数的测定，其中在 9 月中进行了日光合速率的测定。

使用 LI-6800 便捷式光合仪对紫果西番莲‘满天星’二倍体与三倍体叶片进行测定，紫果西番莲‘满天星’二倍体与三倍体各随机选取 3 株苗木进行测定，每株苗木测定其中上部长势稳定的 3 片叶片进行测定，每片叶片测定三个数据。主要测定了净光合速率、蒸腾速率、气孔导度及胞间二氧化碳浓度。测定至 12 月份止。

使用高速连续激发式荧光仪 Handy PEA 对紫果西番莲‘满天星’二倍体与三倍体叶片进行测定，所选叶片与光合测定的一致。首先将植株叶片利用叶夹夹住暗适应处理 30min，后使用机器上的探头进行测量，测定至 12 月份止。

3.1.3 数据处理与分析

采用 Excel 进行数据垫理，用 SPSS 20.0 进行单因素和双因素方差分析，Duncan 法进行多重比较，数据皆为平均值±标准误。采用 Pearson 相关性分析不同指标间的相关关系。

3.2 结果与分析

3.2.1 紫果西番莲‘满天星’染色体计数及气孔形态分析

3.2.1.1 两种倍性‘满天星’染色体计数结果

使用盐酸对根尖细胞进行解离时温度与时间的把控至关重要。在 60℃ 的恒温水浴锅中，选用三个不同的时间来解离细胞，由表 3-2 可知，随着解离时间的增加，染色体的分散性越来越好，但解离时间越长细胞越不容易染色，所以选择解离时间为 5min 的处理为最佳，后续的染色制片均在该处理下进行。染色体核型图片证实了紫果西番莲‘满天星’三倍体植株的倍性，由图 3-1 可知，由胚乳诱导得到的植株染色体条数为 $2n=3x=27$ 条，而由种子培养出的植株染色体条数为 $2n=2x=18$ 条，由此可确定，试验所用材料的倍性为三倍体。

表 3-2　不同解离时间对染色体制片效果的影响

解离时间/min	染色体制片效果
3	容易着色,但染色体分散性不佳,有较多叠合在一起的染色体
5	染色体分散性好,很少叠合,且容易着色
7	染色体分散性好,很少叠合,但较不容易着色

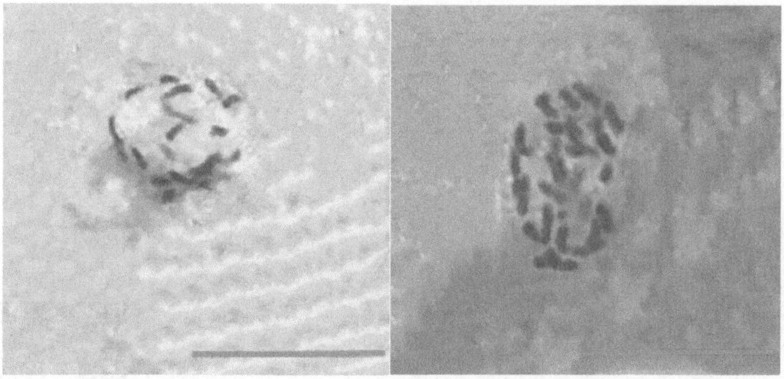

(a) 种子培养出的植株染色体计数图(二倍体) (b) 胚乳诱导得到的植株染色体计数图(三倍体)

图 3-1　紫果西番莲‘满天星’二倍体和三倍体染色体计数图

3.2.1.2　两种倍性‘满天星’气孔参数差异

由两个月的无菌苗叶片气孔参数可知，气孔数量、气孔长度和气孔宽度与倍性可能存在相关性，与二倍体植株相比，三倍体植株的叶片样本单位面积上的气孔数量较少，但气孔长度与气孔宽度均高于二倍体植株（图 3-2）。由图 3-3 也可看出，明显二倍体紫果西番莲‘满天星’的气孔密度要大于三倍体。

3.2.2　激素对紫果西番莲‘满天星’二倍体和三倍体生根的影响

3.2.2.1　不同激素对‘满天星’三倍体生根的影响

使用不同种类、不同浓度的激素培养三倍体‘满天星’30d 后，对其生

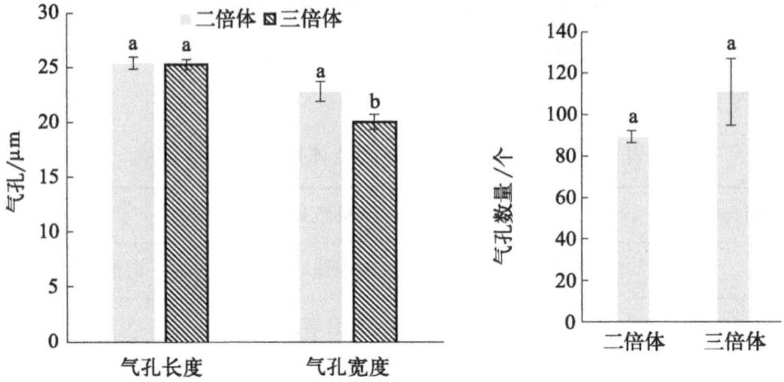

图 3-2　紫果西番莲‘满天星’二倍体和三倍体气孔参数分析图

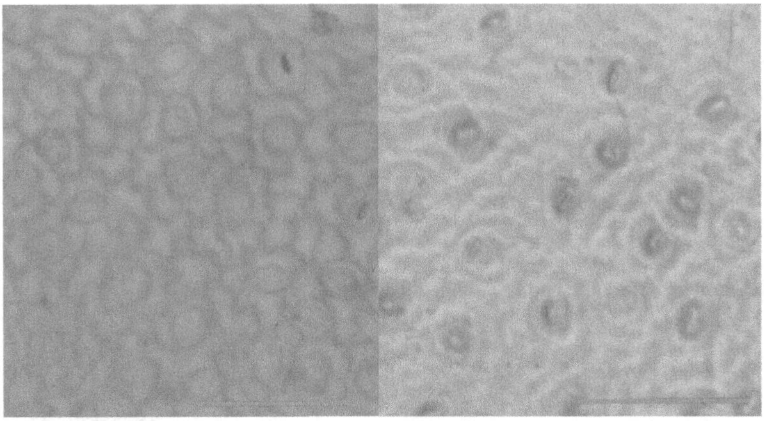

(a) 二倍体紫果西番莲‘满天星’气孔形态图　(b) 三倍体紫果西番莲‘满天星’气孔形态图

图 3-3　紫果西番莲‘满天星’二倍体和三倍体气孔形态图

根率、主根长、侧根数及侧根长等指标进行测量，从这些数据判断最适三倍体‘满天星’组培苗的生根配方，由表 3-3 可知，在添加 0.1mg/L NAA+0.2g AC+1/2 MS 的培养基中三倍体‘满天星’的生根率最高，对于后续的栽培来说，生根率最高的培养基利于我们得到更多的生根苗，所以选择其为最适培养基。

表 3-3　不同激素对紫果西番莲‘满天星’三倍体生根的影响

处理	生根株数/株	主根数/根	主根长/cm	侧根数/根	侧根长/cm	平均苗高/cm	生根率/%
1	1.00	1.00	0.60	2.00	0.08	1.56	5±0.08b
2	8.00	10.00	3.29	17.00	0.33	1.17	38±0.33ab
3	12.00	39.00	3.48	18.00	0.29	3.07	57±0.14a
4	14.00	20.00	4.43	50.00	1.05	2.00	67±0.30a
5	10.00	33.00	0.34	12.00	0.42	2.33	48±0.33ab
6	9.00	18.00	3.28	25.00	0.87	2.22	43±0.14ab
7	18.00	59.00	6.57	48.00	0.82	3.27	86±0.25a
8	15.00	37.00	12.83	111.00	2.80	2.32	71±0.38a
9	14.00	21.00	3.26	30.00	0.92	1.74	67±0.17a

注：不同小写字母表示在 $p<0.05$ 水平下处理间差异显著。

3.2.2.2 最优培养基下紫果西番莲‘满天星’二倍体和三倍体的生根情况

根据前面筛选出了三倍体‘满天星’生根率最高的培养基，与课题组前期筛选出的二倍体‘满天星’生根率最高培养基进行对比，选出最适合两种倍性‘满天星’的生根配方，由表 3-4 可知，处理 1、处理 2 为二倍体和三倍体‘满天星’在最适三倍体‘满天星’的生根配方（0.1mg/L NAA+0.2g AC+1/2 MS）中生长 30d 的生根情况。处理 3、处理 4 为二倍体和三倍体‘满天星’在最适二倍体‘满天星’的生根配方（0.5mg/L IBA+0.2g AC+1/2MS）中生长 30d 的生根情况。由生根率的结果可知，此次筛选出来的最适三倍体‘满天星’生根培养基是最适合两种倍性的‘满天星’生根。在后续试验中均采用此培养基来进行生根培养。

表 3-4　两种激素对紫果西番莲‘满天星’二倍体和三倍体生根的影响

处理	生根株数/株	主根数/根	主根长/cm	侧根数/根	侧根长/cm	平均苗高/cm	生根率/%
1	20	46	12.17	157	1.03	3.47	67±0.12a
2	25	76	6.10	172	1.03	3.27	83±0.06a
3	16	32	5.94	49	1.56	2.47	53±0.21a
4	22	52	6.46	106	0.43	3.03	73±0.06a

注：处理 1、处理 2 为紫果西番莲‘满天星’二倍体和三倍体在最适紫果西番莲‘满天星’三倍体的生根配方（0.1mg/L NAA+0.2g AC+1/2 MS）下生长；处理 3、处理 4 为紫果西番莲‘满天星’二倍体和三倍体在最适紫果西番莲‘满天星’二倍体的生根配方（0.5mg/L IBA+0.2g AC+1/2 MS）下生长。不同字母表示相同配方内两种倍性‘满天星’在 $p<0.05$ 水平下处理间差异显著。

3.2.3 紫果西番莲‘满天星’二倍体与三倍体的生长情况

3.2.3.1 紫果西番莲‘满天星’二倍体与三倍体生长情况的差异

在2021年的5月将在生根培养基中培养2个月的无菌苗移栽于田间，在其生长1个月后对其生长情况进行测量，测量值为每月的苗高、地径实际生长量，结果如表3-5所示，随着时间的增加，紫果西番莲‘满天星’二倍体与三倍体的苗高与地径均呈现增长的状况，且增长的幅度相似，都是8月～9月份有较大幅度的增长，在苗高方面，紫果西番莲‘满天星’二倍体从9月份开始均高于紫果西番莲‘满天星’三倍体。在地径方面则表现出从9月份开始紫果西番莲‘满天星’三倍体均高于紫果西番莲‘满天星’二倍体的现象。植物的生长存在资源分配的关系，在苗高的生长上紫果西番莲‘满天星’三倍体的增长不如紫果西番莲‘满天星’二倍体，但三倍体在地径的生长上存在优势，这是植物平衡资源分配的手段，证明紫果西番莲‘满天星’二倍体与三倍体在苗高与地径的生长上存在不同的生长方式及资源分配策略。

表3-5 紫果西番莲‘满天星’二倍体和三倍体苗高与地径生长情况

月份	苗高/cm		地径/mm	
	二倍体	三倍体	二倍体	三倍体
6	2.00±0.78Bd	4.13±0.71Ad	1.77±0.26Ac	1.71±0.47Ad
7	5.17±0.90Ad	7.83±1.70Ad	2.26±0.14Ac	2.62±0.60Ad
8	32.10±15.65Ac	46.67±4.00Ac	5.54±1.05Ab	5.40±0.27Ac
9	159.30±6.45Ab	140.50±6.30Bb	8.26±1.17Aa	8.98±0.66Ab
10	184.33±8.39Aa	153.17±4.86Ba	9.16±1.25Aa	10.09±0.69Aab
11	194.43±13.32Aa	160.40±5.97Ba	9.72±1.73Aa	10.72±0.99Aa
12	200.33±18.96Aa	161.83±6.44Ba	10.40±1.45Aa	10.99±1.16Aa

注：不同大写字母表示各月份中两种倍性‘满天星’在$p<0.05$水平下差异显著，不同小写字母表示各倍性‘满天星’在月份间$p<0.05$水平下差异显著，下同。

紫果西番莲‘满天星’二倍体与三倍体苗高的生长量呈S形生长曲线，如图3-4所示，均呈现慢-快-慢的生长趋势，紫果西番莲‘满天星’二倍体的苗高生长拟合相关系数为0.9990，紫果西番莲‘满天星’三倍体的苗高生长拟合相关系数为0.9995，紫果西番莲‘满天星’二倍体与三倍体苗高的生长曲线拟合程度都很高，紫果西番莲‘满天星’三倍体的速生期开始较早也停止得较早，紫果西番莲‘满天星’二倍体的速生期较长，可能是因为基因产物发生了变化导致紫果西番莲‘满天星’三倍体的苗高生长期发生了变化，速生期缩短，苗高长势不如紫果西番莲‘满天星’二倍体。

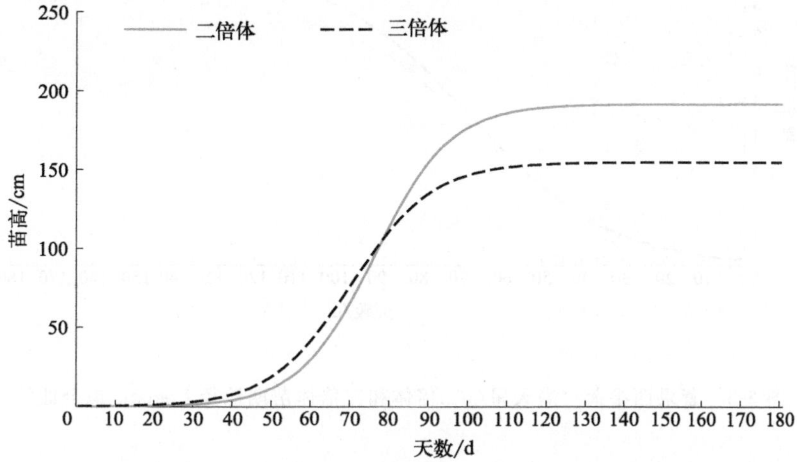

图 3-4　紫果西番莲‘满天星’二倍体和三倍体苗期苗高 Logistic 拟合曲线

紫果西番莲‘满天星’二倍体与三倍体地径的生长量也是呈 S 型生长曲线，紫果西番莲‘满天星’二倍体的地径生长拟合相关系数为 0.9949，紫果西番莲‘满天星’三倍体的地径生长拟合相关系数为 0.9990。紫果西番莲‘满天星’二倍体与三倍体地径生长的速生期没有苗高变化明显，地径长势平缓，由图 3-5 可知紫果西番莲‘满天星’二倍体与三倍体的地径生长速生期开始时间相似，但紫果西番莲‘满天星’三倍体地径生长速生期结束时间更晚，这与苗高的生长相对应，紫果西番莲‘满天星’三倍体苗高生长的速生期结束得早，是因为紫果西番莲‘满天星’三倍体将生长资源投入到地径生长上。而紫果西番莲‘满天星’二倍体则是持续将能量分配给苗高生长，这是基因改变带来的植物能量资源分配的变化。

紫果西番莲是木质藤本植物，对其移栽后的苗木主藤茎节数量进行计数，由图 3-6 可知，随时间的变化紫果西番莲‘满天星’二倍体与三倍体的茎节数量呈持续增长的趋势，在 10 月份之前紫果西番莲‘满天星’三倍体的茎节数量均多于紫果西番莲‘满天星’二倍体，在 10 月份之后少于紫果西番莲‘满天星’二倍体。除 6 月份外的月份，紫果西番莲‘满天星’二倍体与三倍体的茎节数量均无显著差异，结合苗高生长量来看，紫果西番莲‘满天星’二倍体在 12 月份苗高显著高于紫果西番莲‘满天星’三倍体。但

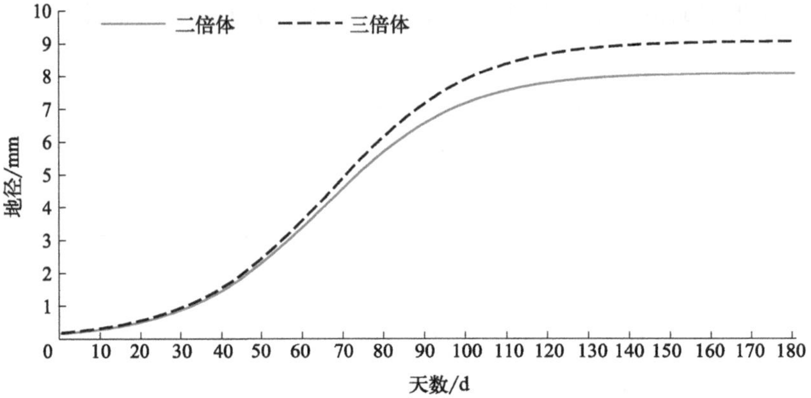

图 3-5　紫果西番莲‘满天星’二倍体和三倍体苗期地径 Logistic 拟合曲线

12 月份时紫果西番莲‘满天星’二倍体与三倍体的茎节数量相似，说明紫果西番莲‘满天星’三倍体的各茎节较短，这说明紫果西番莲‘满天星’二倍体与三倍体间存在茎节数量相似的特点，也表现出紫果西番莲‘满天星’三倍体茎节较短的现象，倍性的改变使茎节的长度也发生了变异。

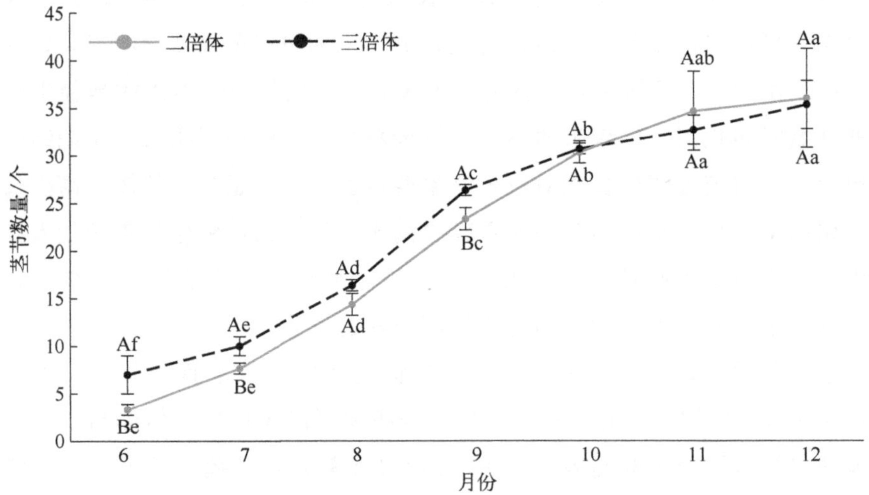

图 3-6　紫果西番莲‘满天星’二倍体和三倍体茎节数量增长趋势图

不同大写字母表示各月份中两种倍性‘满天星’在 $p<0.05$ 水平下差异显著，

不同小写字母表示各倍性‘满天星’在月份间 $p<0.05$ 水平下差异显著，下同

对移栽于田间的盆栽苗中上部叶的叶片长度、叶片宽度及叶柄长度进行测量，由表 3-6 可知，紫果西番莲‘满天星’二倍体与三倍体叶片长度的变化趋势基本一致，8 月时紫果西番莲‘满天星’二倍体的叶片长度显著大于紫果西番莲‘满天星’三倍体，其余时候紫果西番莲‘满天星’二倍体与三倍体间叶片长度无显著差异。8 月后紫果西番莲‘满天星’二倍体与三倍体的叶片长度都开始下降，体现出同一物种的叶长变化特性。在叶片宽度方面，紫果西番莲‘满天星’二倍体与三倍体均体现出先增大后减小的趋势，在 9 月份与 11 月份紫果西番莲‘满天星’二倍体的叶片宽度显著大于紫果西番莲‘满天星’三倍体。在叶型指数的变化上，紫果西番莲‘满天星’三倍体在 7 月份和 9 月份显著大于紫果西番莲‘满天星’二倍体，其余月份变化不显著。紫果西番莲‘满天星’二倍体的叶柄长度除 6 月份外均显著大于紫果西番莲‘满天星’三倍体。

表 3-6　紫果西番莲‘满天星’二倍体和三倍体叶部生长差异

时间/月份	叶长/cm		叶宽/cm	
	二倍体	三倍体	二倍体	三倍体
6	3.43±0.75Ae	3.3±0.78Ae	1.83±0.31Ad	1.77±0.29Ae
7	6.33±0.64Ad	7.04±0.77Ad	3.73±0.2Ac	3.57±0.07Ad
8	12.65±0.97Aa	11.39±0.51Aa	7.9±0.78Ab	6.8±0.26Ac
9	11.58±1.06Aa	10.98±0.30Aa	11.05±2.13Aa	8.33±0.66Aab
10	9.56±0.17Ab	9.22±0.96Ab	11.06±0.70Aa	9.39±1.03Aa
11	9.12±0.38Abc	8.6±0.49Abc	11±0.35Aa	8.87±1.21Bab
12	7.82±0.85Ac	7.52±0.54Acd	9.22±1.41Aab	7.77±1.13Abc
时间/月份	叶长/叶宽		叶柄长/cm	
	二倍体	三倍体	二倍体	三倍体
6	1.86±0.12	1.85±0.13	0.83±0.21Ae	1.01±0.11Aa
7	1.69±0.08	1.98±0.23	1.38±0.07Ad	1.13±0.27Aa
8	1.61±0.06	1.68±0.021	2.3±0.27Aab	1.21±0.21Ba
9	1.07±0.19	1.32±0.079	2.46±0.18Aa	1.37±0.23Ba
10	0.87±0.05	0.98±0.036	1.95±0.31Abc	1.39±0.19Aa

续表

时间/月份	叶长/叶宽		叶柄长/cm	
	二倍体	三倍体	二倍体	三倍体
11	0.83±0.03	0.98±0.071	1.9±0.31Abc	1.23±0.13Ba
12	0.85±0.05	0.98±0.071	1.62±0.27Acd	1.03±0.17Ba

注：不同小写字母表示同一倍性下各处理的差异显著（$p<0.05$），不同大写字母表示同一处理下不同倍性间差异显著（$p<0.05$）。

紫果西番莲‘满天星’二倍体与三倍体的叶片长度、叶片宽度及叶柄长度随月份的变化趋势是基本一致的，三个指标总体表现出紫果西番莲‘满天星’二倍体更长、更宽的趋势（图 3-7），这可能是因为紫果西番莲‘满天星’二倍体更能适应环境，也可能是因为多倍体植物倍性增加，细胞核更大，所以相对长得更慢导致叶片较小。从叶型指数（叶长/叶宽）的变化来看，紫果西番莲‘满天星’三倍体的叶型指数变化更丰富，这可能是基因的变化导致的。

图 3-7　两种倍性‘满天星’叶片对比图

左为二倍体‘满天星’的叶片，右为三倍体；标尺＝1cm

3.2.3.2　紫果西番莲‘满天星’二倍体与三倍体生理指标的差异

对在田间生长 3 个月的紫果西番莲‘满天星’二倍体与三倍体苗木的可溶性糖含量进行测量，由图 3-8 可知，紫果西番莲‘满天星’二倍体与三倍体的可溶性糖含量都表现出先上升后下降的趋势，但趋势随时间的变化不同，8～10 月份紫果西番莲‘满天星’二倍体的可溶性糖含量高于紫果西番莲‘满天星’三倍体，11 月份、12 月份紫果西番莲‘满天星’三倍体的可溶性糖含量高于紫果西番莲‘满天星’二倍体。紫果西番莲‘满天星’二倍体与三倍体随着时间的变化可溶性糖并不是一直增加的，可能是环境变化，导致可溶性糖含量下降，紫果西番莲‘满天星’三倍体 11 月份开始下降，此时天气开始转冷，倍性的增加可能增加了紫果西番莲‘满天星’三倍体的耐寒性，在生长前期（8～10 月份）紫果西番莲‘满天星’二倍体的可溶性糖含量高于紫果西番莲‘满天星’三倍体，后期则是紫果西番莲‘满天星’三倍体较高，这可能是因为在缓苗期紫果西番莲‘满天星’三倍体可溶性糖含量高的优势还未体现出来。

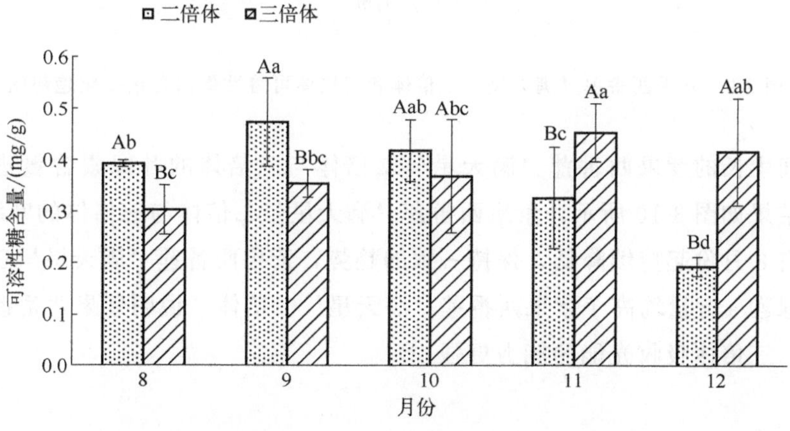

图 3-8　紫果西番莲‘满天星’二倍体和三倍体可溶性糖含量变化趋势图

不同大写字母表示各月份中两种倍性‘满天星’在 $p<0.05$ 水平下差异显著，

不同小写字母表示各倍性‘满天星’在月份间 $p<0.05$ 水平下差异显著，下同

对在田间生长 3 个月的紫果西番莲‘满天星’二倍体与三倍体苗木的可溶性蛋白含量进行测量，由图 3-9 可知，紫果西番莲‘满天星’二倍体与三倍体的可溶性蛋白含量均表现出先下降又上升的趋势，在 10 月份时紫果西番莲‘满天星’二倍体与三倍体的可溶性蛋白含量均最低，在 12 月份时均最高。虽然紫果西番莲‘满天星’三倍体的染色体条数增加了，但可溶性蛋白含量的变化趋势仍然与紫果西番莲‘满天星’二倍体保持一致，不过紫果西番莲‘满天星’三倍体的可溶性蛋白含量高于紫果西番莲‘满天星’二倍体，说明基因剂量的增加使得紫果西番莲‘满天星’三倍体在可溶性蛋白含量方面占有优势。

叶绿素含量的高低常被用来判断植物光吸收能力的强弱，在 8～12 月份

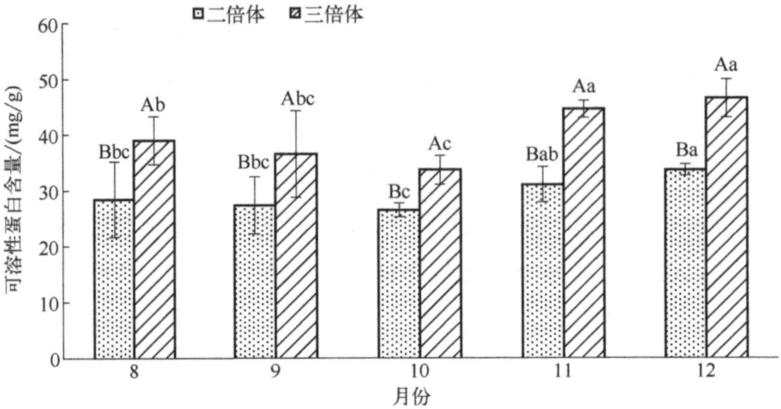

图 3-9　紫果西番莲‘满天星’二倍体和三倍体可溶性蛋白含量变化趋势图

对田间生长的紫果西番莲‘满天星’二倍体与三倍体的叶绿素含量进行测量，结果如图 3-10 所示，紫果西番莲‘满天星’二倍体与三倍体的叶绿素 a 含量自 8 月份起持续降低，保持一致的趋势，紫果西番莲‘满天星’三倍体的叶绿素 a 含量均高于紫果西番莲‘满天星’二倍体，说明紫果西番莲‘满天星’三倍体吸收光能的能力更强。

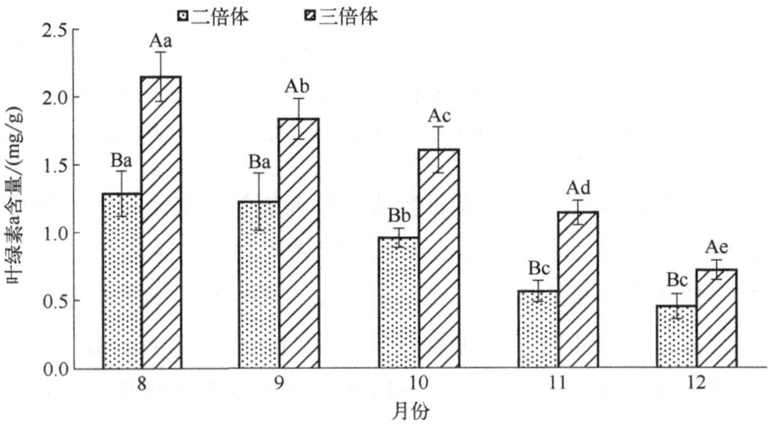

图 3-10　紫果西番莲‘满天星’二倍体和三倍体叶绿素 a 含量变化趋势图

图 3-11 也有相似的结果，紫果西番莲‘满天星’三倍体的叶绿素 b 含量均高于紫果西番莲‘满天星’二倍体，但与叶绿素 a 含量的变化趋势不

同，紫果西番莲‘满天星’二倍体与三倍体的叶绿素 b 含量呈先下降又上升的趋势，在 11 月份紫果西番莲‘满天星’二倍体与三倍体的叶绿素 b 含量最低，且在 12 月份时有较大幅度的增加，12 月份时紫果西番莲‘满天星’二倍体与三倍体叶绿素 b 含量较其他月份都要高，这可能是由于环境的变化引起的变化。总叶绿素含量是叶绿素 a 与叶绿素 b 含量的总和，紫果西番莲‘满天星’三倍体的总叶绿素含量高于紫果西番莲‘满天星’二倍体，符合大部分多倍体的特性，叶片颜色更深、叶绿素含量高，由图 3-7 也可明显看出，紫果西番莲‘满天星’三倍体的叶片颜色要深于紫果西番莲‘满天星’二倍体植株的叶片。

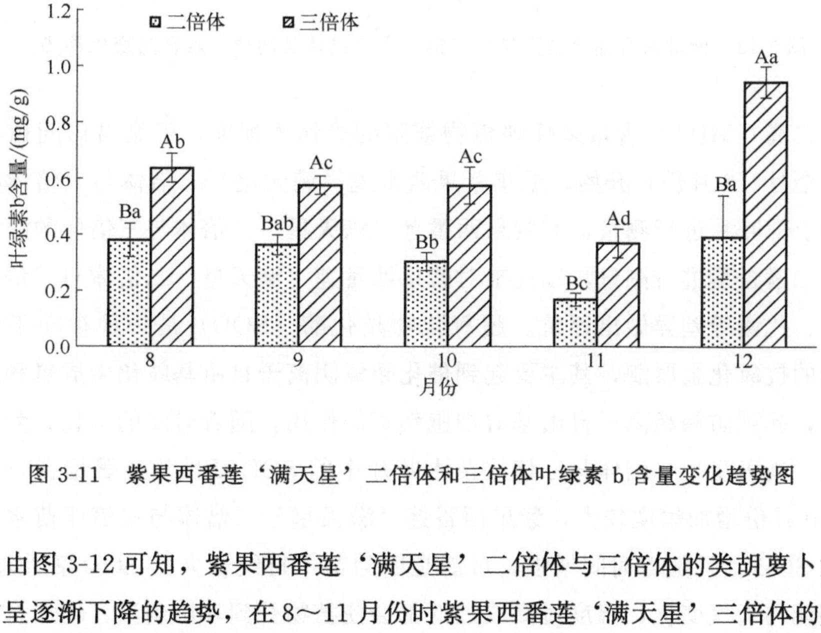

图 3-11　紫果西番莲‘满天星’二倍体和三倍体叶绿素 b 含量变化趋势图

由图 3-12 可知，紫果西番莲‘满天星’二倍体与三倍体的类胡萝卜素含量均呈逐渐下降的趋势，在 8～11 月份时紫果西番莲‘满天星’三倍体的类胡萝卜素含量都大于紫果西番莲‘满天星’二倍体，但在 12 月份时三倍体类胡萝卜素含量大幅降低，紫果西番莲‘满天星’三倍体的类胡萝卜素含量仅在 12 月份低于紫果西番莲‘满天星’二倍体。说明受环境影响，12 月份的紫果西番莲‘满天星’三倍体类胡萝卜素可能因为天气变冷而出现大幅降低。

3.2.3.3　紫果西番莲‘满天星’二倍体与三倍体抗氧化酶活性及丙二醛含量的差异

植物常通过调节抗氧化酶（超氧化物歧化酶（SOD)、过氧化物酶(POD)、过氧化氢酶（CAT）活性等物质来维持自身的正常代谢活动，通

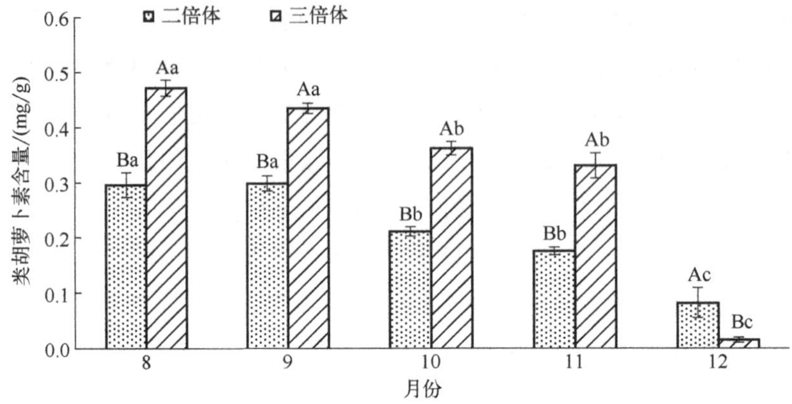

图 3-12 紫果西番莲‘满天星’二倍体和三倍体类胡萝卜素含量变化趋势图

过丙二醛（MDA）含量来反映植物细胞的受伤害程度，于是自田间植株生长三个月（8 月份）开始，采集紫果西番莲‘满天星’二倍体与三倍体植株的中上部叶片进行测量，对紫果西番莲‘满天星’二倍体与三倍体的酶活性及丙二醛含量进行测量，以此来对紫果西番莲‘满天星’二倍体与三倍体的生长、代谢等差异做出评价。超氧化物歧化酶（SOD）是一种存在于生物体内的抗氧化金属酶，其主要起到催化超氧阴离子自由基歧化生成氧和过氧化氢，起到防御超离子自由基对细胞伤害的作用。随着时间的增长，紫果西番莲‘满天星’二倍体与三倍体苗木叶片中的 SOD 活性均显著增强，且在 9～10 月份增加幅度较大，紫果西番莲‘满天星’二倍体与三倍体苗木叶片中的 SOD 活性随着时间增强，可能是因为苗木持续长大其 SOD 活性增强，也可能与天气变化，温度过高或过低都会使植物受到环境刺激，增加自身的 SOD 含量。如图 3-13 所示，除 10 月份外，紫果西番莲‘满天星’三倍体的 SOD 活性均高于紫果西番莲‘满天星’二倍体，说明倍性的增加使紫果西番莲‘满天星’三倍体的 SOD 产生能力高于紫果西番莲‘满天星’二倍体。

过氧化物酶（POD）是生物体中重要的保护酶之一，其主要作用就是分解由 SOD 催化产生的过氧化氢，其还能将植物组织中的化合物转化为木质素，增强组织木质化的程度，所以其在衰老组织中起到很大作用。由图 3-14 可知，在紫果西番莲‘满天星’二倍体与三倍体的生长过程中，POD 含量不断增加，在 12 月份时达到最大值，随着植株的长大，POD 活

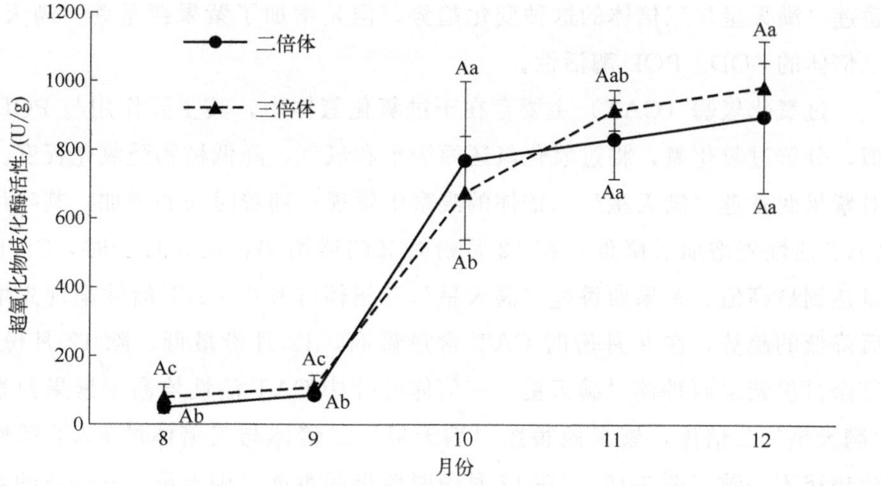

图 3-13　紫果西番莲‘满天星’二倍体和三倍体超氧化物歧化酶活性变化趋势图

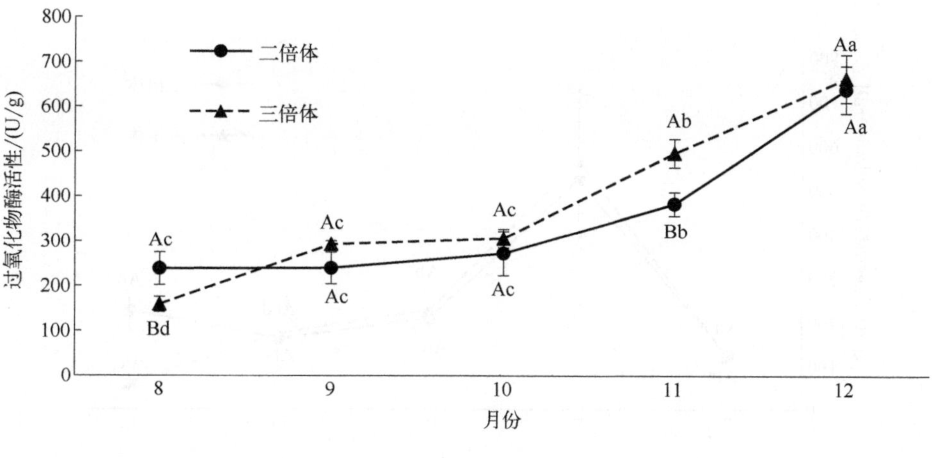

图 3-14　紫果西番莲‘满天星’二倍体和三倍体过氧化物酶活性变化趋势图

性增强，且紫果西番莲‘满天星’三倍体的 POD 活性在 9～12 月份均高于紫果西番莲‘满天星’二倍体，但在 8 月份时低于紫果西番莲‘满天星’二倍体。这可能是因为在 8 月份时苗木还较小，还未表现出 POD 含量高的优势，POD 的活性随着苗木的长大而增加。POD 主要是分解由 SOD 催化产生的过氧化氢，其增加趋势与 SOD 一致，紫果西番莲‘满天星’二倍体与三倍体的 SOD、POD 变化趋势相似，说明倍性的改变依然没有改变紫果西番莲‘满天星’三倍体的这种变化趋势，但是增加了紫果西番莲‘满天星’三倍体的 SOD、POD 酶活性。

过氧化氢酶（CAT）主要存在于过氧化氢体中，其主要作用与 POD 相似，分解过氧化氢，将过氧化氢还原为水和氧气，降低植物受氧化程度。在对紫果西番莲‘满天星’二倍体的观察中发现，随着时间的增加，其叶片中 CAT 活性先增加后降低，在 12 月份时又略微增加，在 9 月份时，CAT 含量达到最高值。紫果西番莲‘满天星’三倍体叶片中 CAT 活性呈现先增高后降低的趋势，在 9 月份时 CAT 含量最高，12 月份最低，除 12 月份外，其余月份紫果西番莲‘满天星’三倍体叶片中 CAT 活性均高于紫果西番莲‘满天星’二倍体，紫果西番莲‘满天星’二倍体与三倍体的 CAT 活性变化规律不一致（图 3-15）。在 12 月份时紫果西番莲‘满天星’三倍体的含量下降，而紫果西番莲‘满天星’二倍体的增加，说明在 12 月份时倍性的变化使紫果西番莲‘满天星’二倍体与三倍体的 CAT 含量往相反的方向变化。

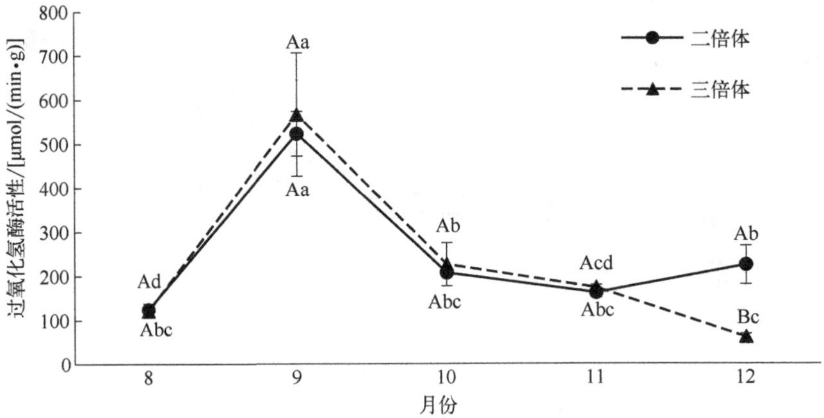

图 3-15　紫果西番莲‘满天星’二倍体和三倍体过氧化氢酶活性变化趋势图

在逆境环境下，植物细胞受到损害产生具有细胞毒性的丙二醛（MDA），它是一种不饱和脂肪酸过氧化物的降解产物，MDA 的含量高低可以反映植物膜结构的受损害程度，从而反映出植物的抗逆性。由图 3-16 可知。紫果西番莲‘满天星’二倍体与三倍体的 MDA 含量变化趋势不一致，在8～11月份紫果西番莲‘满天星’二倍体叶片中的MDA含量明显高于紫果西番莲‘满天星’三倍体，且8月份、9月份时紫果西番莲‘满天星’二倍体的MDA含量较高，这可能是因为8月份、9月份时高温天气较多，MDA显著增加。紫果西番莲‘满天星’二倍体的MDA含量大部分时候高于紫果西番莲‘满天星’三倍体，证明紫果西番莲‘满天星’二倍体苗木易受外界环境影响，细胞的膜脂过氧化水平升高，细胞受破坏较紫果西番莲‘满天星’三倍体严重。倍性的增加可能增加了紫果西番莲‘满天星’三倍体细胞膜的保护水平。

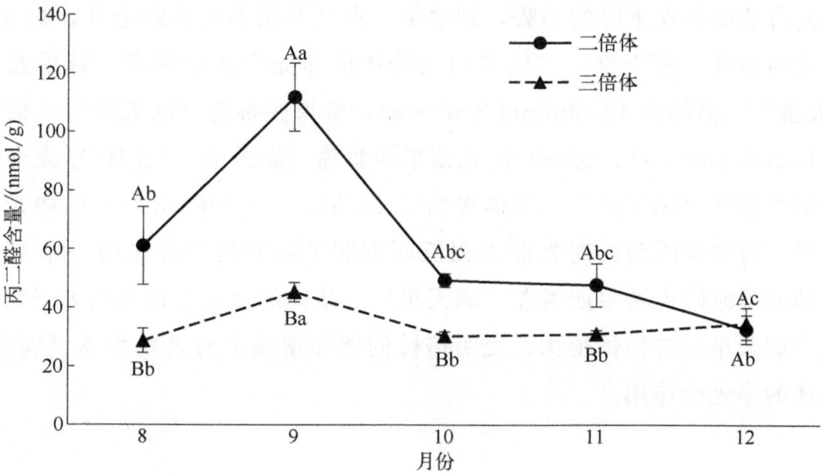

图3-16 果西番莲‘满天星’二倍体和三倍体丙二醛含量变化趋势图

3.2.3.4 紫果西番莲‘满天星’二倍体和三倍体光合特性与叶绿素荧光参数的比较

3.2.3.4.1 紫果西番莲‘满天星’二倍体和三倍体光合特性比较

在植物的生长进程中，光是一项不可或缺的基础条件，在光合作用中，光主要起到提供同化力形成所需要的能量、活化光合作用的关键酶和促使气孔开放和调节光合机构发育的作用，不同植物对于光的利用和适应存在差异，研究植物的光合作用对判断植物的环境适应能力至关重要。植物本身的生理变化及环境因素都会直接或间接的影响植物光系统Ⅱ的功能，叶绿素荧光与光合作用中各个过程紧密相关，叶绿素荧光诱导动力学变化可以一定程度地反映环境因子对植物的影响，结合光合作用参数，我们可以了解紫果西番莲‘满天星’二倍体和三倍体的生长变化规律。在测量光合作用日进程的差异时测定了六个时间点 9：00、11：00、13：00、15：00、17：00、19：00，光强分别为：900μmol/(m^2·s)、900μmol/(m^2·s)、1500μmol/(m^2·s)、1300μmol/(m^2·s)、500μmol/(m^2·s)、50μmol/(m^2·s)。

(1) 紫果西番莲‘满天星’二倍体和三倍体净光合速率日变化

在自然条件下，每天的温度、湿度和光照时长都是不一样的，没有恒定的环境条件，所以不同植物也会呈现出不同的日变化规律，分析植物的光合作用日变化特性是研究植物生物生产力的基础。在 2021 年 9 月中旬一个晴朗的日子对紫果西番莲‘满天星’二倍体与三倍体的日光合变化规律进行测量，如图 3-17 所示，自 9：00 开始紫果西番莲‘满天星’二倍体与三倍体的净光合速率呈现下降的趋势，到中午一点又开始不显著的上升，在 9：00 时紫果西番莲‘满天星’二倍体与三倍体的净光合速率最高，紫果西番莲‘满天星’三倍体为 12.80μmol/(m^2·s)，紫果西番莲‘满天星’二倍体为 10.71μmol/(m^2·s)，这一时间点紫果西番莲‘满天星’三倍体净光合速率较紫果西番莲‘满天星’二倍体提高了 19.5%。一天中 13：00 的净光合速率最低，可能是因为此时光照太强反而抑制了植物的光合作用，除 15：00 之外的其他时间点紫果西番莲‘满天星’三倍体的净光合速率均大于紫果西番莲‘满天星’二倍体植株，说明倍性的增加增强了紫果西番莲‘满天星’三倍体的净光合作用。

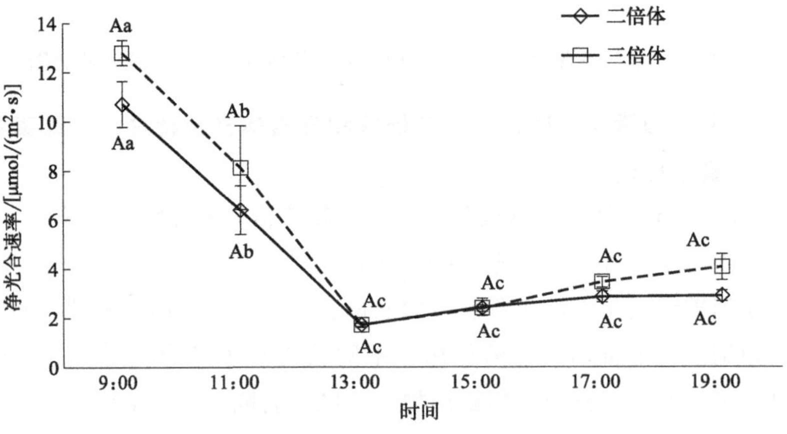

图 3-17　紫果西番莲‘满天星’二倍体和三倍体净光合速率日变化趋势图

(2) 紫果西番莲‘满天星’二倍体和三倍体蒸腾速率日变化

蒸腾作用是反映植物水分代谢强弱的一个重要指标，随着植物品种和环境因素的不同，植物的蒸腾速率也有不同表现，它反映了植物的水分交换能力强弱，也反映出植物对于外界环境的调节能力。由图 3-18 可知紫果西番莲‘满天星’二倍体与三倍体的蒸腾速率最低值都出现在 13：00，最高值都出现在 9：00，除 15：00 外，其他时间点紫果西番莲‘满天星’三倍体的蒸腾速率均大于紫果西番莲‘满天星’二倍体，一天之中紫果西番莲‘满天星’三倍体的蒸腾速率最高值为 0.0031μmol/(m^2·s)，最低值为 0.0005μmol/(m^2·s)，紫果西番莲‘满天星’二倍体蒸腾速率最高值为 0.0029μmol/(m^2·s)，最低值为 0.0003μmol/(m^2·s)，紫果西番莲‘满天星’三倍体的蒸腾速率最高值较紫果西番莲‘满天星’二倍体最高值提高了 6.9%，最低值高 66.7%。总体来看，紫果西番莲‘满天星’三倍体的蒸腾速率要强于紫果西番莲‘满天星’二倍体。倍性的增加使得紫果西番莲‘满天星’三倍体的气孔变大，所以蒸腾速率也有相对的提高。

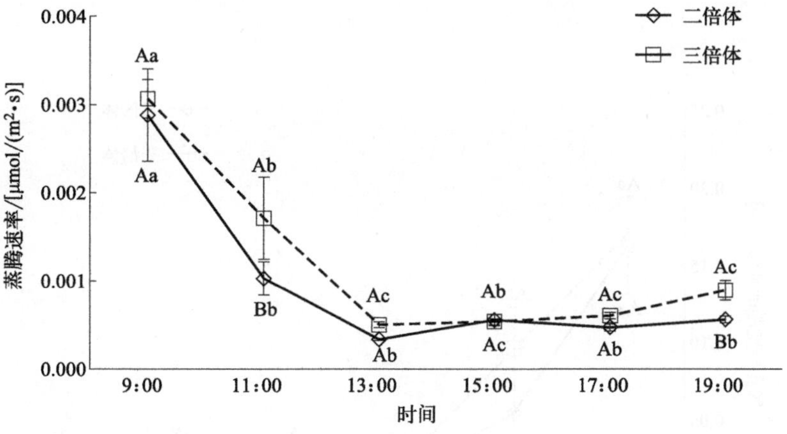

图 3-18 紫果西番莲‘满天星’二倍体和三倍体蒸腾速率日变化趋势图

（3）紫果西番莲‘满天星’二倍体和三倍体气孔导度日变化

蒸腾速率日变化与气孔导度日变化息息相关，气孔的开闭直接影响植物蒸腾速率的快慢。紫果西番莲‘满天星’二倍体与三倍体的气孔导度日变化情况与蒸腾速率日变化一致，如图 3-19 所示，9：00 时紫果西番莲‘满天星’二倍体与三倍体的气孔导度均最大，紫果西番莲‘满天星’三倍体为 0.1705μmol/(m^2·s)，紫果西番莲‘满天星’二倍体为 0.1631μmol/(m^2·s)，紫果西番莲‘满天星’三倍体较紫果西番莲‘满天星’二倍体提高 4.5%，在除 15：00 的其他时间点，紫果西番莲‘满天星’三倍体的气孔导度都大于紫果西番莲‘满天星’二倍体，9：00～13：00 间紫果西番莲‘满天星’二倍体与三倍体气孔导度大幅下降，13：00 过后紫果西番莲‘满天星’二倍体与三倍体气孔导度的波动都不太明显。在 13：00 时紫果西番莲‘满天星’二倍体与三倍体的净光合速率、蒸腾速率与气孔导度值都是最低，可能是因为此时的光强与温度都很高，植物出现了午休现象，光照加强，气温进一步升高，引起相对空气湿度下降，此时蒸腾失水强烈引起气孔关闭。紫果西番莲‘满天星’二倍体和三倍体净光合速率、蒸腾速率和气孔导度的谷值差异不明显。紫果西番莲‘满天星’二倍体和三倍体的净光合速率、蒸腾速率和气孔导度在 13：00 和 15：00 时基本一致，而在其他时间三倍体均高于二倍体，其中蒸腾速率和气孔导度在 19：00 时有显著差异，净光合速率无显著差异。紫果西番莲‘满天星’三倍体因为倍性的增加，气孔发生变化导致呼吸作用也发生变化，在这几个指标上有优于紫果西番莲‘满天星’二倍体的表现。

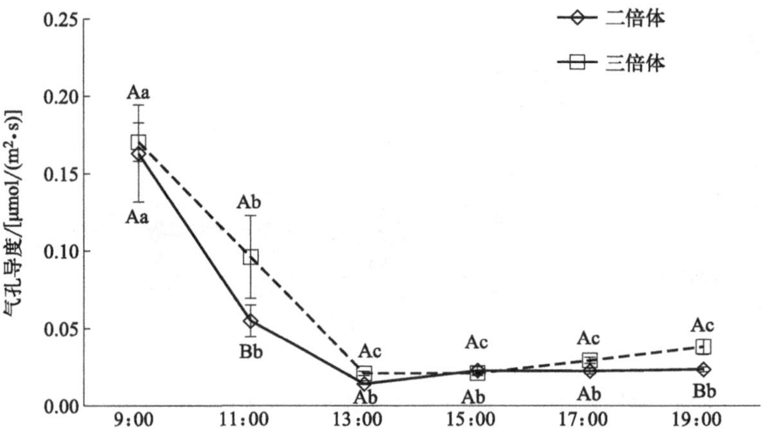

图 3-19 紫果西番莲‘满天星’二倍体和三倍体气孔导度日变化趋势图

（4）紫果西番莲‘满天星’二倍体和三倍体胞间 CO_2 浓度日变化

胞间 CO_2 浓度的高低与光合速率和呼吸速率的高低有关，当植物的光合速率大于呼吸速率胞间 CO_2 浓度降低，反之，胞间 CO_2 浓度降低上升。

胞间 CO_2 浓度影响植物光合作用提供直接合成碳源的多少。由图 3-20 可知，与净光合速率变化趋势不一样，紫果西番莲‘满天星’二倍体与三倍体的胞间 CO_2 浓度总体呈现 W 字形。紫果西番莲‘满天星’三倍体的胞间 CO_2 浓度自 9：00 开始下降到 11：00 开始上升，13：00 又下降到 17：00 后开始有小幅度的上升。而紫果西番莲‘满天星’二倍体的胞间 CO_2 浓度自 9：00 开始下降到 11：00 后上升，15：00 后又下降至 17：00 后又有小幅度的上升。三倍体满天星的胞间 CO_2 浓度均高于二倍体，其中在 13：00 时有显著差异。总体来看，‘满天星’光合作用日进程中紫果西番莲‘满天星’三倍体的胞间 CO_2 浓度高于紫果西番莲‘满天星’二倍体。胞间 CO_2 浓度与气孔的开合有很大关系，倍性改变后植物的气孔大小及开闭方式发生改变导致胞间 CO_2 浓度也存在很大差异。

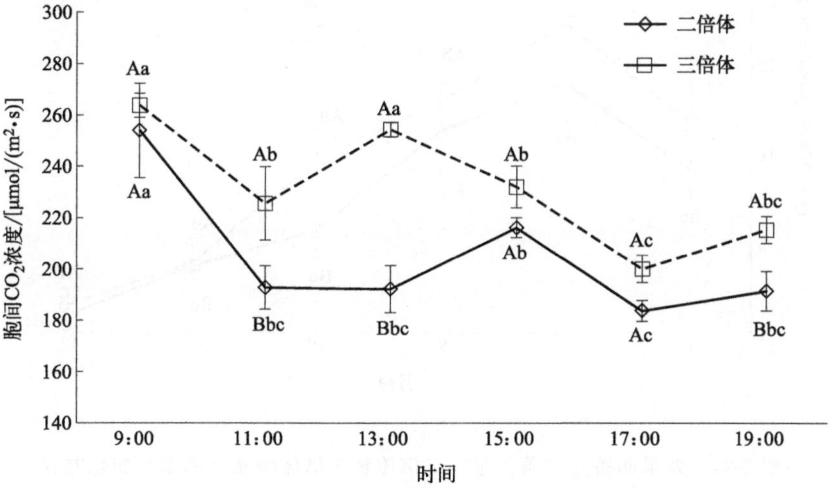

图 3-20　紫果西番莲‘满天星’二倍体和三倍体胞间二氧化碳浓度日变化趋势图

（5）紫果西番莲‘满天星’二倍体和三倍体净光合速率月变化

分析 7～12 月份紫果西番莲‘满天星’二倍体和三倍体的净光合速率如图 3-21 所示，随着时间的增加，紫果西番莲‘满天星’二倍体与三倍体的净光合速率均呈现先增加后减少的趋势，在 8 月份时紫果西番莲‘满天星’二倍体与三倍体的净光合速率均达到最高值，紫果西番莲‘满天星’三倍体［17.25μmol/(m^2·s)］较‘紫果西番莲‘满天星’二倍体［13.89μmol/(m^2·s)］提高了 24.2%，8 月份后紫果西番莲‘满天星’二倍体与三倍体的净光合速率都开始下降，12 月份时净光合速率最低，但紫果西番莲‘满天星’三倍体 [1.54μmol/(m² · s)] 仍然高于紫果西番莲‘满天星’二倍体 [0.97μmol/(m² · s)]。在测定 5 个月中，除 11 月份外，紫果西番莲‘满天星’三倍体的净光合速率均高于紫果西番莲‘满天星’二倍体，这与前面研究中提到的紫果西番莲‘满天星’三倍体的叶绿素含量大于紫果西番莲‘满天星’二倍体相呼应，证实了叶绿素含量的高低确实可以反映植物的光合作用强弱，也说明紫果西番莲‘满天星’三倍体的同化产物累积能力强于紫果西番莲‘满天星’二倍体，这可能是基因剂量效应带来的优化效果。

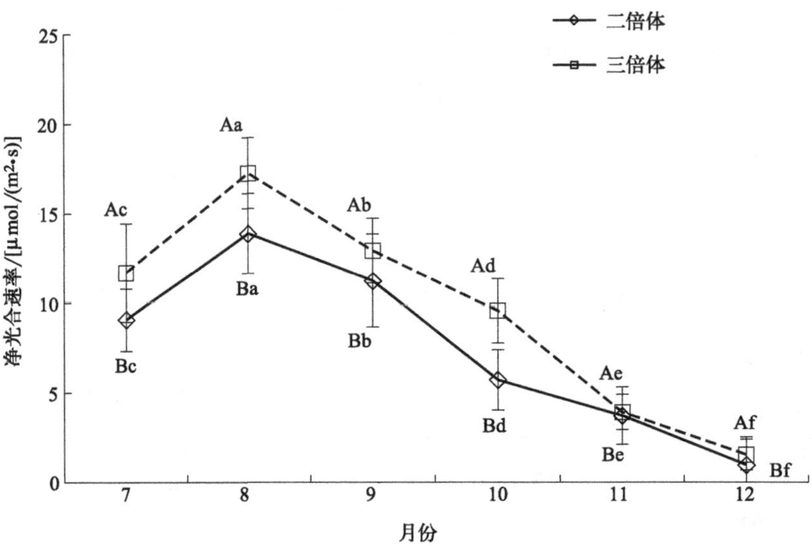

图 3-21　紫果西番莲‘满天星’二倍体和三倍体净光合速率月变化差异

(6) 紫果西番莲‘满天星’二倍体和三倍体蒸腾速率月变化

紫果西番莲‘满天星’二倍体与三倍体的蒸腾速率变化情况如图 3-22 所示，随着时间的增加，紫果西番莲‘满天星’二倍体与三倍体的蒸腾速率呈现先升高后降低的趋势，在 8 月份紫果西番莲‘满天星’二倍体与三倍体的蒸腾速率均达最高值，紫果西番莲‘满天星’三倍体较 7 月份升高了 94.44%，紫果西番莲‘满天星’二倍体较 7 月份升高了 90.91%，同一时期紫果西番莲‘满天星’三倍体较紫果西番莲‘满天星’二倍体高 11.11%。在 11 月份、12 月份紫果西番莲‘满天星’二倍体与三倍体的蒸腾速率相差不明显，其余月份紫果西番莲‘满天星’三倍体的蒸腾速率均较紫果西番莲‘满天星’二倍体高，其中在 8 月份和 10 月份紫果西番莲‘满天星’三倍体的蒸腾速率均显著高于紫果西番莲‘满天星’二倍体（$p<0.05$）。

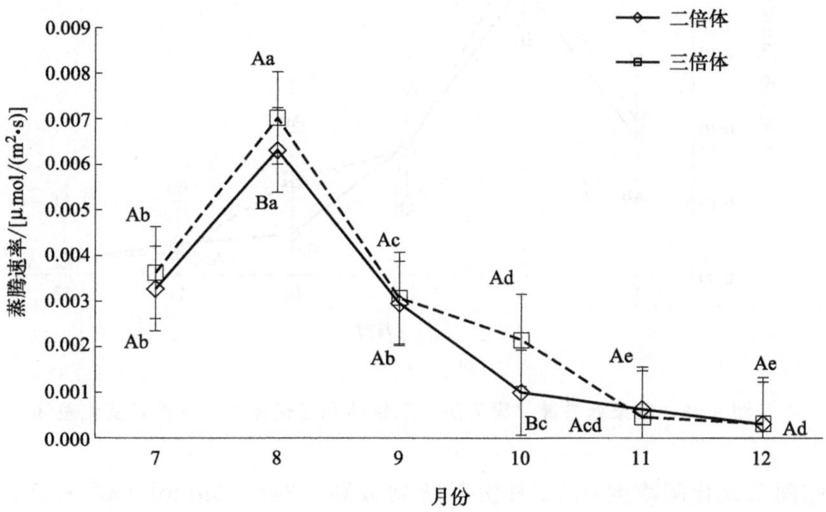

图 3-22　紫果西番莲‘满天星’二倍体和三倍体蒸腾速率月变化差异

（7）紫果西番莲‘满天星’二倍体和三倍体气孔导度月变化

紫果西番莲‘满天星’二倍体与三倍体的气孔导度变化规律与蒸腾速率的变化规律一致，如图 3-23 所示，在 12 月份时为紫果西番莲‘满天星’二倍体与三倍体气孔导度的最低值，较起始月份 7 月低了 89.56%（紫果西番莲‘满天星’二倍体）、90.86%（紫果西番莲‘满天星’三倍体）。紫果西番莲‘满天星’三倍体的气孔导度最高值为 0.450μmol/(m^2 · s)，最低值为 0.019μmol/(m^2 · s)，紫果西番莲‘满天星’二倍体的气孔导度最高值为 0.400μmol/(m^2 · s)，最低值为 0.020μmol/(m^2 · s)。随着时间的增加，自 8 月份开始，紫果西番莲‘满天星’二倍体与三倍体的气孔导度值开始下降，这可能与测量时的温度、湿度等相关。

（8）紫果西番莲‘满天星’二倍体和三倍体胞间 CO_2 浓度月变化

紫果西番莲‘满天星’二倍体与三倍体的胞间二氧化碳浓度随着月份的增加呈现增减反复的趋势，如图 3-24 可知，紫果西番莲‘满天星’二倍体

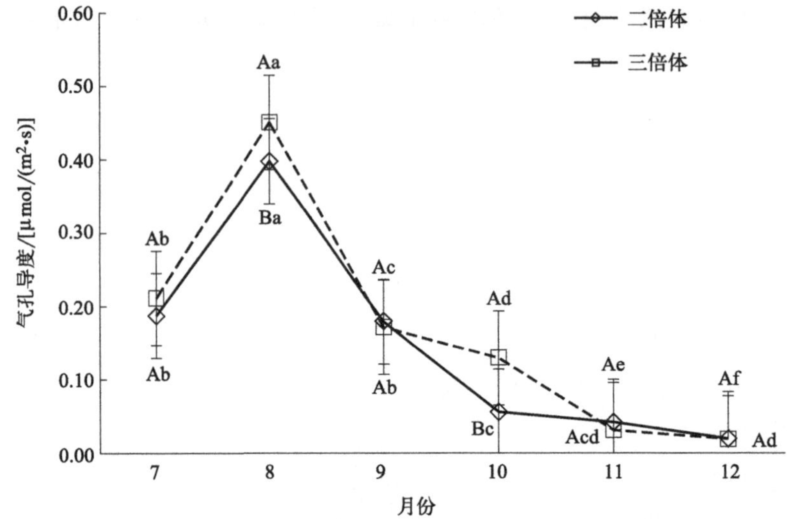

图 3-23　紫果西番莲‘满天星’二倍体和三倍体气孔导度月变化差异

的胞间二氧化碳浓度在 12 月份时达到最高［348.92μmol/(m^2·s)］，这时与光合速率相反，紫果西番莲‘满天星’二倍体的净光合速率在 12 月份时

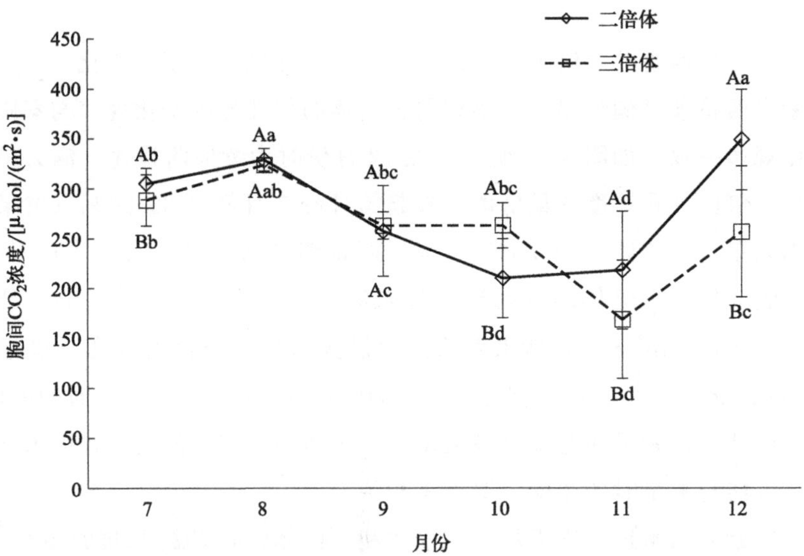

图 3-24　紫果西番莲‘满天星’二倍体和三倍体胞间二氧化碳浓度月变化差异

最小。胞间二氧化碳浓度实际上可以反映光合速率与呼吸速率的关系，12月份时光强变小，此时达到最高值证明 12 月份呼吸速率大于光合速率。当光强越强时胞间二氧化碳浓度会越小，但它与光合速率的关系并不是恒定的，如紫果西番莲‘满天星’三倍体的胞间二氧化碳浓度在 8 月份时达到最高值［323.73μmol/(m^2·s)］，说明 8 月份光强的强度并没有大到抑制紫果西番莲‘满天星’三倍体呼吸速率的程度。倍性的增加使紫果西番莲‘满天星’三倍体拥有更强的光合能力，但其呼吸速率没有表现出更优的现象。

3.2.3.4.2 紫果西番莲‘满天星’二倍体和三倍体叶绿素荧光参数的比较

(1) 紫果西番莲‘满天星’二倍体和三倍体 PSⅡ初始荧光

叶绿素荧光动力学分析测量时植物需经过暗处理，它实际上是植物光合作用从休止到活化状态的一个变化，测量了植物在这个过程中的荧光动态变化，因而它包含了重要的光合信息。初始荧光（F_o）是 PSⅡ（光系统Ⅱ）反应中心完全开放时的荧光产额，它与叶片叶绿素浓度有关。由图 3-25 可知，7～12 月份紫果西番莲‘满天星’三倍体的 Fo 差异并不显著，随着月份的变化紫果西番莲‘满天星’三倍体 PSⅡ反应中心完全开放时的荧光产量基本一致。紫果西番莲‘满天星’二倍体的 Fo 呈现增减反复的趋势，分别在 8 月份和 11 月份达到峰值，在这两个月份 Fo 高于紫果西番莲‘满天星’三倍体。可能是在这两个月份时植物叶片 PSⅡ反应中心出现可逆性失

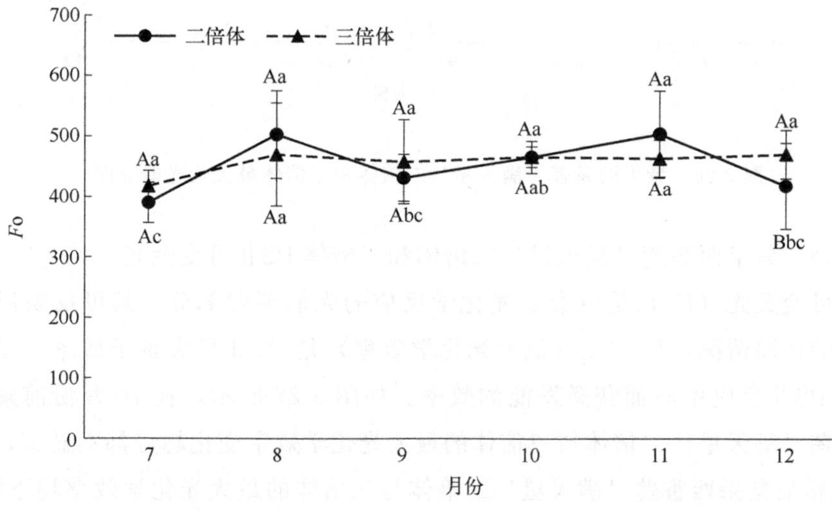

图 3-25 紫果西番莲‘满天星’二倍体和三倍体初始荧光差异图

活，Fo 增加量越多，类囊体膜受损程度就越严重。说明倍性的增加使紫果西番莲‘满天星’三倍体的类囊体膜受损情况变得不敏感。

（2）紫果西番莲‘满天星’二倍体和三倍体 PSⅡ最大荧光

最大荧光（F_m）是 PSⅡ反应中心完全关闭时的荧光输出，它能反映电子通过 PSⅡ的转移。由图 3-26 可知，紫果西番莲‘满天星’二倍体 Fm 随着时间变化呈现先升高后降低的趋势，紫果西番莲‘满天星’三倍体 Fm 在 10 月份前都保持不显著的变化，10 月份后开始显著降低，且除 8 月份外 Fm 均大于紫果西番莲‘满天星’二倍体，这说明大部分时候紫果西番莲‘满天星’三倍体 PSⅡ反应中心处于完全关闭时的电子传递情况较紫果西番莲‘满天星’二倍体好。

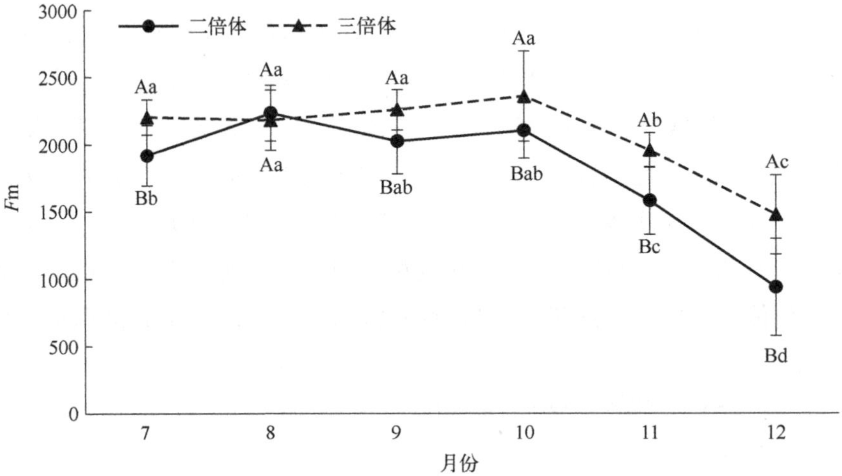

图 3-26　紫果西番莲‘满天星’二倍体和三倍体最大荧光差异图

（3）紫果西番莲‘满天星’二倍体和三倍体 PSⅡ可变荧光

可变荧光（F_v）是可参加光化学反应的光能辐射部分，其可反映原初电子的还原情况，F_v/F_m（最大光化学效率）是 PSⅡ最大量子效率，指开放的 PSⅡ反应中心捕获激发能的效率。如图 3-27 所示，在 10 月份前紫果西番莲‘满天星’二倍体与三倍体的最大光化学效率变化趋势都不显著，在 10 月份后紫果西番莲‘满天星’二倍体与三倍体的最大光化学效率均下降。且紫果西番莲‘满天星’二倍体下降趋势更明显，说明紫果西番莲‘满天星’三倍体在开放的 PSⅡ反应中心捕获激发能的效率更高。

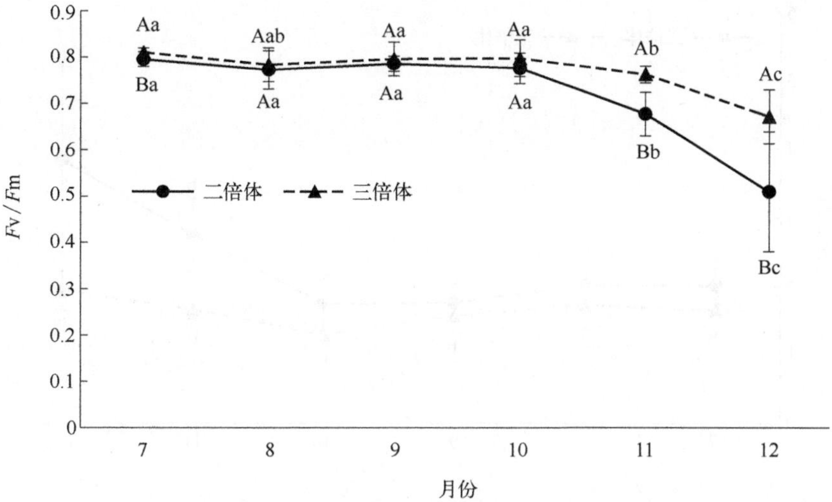

图 3-27　紫果西番莲‘满天星’二倍体和三倍体最大光化学效率差异图

（4）紫果西番莲‘满天星’二倍体和三倍体 PSⅡ反应中心能量流动分配

单位反应中心吸收的能量（*ABS/RC*）比较见图 3-28，由图可知，紫果西番莲‘满天星’二倍体的 *ABS/RC* 在 7～10 月份变化不显著，10 月份后开始显著上升。紫果西番莲‘满天星’三倍体的 *ABS/RC* 在 10 月份时降低到最低又开始上升，总体来看紫果西番莲‘满天星’二倍体的 *ABS/RC* 值高于紫果西番莲‘满天星’三倍体。说明在叶片暗处理后，紫果西番莲‘满天星’二倍体单位反应中心吸收的光能多于紫果西番莲‘满天星’三倍体。

3.2.3.5　紫果西番莲‘满天星’二倍体与三倍体生长生理指标的相关性分析

（1）紫果西番莲‘满天星’二倍体与三倍体生长生理光合色素指标相关性分析

紫果西番莲的叶绿素 a、叶绿素 b、类胡萝卜素与苗高、茎节、地径呈负相关，与叶长、叶柄长呈正相关；但可溶性糖、可溶性蛋白与生长指标相关性略有差异。由图 3-29（a）可知，紫果西番莲‘满天星’二倍体苗高与地径、地径与茎节呈极显著正相关关系。茎节与叶长、叶绿素 a 呈显著负相

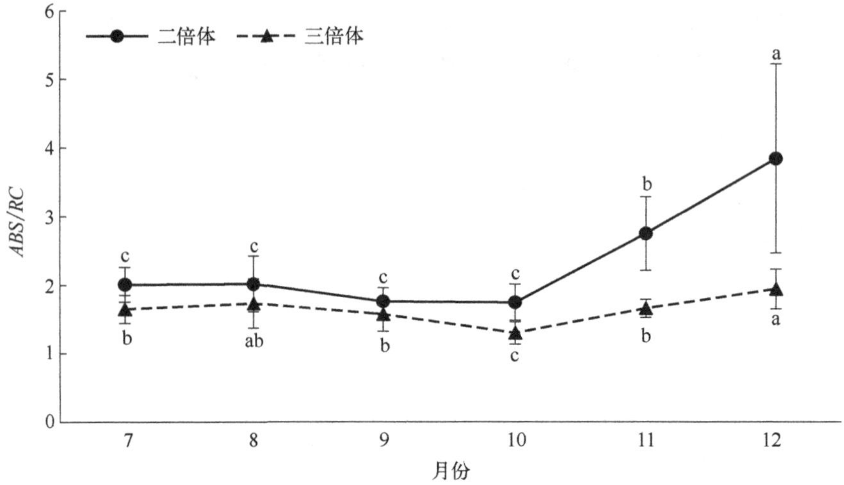

图 3-28　紫果西番莲‘满天星’二倍体和三倍体单位反应中心吸收的光能差异图

关关系。叶柄长与叶长、叶绿素 a、类胡萝卜素呈显著正相关关系。可溶性糖与叶绿素 a、类胡萝卜素呈正相关，与可溶性蛋白、叶绿素 b 呈负相关。可溶性蛋白与叶绿素 a、叶绿素 b、类胡萝卜素呈负相关。由图 3-29（b）可知，紫果西番莲‘满天星’三倍体叶绿素 a、叶绿素 b、类胡萝卜素与苗高、茎节、地径呈负相关，与叶长、叶柄长呈正相关。叶宽与可溶性糖呈正相关，与其他指标呈负相关。可溶性糖与可溶性蛋白呈显著负相关关系，与类胡萝卜素呈显著正相关关系；可溶性蛋白与叶绿素 a、叶绿素 b、类胡萝卜素呈负相关；叶绿素 a 与叶绿素 b、类胡萝卜素呈正相关，叶绿素 b 与类胡萝卜素呈正相关。

研究发现，紫果西番莲‘满天星’二倍体与三倍体的生理指标与生长指标之间相关性存在一定差异。紫果西番莲‘满天星’二倍体与三倍体在生长指标方面均呈现出明显的相关性，如苗高与地径密切正相关。然而，在生理指标方面，紫果西番莲‘满天星’二倍体与紫果西番莲‘满天星’三倍体的相关性表现出一些差异。如在可溶性糖含量方面，紫果西番莲‘满天星’二倍体与紫果西番莲‘满天星’三倍体在生长初期呈现不同的变化趋势，后期紫果西番莲‘满天星’三倍体的可溶性糖含量超过紫果西番莲‘满天星’二倍体，这可能反映了倍性对能量分配和利用的影响。此外，紫果西番莲‘满天星’三倍体的可溶性蛋白和叶绿素含量始终高于紫果西番莲‘满天星’二倍体，这可能揭示了倍性对植物代谢活性和光合能力的影响。因此，不同倍性的紫果西番莲在生理与生长指标的关联性上存在差异，这可能源于倍性对植物生长发育和代谢过程的调控作用。

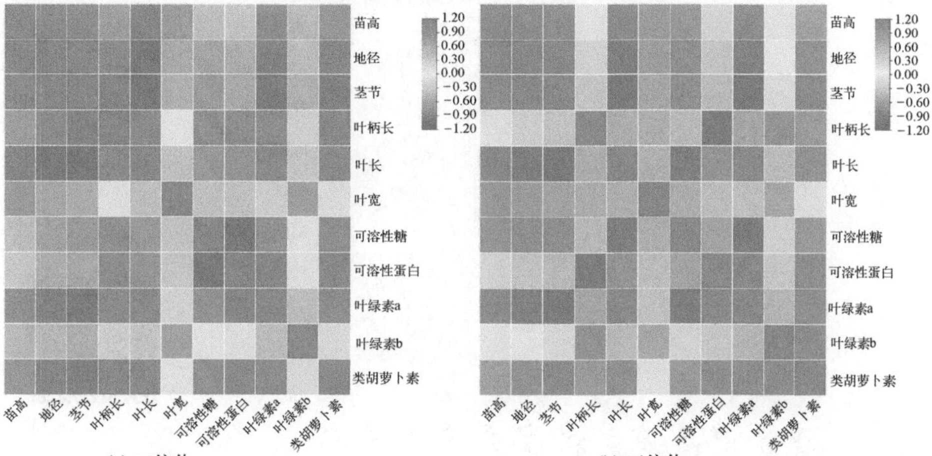

(a) 二倍体　　(b) 三倍体

图 3-29　紫果西番莲‘满天星’二倍体与三倍体生长及生理光合色素相关性分析

(2) 紫果西番莲‘满天星’二倍体与三倍体生长与生理光合特性相关性分析

图 3-30 可看出，紫果西番莲‘满天星’二倍体苗高与地径呈现极显著的正相关关系，说明苗高的增长与地径密切相关，只有地径足够粗壮才能支撑苗木长高及更多的营养物质传输，POD 酶活性含量与可溶性蛋白的含量呈现显著的正相关关系，POD 与可溶性蛋白都是植物体内重要的维持细胞正常生长的物质，POD 是通过清除过氧化氢来维持细胞体内活性氧平衡，可溶性蛋白则是通过增加可溶性蛋白质含量来维持渗透势，它们呈现正相关关系，说明在维持植物正常生命活动时两者是正相关的。净光合速率与总叶绿素呈显著正相关关系，证实了叶绿素含量确实可以作为反映光合速率的指标。紫果西番莲‘满天星’二倍体的蒸腾速率与气孔导度也存在极显著的正相关关系，气孔的大小、开闭都显著影响着植物叶片的蒸腾速率。

由图 3-31 可看出，紫果西番莲‘满天星’三倍体的地径与可溶性糖含量呈显著的正相关关系，紫果西番莲‘满天星’三倍体的地径增长与其可溶性糖含量的增加密切相关。净光合速率、蒸腾速率与气孔导度与总叶绿素均

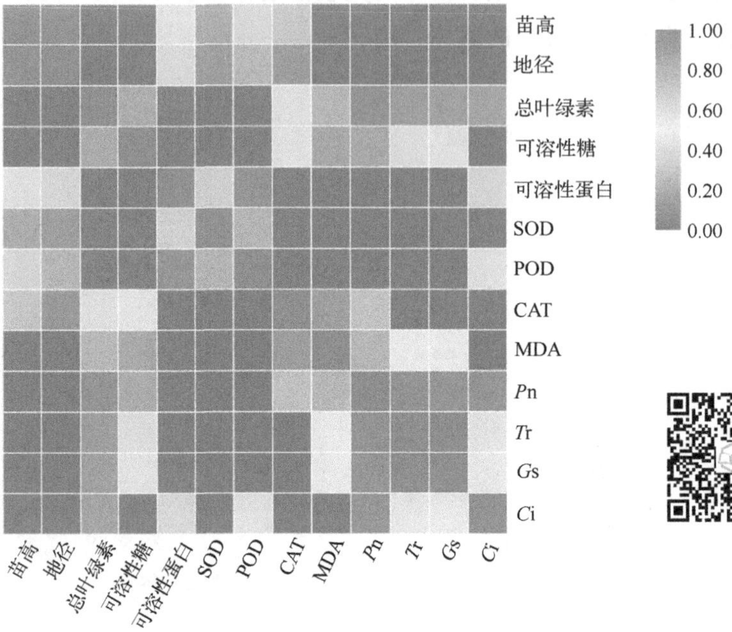

图 3-30 紫果西番莲‘满天星’二倍体生长与生理光合特性相关性分析图

存在正相关关系，证明叶绿素的合成影响着光合作用的强弱。可溶性糖含量与 SOD 酶活性含量存在显著的正相关关系，SOD 酶主要催化超氧阴离子自由基歧化生成氧和过氧化氢，从而能降低活性氧造成的伤害，其与可溶性糖含量呈正相关，证明植物细胞受到破坏时，可溶性糖与 SOD 共同作用。

紫果西番莲‘满天星’二倍体与三倍体各指标间的相关关系存在共同点和不同点，紫果西番莲‘满天星’二倍体与三倍体的总叶绿素与光合速率都呈显著正相关关系，紫果西番莲‘满天星’三倍体的叶绿素含量均显著高于紫果西番莲‘满天星’三倍体，其光合速率也高于紫果西番莲‘满天星’二倍体，但酶活性与渗透调节物质的关系方面，紫果西番莲‘满天星’二倍体与三倍体表现出差异，紫果西番莲‘满天星’二倍体的抗氧化酶 POD 与可溶性蛋白含量显著正相关，而紫果西番莲‘满天星’三倍体的抗氧化酶 SOD 与可溶性糖含量显著正相关，这是倍性的改变导致基因变化，紫果西番莲‘满天星’三倍体的生理性状与紫果西番莲‘满天星’二倍体表现出不同的生长机制。

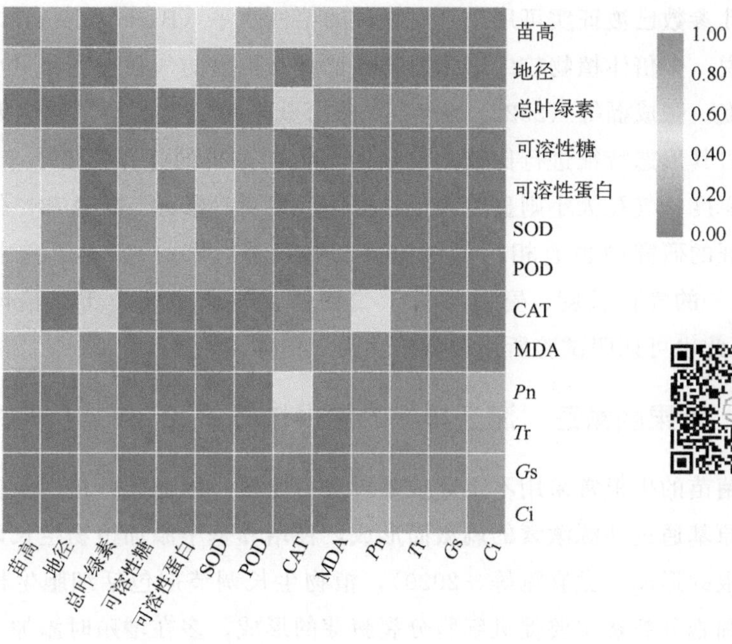

图 3-31　紫果西番莲三倍体‘满天星’生长与生理光合特性相关性分析图

3.3 讨　论

3.3.1 倍性鉴定

对植物的倍性进行鉴定是开展后续评价不同倍性植物优良特性的基础。染色体制片技术是一种准确、可靠的鉴定植株倍性的方法，它主要通过取材、预处理、固定、解离和染色几个步骤来实现，本节结合课题组前期（丰国蕊等，2021）对紫果西番莲‘满天星’二倍体的染色体制片方法，稍作改进，主要对解离时间进行了探究。采用 HCl 进行解离，用强酸溶液软化植物细胞壁，使细胞易压散，从而更好地观察染色体的形态和数量（杨玉双等，2017）。解离时的温度与时间把控至关重要，解离时间过长，会导致着色困难，解离时间过短，细胞重叠严重不易观察（刘丹等，2015）。本研究在 60℃的恒温水浴锅中对比了三个时间段（3min、5min、7min），经观察对比，在解离时间为 5min 时制片的效果最佳，也证实了诱导出的材料为紫果西番莲‘满天星’三倍体（$2n=3x=27$）。

气孔参数已被证实可用来判断物种的倍性水平（Barbosa et al.，2010），一般来说，多倍体植物较二倍体植物相比具有更大的气孔长宽和更小的气孔分布密度。张成磊等（2022）从 1289 株山金柑的实生苗中筛选出 8 株四倍体，并对其形态特征进行比较，发现四倍体山金柑的气孔密度小于二倍体，而叶片厚度、气孔大小则显著大于二倍体。在对丹参的三倍体和二倍体叶片解剖特征的研究中也有相同的结论（刘婉秋等，2021）。本研究中三倍体‘满天星’的气孔长度、宽度均大于二倍体，气孔密度小于二倍体‘满天星’，由此也可证明试验所用材料倍性为三倍体。

3.3.2 紫果西番莲‘满天星’的生根培养

无菌苗的生根常采用不定芽或茎段进行生根，因而无菌苗生根多为不定根，根原基通过外源激素的刺激而形成，在培养基中添加植物生长调节剂可以促使根的形成（党裳霓等，2020），植物生长调节剂包括细胞生长素和分裂素，细胞分裂素主要促进细胞分裂腋芽的形成，多在增殖时添加。而在对植物进行生根培养时常采用生长素来促使植物生根，萘乙酸（NAA）和吲哚丁酸（IBA）是诱导无菌苗生根常用的生长素，它们能够调节茎的生长速率、抑制侧芽、促进生根，不同植物对生长调节剂激素的敏感程度不同，所以需要筛选不同的激素种类和配方，才能达到最好的生根效果，对比了两种激素对两种倍性的生根影响，对于‘满天星’来说，NAA 的生根效果要好于 IBA，在同一配方下紫果西番莲‘满天星’三倍体的生根情况更好。

3.3.3 紫果西番莲‘满天星’二倍体与三倍体的生长差异分析

3.3.3.1 紫果西番莲‘满天星’二倍体和三倍体苗高、地径与茎节数量的差异

在植物的生长发育过程中，资源的分配策略随时间和环境的变动而改变，植物因资源分配不均导致植株两种不同性状的相对生长速率产生差异，这是一种异速生长现象（Mcconnaughay et al.，1998），即植株在自身的两个部分分配不同的资源去生长，树高与地径是最常用于对比植物表型变化的生长指标，能够直接反映苗木的生长状况。对紫果西番莲‘满天星’二倍体与三倍体的生长情况进行观测，发现紫果西番莲‘满天星’二倍体的苗高大于紫果西番莲‘满天星’三倍体，地径小于紫果西番莲‘满天星’三倍体，

茎节的数量相似，与蒋卉等（2019）的研究结果相似，八倍体矮牵牛的节间距严重缩短，株高明显小于二倍体。本研究中紫果西番莲‘满天星’三倍体的苗高小于紫果西番莲‘满天星’二倍体，但它们的茎节数量相似，说明紫果西番莲‘满天星’三倍体的节间距较短。研究表明多倍体植物通常具有更粗壮的茎（郭启高等，2000），如在象鼻兰的诱导试验中发现，四倍体象鼻兰较二倍体粗壮（吴婷等，2022）。本研究中紫果西番莲‘满天星’三倍体也拥有较粗壮的茎。

3.3.3.2 紫果西番莲‘满天星’二倍体和三倍体叶部形态的差异

植物倍性的改变会给植物带来很多外部形态和内部结构的改变，一般来说，多倍体植物较二倍体植物会有更大、更厚的叶片和更长的叶柄，赵奉彬等（2016）通过大叶型的特征来筛选天然三倍体山杨，并通过流式细胞仪的检测证明了筛选出来的大叶型山杨为三倍体。在对多倍体枇杷的叶部形态研究中发现，三、四倍体枇杷的叶长叶宽均大于二倍体枇杷（温国等，2019）。但在本研究中发现紫果西番莲‘满天星’倍性改变后与其他多倍体的叶部情况不一致，紫果西番莲‘满天星’三倍体的叶长、叶宽、叶柄长度在生长过程中大部分时候都要小于紫果西番莲‘满天星’二倍体，说明倍性改变给不同植物叶部形态带来的变化不是一致的，紫果西番莲‘满天星’倍性的增加并未使叶片变大。在中药材防风的叶片解剖结构中发现多倍体防风的叶柄长度明显小于二倍体（孟祥才等，2005）。在对多倍体黄瓜进行诱导优化试验中也发现了一样的情况，三倍体黄瓜植株叶片长度无明显变化，叶片宽度减小，叶柄长度也较二倍体降低（刘美妍，2021）。

3.3.4 紫果西番莲‘满天星’二倍体和三倍体的生理差异分析

3.3.4.1 紫果西番莲‘满天星’二倍体和三倍体可溶性糖、蛋白与叶绿素的差异

可溶性糖是植物体内重要的渗透调节物质，它主要通过降低原生质的渗透势来帮助植物从水势较低的外界环境中继续吸收水分，以此维持植物正常的代谢活动，因此在多倍体植物的研究中常通过测定可溶性糖的含量来评价倍性的增加对植物带来的利弊。在本研究中，在测定的前期，紫果西番莲‘满天星’二倍体的可溶性糖含量大于紫果西番莲‘满天星’三倍体，后期小于紫果西番莲‘满天星’三倍体，这一结果可能说明多倍体植物的生长存在一定的滞后期，从组培苗到田间的环境，无菌苗需要一个适应时间，而多

倍体由于细胞体积较大，生长需要更多的能量，进而多倍体的适应性慢于原生苗，随着植株的长大，能量充足，多倍体的基因剂量效应凸显，可溶性糖的含量就高于二倍体（白英豪，2017）。在测定的后期，紫果西番莲‘满天星’三倍体可溶性糖均高于紫果西番莲‘满天星’二倍体，这与张宇等（2012）对不结球白菜多倍体的研究相似，四倍体不结球白菜的可溶性糖较二倍体显著提高。在对黄瓜多倍体的研究上也有相同结论，四倍体黄瓜的可溶性糖含量较二倍体增加了47.8%（刘美妍，2021），但这并不是恒定的规律，邓传华等（2019）在对山豆根四倍体优良株系进行综合评价时发现，有两个山豆根四倍体株系的可溶性糖含量高于二倍体，其他四倍体株系则低于二倍体。所以植物倍性与可溶性糖含量的关系并不是恒定的，它与植物的种类息息相关。

可溶性蛋白和可溶性糖一样是植物体内重要的渗透调节物质，在环境胁迫下，植物体内主动累积可溶性蛋白，降低植物细胞的渗透势和水势，维持植物自身正常的膨压，使植物能够正常进行生命活动。在对紫果西番莲‘满天星’二倍体与三倍体的观察中发现，紫果西番莲‘满天星’三倍体的可溶性蛋白含量高于紫果西番莲‘满天星’二倍体，这与许多对多倍体生理性状测量结果一致，如四倍体番茄、萝卜、茄子的可溶性蛋白含量均显著高于它们的二倍体植株（李树贤等，2002；陈圣栋，2007）。这说明紫果西番莲‘满天星’三倍体的渗透调节功能优于紫果西番莲‘满天星’二倍体植株，在可溶性糖与可溶性蛋白方面，倍性的增加使‘满天星’向有利于物种进化的方向发展。

叶绿素含量常被看作能反映植物光合作用强弱的重要指标，在对紫果西番莲‘满天星’二倍体与三倍体叶绿素含量测定的5个月中，紫果西番莲‘满天星’三倍体的叶绿素含量高于紫果西番莲‘满天星’二倍体。但是紫果西番莲‘满天星’三倍体苗高生长量在测量的后期却小于紫果西番莲‘满天星’二倍体，这可能是因为紫果西番莲‘满天星’三倍体的侧枝较紫果西番莲‘满天星’二倍体多，所测量的苗高是针对‘满天星’的主枝，紫果西番莲‘满天星’三倍体的营养分配到多条枝条上，故主枝的长度没有侧枝数量少的紫果西番莲‘满天星’二倍体长。

3.3.4.2 紫果西番莲‘满天星’二倍体和三倍体抗氧化酶活性及丙二醛含量的差异

植物对环境因素的敏感程度可通过很多指标来反映，其中抗氧化酶活性及丙二醛含量是常被用来判断植物自身调节能力强弱的指标，抗氧化酶主要起到清除活性氧的作用，本研究测定的三种酶（SOD、POD、CAT）活性随倍性的变化没有随时间的变化明显，在11月份、12月份时紫果西番莲‘满天星’三倍体的SOD、POD酶活性高于紫果西番莲‘满天星’二倍体，CAT含量在12月份时低于紫果西番莲‘满天星’二倍体，两种倍性‘满天星’酶活性的变化在月份间差异大于倍性间的原因，可能是环境的变化并未胁迫到‘满天星’的生长，所以酶活性没有特别明显的升高或降低。MDA含量可以直观地反映植物细胞膜系统的受损情况（林定波等，1994），紫果西番莲‘满天星’二倍体MDA含量在大部分时候都高于紫果西番莲‘满天星’三倍体，这一结果说明紫果西番莲‘满天星’二倍体细胞膜脂质过氧化作用水平较紫果西番莲‘满天星’三倍体高，紫果西番莲‘满天星’三倍体植株的细胞膜对环境的适应性更强，随环境变化波动较紫果西番莲‘满天星’二倍体小。这与刘凤霞（2018）在新疆库尔勒香梨的研究中一致，多倍体新疆库尔勒香梨的MDA含量始终高于对照，证实了多倍体对环境的适应能力可能优于二倍体植株。

3.3.5 紫果西番莲‘满天星’二倍体和三倍体的光合作用和叶绿素荧光差异分析

3.3.5.1 紫果西番莲‘满天星’二倍体和三倍体光合作用日进程的差异

植物的生长发育离不开光合作用，光合作用的强弱能直接反映植物对环境变化的应对能力（周朝彬等，2009），光合作用实际上是一种酶促反应（王强等，2014），温度、湿度、日照情况在一定程度上决定着植物光合能力的强弱。在光合作用的日进程中，植物光合速率的变化常表现为“单峰”或“双峰”的曲线，也就是常说的植物“午休”现象。在对不同品种欧李的光合作用日进程研究中发现，不同品种欧李在6月、7月份时净光合速率日变化均呈现“双峰”的曲线，而在8月、9月份均呈现“单峰”的曲线（姜生秀和严子柱，2020），所以植物在一天中的光合作用变化情况是随环境的变化而变化的。在本研究中紫果西番莲‘满天星’二倍体与三倍体净光合速率在9：00时最大，在13：00时最小，这是因为在13：00时光强、温度达到最大值，此时叶片的蒸腾速率也达到最大值，为了减少水分的散失，叶片将气孔关闭来阻断细胞与外界的气体交换，此时净光合速率将大幅降低。通常光合速率降低是因为气孔限制或非气孔限制因素导致的，如果净光合速率与胞间二氧化碳浓度的变化方向一致，并且气孔导度降低时，此时净光合速率的降低是气孔因素引起的（Farquhar & Sharkey，1982）。在对紫果西番莲‘满天星’二倍体与三倍体的光合作用研究中发现其光合参数都不符合这一规律，说明紫果西番莲‘满天星’二倍体与三倍体净光合速率的下降都不是气孔因素引起的。紫果西番莲‘满天星’二倍体与三倍体净光合速率的最高峰出现在上午 9：00（9 月份），下降到 13：00 后又开始上升，应该是因为 13：00 过后光强开始逐渐降低，植物的气孔逐渐打开，净光合速率开始上升。

3.3.5.2 紫果西番莲‘满天星’二倍体和三倍体光合作用月进程的差异

植物的光合作用强弱与光合色素的含量息息相关，光合色素包括叶绿素和类胡萝卜素（孙小玲等，2010），在本研究中，紫果西番莲‘满天星’三倍体的叶绿素含量高于紫果西番莲‘满天星’二倍体，这与对紫果西番莲‘满天星’二倍体与三倍体的月光合进程的研究相对应，5 个月中紫果西番莲‘满天星’三倍体的净光合速率也高于紫果西番莲‘满天星’二倍体，这证实了叶绿素含量的高低与净光合速率的高低存在正相关的关系。也说明紫果西番莲‘满天星’三倍体较紫果西番莲‘满天星’二倍体有更强的光合能力，累积的同化产物更多，这也揭示了紫果西番莲‘满天星’三倍体具有更加短粗的茎和更多侧枝的原因，证实其光合能力较紫果西番莲‘满天星’二倍体强。

3.3.5.3 紫果西番莲‘满天星’二倍体和三倍体叶绿素荧光差异

叶绿素荧光实质上是通过原初光化学反应来揭示光合效率差异的原因。在暗处理后，紫果西番莲‘满天星’二倍体与三倍体的初始荧光（F_o）呈现不同的趋势，紫果西番莲‘满天星’三倍体的变化较平稳，紫果西番莲‘满天星’二倍体增减反复。最大光化学效率（F_v/F_m）是研究植物光合生理状态的重要指标，F_v/F_m 反映了植物叶片 PSⅡ原初光能转化效率（Stirbet & Govindjee，2011），紫果西番莲‘满天星’二倍体的最大荧光产量（F_m）和 F_v/F_m 整体低于紫果西番莲‘满天星’三倍体，这说明紫果西番莲‘满天星’二倍体在 PSⅡ反应中心完全关闭时的荧光输出及电子传递情况较差，在开放的 PSⅡ反应中心捕获激发能的效率也较紫果西番莲‘满天星’三倍体低。在相同条件下，紫果西番莲‘满天星’二倍体更易受到环境的影响。

3.4 小　　结

(1) 通过染色体计数法，本研究确定了由胚乳获得的材料染色体数量为 $2n=3x=27$ 条，与二倍体材料 $2n=2x=18$ 呈 1.5 倍的关系，为紫果西番莲‘满天星’三倍体。通过对比两种材料的气孔特征也证实了这一事实。紫果西番莲‘满天星’三倍体的气孔长度、宽度均大于紫果西番莲‘满天星’二倍体，气孔密度小于紫果西番莲‘满天星’二倍体，符合大部分多倍体的气孔特征规律。

(2) 与紫果西番莲‘满天星’二倍体相比，紫果西番莲‘满天星’三倍体的生长规律表现为：苗高、叶片长、叶片宽、叶柄长小于紫果西番莲‘满天星’二倍体，地径大于紫果西番莲‘满天星’二倍体。可溶性蛋白和叶绿素含量大于紫果西番莲‘满天星’二倍体，生长前期可溶性糖含量小于紫果西番莲‘满天星’二倍体，后期大于紫果西番莲‘满天星’二倍体。除 12 月份外，MDA 含量均小于紫果西番莲‘满天星’二倍体，SOD、POD、CAT 含量整体上大于紫果西番莲‘满天星’二倍体，CAT 含量在 12 月份小于紫果西番莲‘满天星’二倍体。

(3) 紫果西番莲‘满天星’二倍体与三倍体的光合作用变化趋势相似，紫果西番莲‘满天星’三倍体的净光合速率（P_n）、蒸腾速率（T_r）、气孔导度变化（G_s）均优于紫果西番莲‘满天星’二倍体，紫果西番莲‘满天星’三倍体能进行更强的光合作用。紫果西番莲‘满天星’二倍体的最大荧光产量（F_m）和最大光化学效率（F_v/F_m）整体低于紫果西番莲‘满天星’三倍体，紫果西番莲‘满天星’三倍体对环境的适应能力更强。

第4章

紫果西番莲‘满天星’二倍体和三倍体的抗旱性评价

4.1 材料与方法

4.1.1 研究地概况

试验地设在云南省昆明市西南林业大学温室大棚内，位于102°45′41″E，25°04′00″N，属北亚热带半湿润高原季风气候，海拔1945m，年平均气温14.7℃、绝对最高温32.5℃、绝对最低温－9℃；年平均相对湿度68.2％，全年降水量在时间分布上，明显地分为干、湿两季，年降水量700～1100mm，5～10月份为雨季，降水量占全年的85％左右，11月份至翌年4月份为干季，降水量仅占全年的15％左右。

4.1.2 试验材料与方法

4.1.2.1 植物材料

植物材料来自于本课题组，前期（杨振欣等，2023）利用采自云南省热带作物科学研究所的紫果西番莲‘满天星’成熟种子，种子采自同一植株上。将种子通过胚无菌萌发获得了紫果西番莲‘满天星’二倍体（$2n=2x=18$）无菌苗，以及通过胚乳培养法成功诱导获得紫果西番莲‘满天星’三倍体（$2n=3x=27$）无菌苗。

试验材料包括2种不同倍性紫果西番莲‘满天星’株系：紫果西番莲‘满天星’二倍体（M）、紫果西番莲‘满天星’三倍体（T4、T10、T17）无菌苗和一年龄移栽苗。

4.1.2.2 试验试剂与用具

试验试剂：蒸馏水、乙醇、琼脂、蔗糖、6-BA（6-苄基腺嘌呤）、NAA

(萘乙酸)、IBA(吲哚丁酸)、IAA(吲哚乙酸)、氢氧化钠、聚乙二醇6000(PEG-6000)、液氮、超氧化物歧化酶(SOD)、过氧化物酶(POD)、过氧化氢酶(CAT)、丙二醛(MDA)、脯氨酸(PRO)试剂盒(苏州梦犀生物医药科技有限公司)等。

试验用具：电子天平、pH试纸、移液枪、高温高压灭菌锅、超净工作台、直尺、皮尺、游标卡尺、电导仪，水浴锅、皮筋、试管管架、玻璃棒、烧杯、打孔器、研钵、紫外分光光度计、比色皿、离心管、离心机、酶标仪、LI-6800光合仪、高速连续激发式荧光仪Handy PEA等。

4.1.2.3 试验方法与设计

于2022年1月8日对紫果西番莲‘满天星’二倍体与三倍体各株系无菌苗进行生根培养，每个培养瓶放置1株无菌苗进行培养。在培养室的置架上培养，培养室的培养温度为(25±2)℃，光照强度为1500～1800lx，光照时间为12h。60d后，选取长势较为一致的120株生根无菌苗备用。其中，选取每个株系各48株生根无菌苗在培养室中进行PEG-6000模拟干旱胁迫试验。继续选取每个株系各70株生根的无菌苗浸泡于0.1%多菌灵中10min后移至8L的塑料盆中，塑料盆中基质为红土：腐殖土：珍珠岩=1：2：1(体积比)，且经过0.5%高锰酸钾消毒，移栽至西南林业大学大棚中，每盆幼苗摆放在铺有地膜的试验地上，防止地下水汽影响试验。大棚中搭建有50%孔隙度的遮阳网，幼苗受不得阳光直接照射，且保证通风统一良好。生长期间苗木统一管理，除草松土。于2023年7月18日选取60株长势较为一致的一年龄移栽苗进行自然干旱胁迫试验。

PEG-6000模拟干旱胁迫试验与自然干旱胁迫试验均于2022年进行了预实验，模拟干旱胁迫试验中幼苗在试验的第8d出现死亡植株，第9d大量幼苗死亡；而自然干旱胁迫试验中在试验的第24d出现死亡植株。PEG-6000模拟干旱胁迫试验是用PEG-6000溶液进行处理，设置4个处理，PEG-6000溶液浓度为0%(用蒸馏水处理)、15%、30%、45%，共4个处理，即为CK、处理1、处理2、处理3；每个处理各12株，均在培养后的第7d进行取样。自然干旱胁迫试验设置4个胁迫时间处理和1个胁迫21d后复水(连续每天8：00和18：00各浇3L水)5d处理，共5个处理，每个处理各12株苗，分别在0d、7d、14d、21d取样。取样时间为每天上午8：30，每个单株选取第3～5片功能叶，设置3个生物学重复，将采集的叶片放入液氮中待用。每株只在一个时间点取样1次可以避免机械损伤。

4.1.3 指标测定

4.1.3.1 生长指标测定

对每个倍性各株系中的PEG-6000试验各处理胁迫后第7d，以及自然干旱胁迫后第0d、7d、14d、21d、复水5d的幼苗进行生长指标测量，对每个倍性各株系的12株幼苗均进行测定。使用皮尺或直尺（精确到0.1cm）和游标卡尺（精确到0.01mm）分别测定苗高、地径。选取每株第3～5片功能叶，使用皮尺、直尺和游标卡尺分别测定叶长、叶宽、叶柄长。采用整株收获法获得全株苗木带回实验室，每个倍性各株系选取3株幼苗进行测定。先将采回的样品抖掉土壤杂质，随后将样株分为根、茎和叶3个部分，使用0.001g的天平称其各器官的物质重量，即为鲜重生物量（杨振欣等，2023）。测定完成生物量之后，用LA-S根系扫描仪进行根系扫描，扫描后用万深植物图像分析软件分析根系图像并得出总根长的数据。

4.1.3.2 生理指标测定

对紫果西番莲‘满天星’二倍体与三倍体各株系中的PEG-6000试验各处理胁迫后第7d，以及自然干旱胁迫后第0d、7d、14d、21d、复水5d的幼苗进行生理指标测定。

4.1.3.2.1 相对电导率测定

相对电导率（REC）测定：

紫果西番莲‘满天星’二倍体与三倍体各株系选取3株幼苗进行测定，每个单株选取第3～5片功能叶，设置3个生物学重复。用打孔器避开主脉钻取叶碟，各处理叶片钻取叶碟30片，分装在3支洁净的刻度试管中，每管放10片（3个重复）。在装有叶片的各管中加入20mL的去离子水，盖上橡胶塞，置于室温下保持1h，期间要多次摇动试管。待1h后将各试管充分摇匀，用电导仪测其初电导率（S1）。S1测量结束，对各试管盖塞进行封口，将试管置于沸水中水浴10min，杀死植物组织。时间到取出试管后用自来水冷却至室温，在室温下平衡10min后摇匀，测其最终电导率记为（S2）。

$$相对电导率(\%)=S_1\div S_2\times 100\%$$

4.1.3.2.2 丙二醛和脯氨酸含量测定

丙二醛（MDA）含量测定：

紫果西番莲‘满天星’二倍体与三倍体各株系选取3株幼苗进行测定，每个单株选取第3～5片功能叶，设置3个生物学重复。称取0.1g植物组织，加入1mL的提取液，进行冰浴磨为匀浆。放置离心管中，将离心机调至10000r/min，4℃进行离心10min，紧接着取上清液225μL放置冰上，加入675μL的试剂二（硫代巴比妥酸）将其混匀，接着在92℃的水浴下静置30min，拿出后冷却，将离心机调至12000r/min，25℃进行离心10min。提前将紫外分光光度计进行预热，紧接着取0.8mL上清液放于1mL的比色皿中，用蒸馏水调零，分别测定波长532nm和波长600nm处的吸光度，分别记为A_{532}和A_{600}，计算出$\Delta A = A_{532} - A_{600}$。

$$\mathrm{MDA(nmol/g)} = \frac{\dfrac{(\Delta A + 0.0076)}{0.0391} \times V_{提}}{W} = 25.58 \times \frac{(\Delta A + 0.0076)}{W}$$

式中 $V_{提}$——提取液的体积；

500——500万细胞；

W——样本质量。

脯氨酸（PRO）含量测定：

每个倍性株系选取3株幼苗进行测定，每个单株选取第3～5片功能叶，设置3个生物学重复。称取0.1g组织，加入1mL的提取液，磨为匀浆；放置离心管中，将离心管在90℃水浴锅中振荡提取10min；将离心机调至10000r/min，25℃进行离心10min。紧接着取上清液500mL，将其冷却。再加入1000μL的工作液1进行混匀后，放置在92℃的水浴锅中保温30min，每间隔10min振荡一次。冷却振荡30s后，静置片刻紧接着加入1000μL的工作液2，取0.8mL上层溶液放于1mL比色皿中。提前将紫外分光光度计进行预热，调节波长至520nm，蒸馏水调零，测定A_{520}，计算出$\Delta A = A$测定$- A$空白。

$$脯氨酸(\mu g/g) = \frac{\left[\dfrac{(\Delta A + 0.0054)}{0.0364} \times V1\right]}{\left(W \times \dfrac{V1}{V2}\right)} = 27.47 \times \frac{(\Delta A - 0.0047)}{W}$$

式中 $V1$——0.5mL，加入反应体系中样本体积；

$V2$——1mL，加入提取液体积；

$V3$——0.1mL，加入血清（浆）体积；

W——样本质量，g。

4.1.3.2.3 保护酶活性测定

过氧化物酶（POD）活性测定：

单位定义：每克（g）植物组织在每毫升（mL）的反应体系中每分钟 A_{470} 变化 1 为一个酶活力单位。

紫果西番莲‘满天星’二倍体与三倍体各株系选取 3 株幼苗进行测定，每个单株选取第 3～5 片功能叶，设置 3 个生物学重复。采用紫外吸收法测定，称取 0.1g 样本加入 1mL 的提取液，进行冰浴磨为匀浆。将离心机调至 4℃，12000r/min 下离心 10min，取上清液 50μL 放置冰上，紧接着加入 950μL 的工作液，取 0.8mL 的反应液放于 1mL 的比色皿中，用移液枪进行吹打。提前将紫外分光光度计先预热 30min 以上，蒸馏水调零，波长调节至 470nm 处。分别记录 10s 的吸光值 $A1$，1min 10s 的吸光值 $A2$，计算出 ΔA 为 $A2-A1$。

$$\mathrm{POD(U/g)}=\frac{\dfrac{\dfrac{\Delta A\times V1}{W\times V2}}{V3}}{\dfrac{1}{\mathrm{T}}}=\frac{20\times\Delta A}{W}\times\text{稀释倍数}$$

式中 $V1$——1mL，反应体系总体积；

$V2$——0.05mL，加入样本体积；

$V3$——1mL，加入提取液体积；

T——1min，反应时间；

W——样本质量；

稀释倍数——样本如有稀释乘以相应的稀释倍数，10。

超氧化物歧化酶（SOD）活性测定：

紫果西番莲‘满天星’二倍体与三倍体各株系选取 3 株幼苗进行测定，每个单株选取第 3～5 片功能叶，设置 3 个生物学重复。采用 WST-8 法测定，称取 0.1g 植物组织，加入 1mL 的提取液，进行冰浴磨为匀浆。将离心机调至 12000r/min 4℃离心下 10min，取上清液 50μL 放置冰上，紧接着加入 950μL 的工作液混匀；对照管内则是加入 50μL 蒸馏水和 950μL 工作液混匀。充分混匀后在 25℃下静置 30min，接着取 0.8mL 的反应液放于 1mL 的比色皿中，提前将紫外分光光度计进行预热，调节波长至 450nm，蒸馏水调零，测定和记录450nm处各测试管的吸光值A，计算出：抑制百分率=$(A_{对照管}-A_{测定管})\div A_{对照管}\times 100\%$。

$$\mathrm{SOD(U/g)}=\frac{\left[\frac{抑制百分率}{(1-抑制百分率)}\times V_{反总}\right]}{\left(\frac{W\times V_{样}}{V_{样总}}\right)}=\frac{20\times 抑制百分率}{(1-抑制百分率)\times W}$$

式中 $V_{反总}$——1mL，反应体系总体积；

$V_{样}$——0.05mL，加入反应体系中样本体积；

$V_{样总}$——1mL，加入提取液体积；

W——样本质量，g。

过氧化氢酶（CAT）活性测定：

单位的定义：每克（g）植物组织每分钟催化1μmol H_2O_2 降解定义为一个酶活力单位。

紫果西番莲‘满天星’二倍体与三倍体各株系选取3株幼苗进行测定，每个单株选取第3～5片功能叶，设置3个生物学重复。采用紫外吸收法测定，提前将紫外分光光度计预热30min。称取0.1g样本，加入1mL的提取液，冰浴磨为匀浆，将离心机调至12000r/min，4℃离心下10min，取上清液35μL放置冰上，再加入1000μL的工作液进行混匀。取0.8mL的反应液放于1mL的比色皿中，波长调节至240nm处，蒸馏水调零。立即测定波长240nm下的初始吸光值$A1$，1min后的吸光值$A2$，计算出$\Delta A=A1-A2$。

$$\mathrm{CAT}[\mu\mathrm{mol}/(\mathrm{min}\cdot\mathrm{g})]=\frac{\left[\frac{\Delta A\times V_{反总}}{(\varepsilon\times d)}\times 10^6\right]}{\frac{\left(\frac{W\times V_{样}}{V_{样总}}\right)}{T}}=678\times\frac{\Delta A}{W}$$

式中 $V_{反总}$——1.035×10^{-3}L，反应体系总体积；

ε——43.6L/mol/cm，H_2O_2 摩尔消光系数；

d——1cm，比色皿光径；

$V_{样}$——0.035mL，加入样本体积；

$V_{样总}$——1mL，加入提取液体积；

T——1min，反应时间；

W——样本质量，g。

4.1.3.2.4 可溶性糖和可溶性蛋白测定

可溶性蛋白（SPC）含量测定：

紫果西番莲‘满天星’二倍体与三倍体各株系选取 3 株幼苗进行测定，每个单株选取第 3～5 片功能叶，设置 3 个生物学重复。采用考马斯亮蓝 G-250 法测定，称取 0.1g 样本，加入 1mL 的蒸馏水或者生理盐水，冰浴磨为匀浆，将离心机调至 12000r/min，4℃离心下 10min，取上清液 500μL 放置冰上，紧接着加入 500μL 的工作液；对照管内则加入 500μL 的蒸馏水。充分混匀后取 0.8mL 的反应液放于 1mL 的比色皿中，提前将紫外分光光度计进行预热，调节波长至 620nm，蒸馏水调零，测定各测试管 620nm 吸光值 A，计算出：$\Delta A = A$ 测定$-A$ 空白。

$$\text{可溶性蛋白含量(mg/g)} = \frac{\dfrac{(\Delta A + 0.0007)}{14.253} \times V_{\text{总}}}{W} = 0.07 \times \frac{(\Delta A + 0.0007)}{W}$$

式中 $V_{\text{总}}$——1mL，提取液体积；

W——样本质量，g。

可溶性糖（SSC）含量测定：

紫果西番莲‘满天星’二倍体与三倍体各株系选取 3 株幼苗进行测定，每个单株选取第 3～5 片功能叶，设置 3 个生物学重复。采用乙醇法测定，称取 0.1g 样本，加入 1mL 的乙醇浓度为 80%，研磨为匀浆放置冰上，接着倒入有盖的离心管中，在 80℃的水浴下放置 40min，拿出后进行冷却，放置室温后，将离心机调至 8000r/min，25℃离心下 10min，取上清液 60μL 放置冰上，接着加入 240μL 的工作液；对照管内则是加入 60μL 的乙醇浓度为 80%。混匀放置于 95℃的水浴锅中进行水浴 10min，冷却至室温后，取 200μL 的待测液转移至干净的 96 孔板中，调节波长至 620nm 处测定各测试管吸光值 A，计算出：$\Delta A = A$ 测定$-A$ 空白。

$$\text{可溶性糖含量(mg/g)} = \frac{\dfrac{(\Delta A - 0.0246)}{1.5557} \times V_{\text{样}}}{\left(\dfrac{V_{\text{样}}}{V_{\text{样总}}} \times \mathrm{W}\right)} = 0.6423 \times \frac{(\Delta A - 0.0246)}{W}$$

式中 $V_{\text{样}}$——上清液体积，0.06mL；

$V_{\text{样总}}$——加入提取液体积，1mL；

W——样本质量，g。

4.1.3.2.5 叶绿素含量测定

叶绿素含量测定：

紫果西番莲‘满天星’二倍体与三倍体各株系选取3株幼苗进行测定，每个单株选取第3～5片功能叶，设置3个生物学重复。采用丙酮提取法进行叶绿素含量测定，分别测定干旱。称取约0.1g样本，剪碎后接着加入少量的石英砂和少量的丙酮浓度为80%，放入研钵中研磨为匀浆，将溶液倒入放有滤纸的25mL棕色定容瓶中静置，用丙酮浓度为80%冲洗定容。取0.8mL的叶绿体色素提取液放于1mL的比色皿中，提前将分光光度计进行预热，波长分别调节至663nm、645nm、470nm，80%丙酮为空白调零，分别于663nm处、645nm处、470nm处测定吸光度A_{663}、A_{645}、A_{470}。

叶绿素a含量(mg/g)$=(12.72A_{663}-2.59\times A_{645})\times\dfrac{V}{(1000\times W)}$；

叶绿素b含量(mg/g)$=(22.88\times A_{645}-4.67\times A_{663})\times\dfrac{V}{(1000\times W)}$；

总叶绿素含量(mg/g)$=(20.29\times A_{645}+8.05\times A_{663})\times\dfrac{V}{(1000\times W)}$；

类胡萝卜素含量(mg/g)=

$$\left[\frac{(1000\times A_{470}-3.27\text{叶绿素 a 含量}-104\times\text{叶绿素 b 含量})}{229}\right]\times V/1000\times W;$$

式中，W——提取用的叶片鲜重；

V——提取液总体积，25mL，104是常数，它是一个根据叶绿素b消光系数推导出的经验系数（类似于叶绿素a前面的3.27），用于计算叶绿素b在470nm处的吸光贡献。

4.1.3.3 光合指标测定

紫果西番莲‘满天星’二倍体与三倍体各株系选取3株幼苗进行测定，每个单株选取第3～5片功能叶，设置3个生物学重复。使用LI-6800光合仪对每个倍性各株系中的自然干旱胁迫后第0d、7d、14d、21d、复水5d的幼苗进行光合指标测定，分别在7：00、9：00、11：00、13：00、15：00、17：00、19：00的时间点进行测定，主要测定：净光合速率（P_n）、蒸腾速率（T_r）、气孔导度（G_s）和胞间CO_2浓度（C_i）。因PEG-6000模拟干旱胁迫苗叶片较小，光合仪夹不了较小的叶片，光合指标未测定。

4.1.3.4 叶绿素荧光指标测定

紫果西番莲‘满天星’二倍体与三倍体各株系选取3株幼苗进行测定，

每个单株选取第3～5片功能叶，设置3个生物学重复。使用高速连续激发式荧光仪Handy PEA对紫果西番莲‘满天星’二倍体与三倍体各株系中的PEG-6000试验各处理胁迫后第7d，以及自然干旱胁迫后第0d、7d、14d、21d、复水5d的幼苗进行叶绿素荧光指标测定。主要测定PSⅡ原初光化学效率和初始荧光参数：初始荧光（F_o）、最大荧光（F_m）、可变荧光（F_v）、PSⅡ电子传递速率（F_m/F_o）、PSⅡ最大光化学效率（F_v/F_m）、PSⅡ潜在活性（F_v/F_o），以及PSⅡ反应中心能量流动分配参数：单位反应中心吸收的能量（ABS/RC）、单位反应中心耗散的能量（DI_o/RC）、单位反应中心捕获的用于还原QA的能量（TR_o/RC）、单位反应中心捕获的用于电子传递的能量（ET_o/RC）、电子传递的量子产额（ΦE_o）、原初光化学反应的最大光化学效率（ΦP_o）。

4.1.4 数据分析

应用SPSS26.0统计分析软件进行单因素完全方差分析（ANOVA）同一胁迫处理下紫果西番莲‘满天星’二倍体与三倍体各株系间的各指标差异，及同一倍性株系下不同胁迫处理间的各指标差异，用Duncan法进行多重比较、差异显著性检验（$p<0.05$）。采用Pearson相关性分析不同指标间的相关关系，采用R软件Ropls包分别对样本数据进行主成分分析（PCA）。数据采用平均值±标准误，制图均在Excel 2019中完成。

4.2 结果与分析

4.2.1 PEG-6000模拟干旱胁迫下紫果西番莲‘满天星’二倍体和三倍体的响应

4.2.1.1 PEG-6000模拟干旱胁迫下紫果西番莲‘满天星’二倍体和三倍体的生长情况观测

4.2.1.1.1 PEG-6000模拟干旱胁迫下紫果西番莲‘满天星’二倍体和三倍体生长量调查

根据生长量调查结果，如图4-1所示，在正常水分生长条件下（CK）三倍体T4、T10、T17株系的苗高普遍矮于二倍体M株系，而三倍体T17株系较T4、T10株系更矮。在遭受PEG-6000溶液胁迫后，处理1、处理2

和处理 3 的三倍体株系均矮于二倍体株系，且处理 3 中二倍体株系高于三倍体株系具有显著性。在三倍体的三个株系中，处理 1 和处理 2 的三个株系间差异不明显，处理 3 的 T4、T10 显著高于 T17。在同一倍性条件下，正常水分生长条件下（CK）与经 PEG-6000 溶液胁迫处理的幼苗苗高之间有差异。二倍体株系和三倍体 T4 株系苗高变化具有相似性，二倍体和三倍体的处理 1 苗高均低于其他处理，处理 3 最高。三倍体 T10 株系处理 2 的苗高低于其他处理，也是处理 3 最高。而三倍体 T17 株系处理 3 的苗高低于其他处理，处理 2 最高。

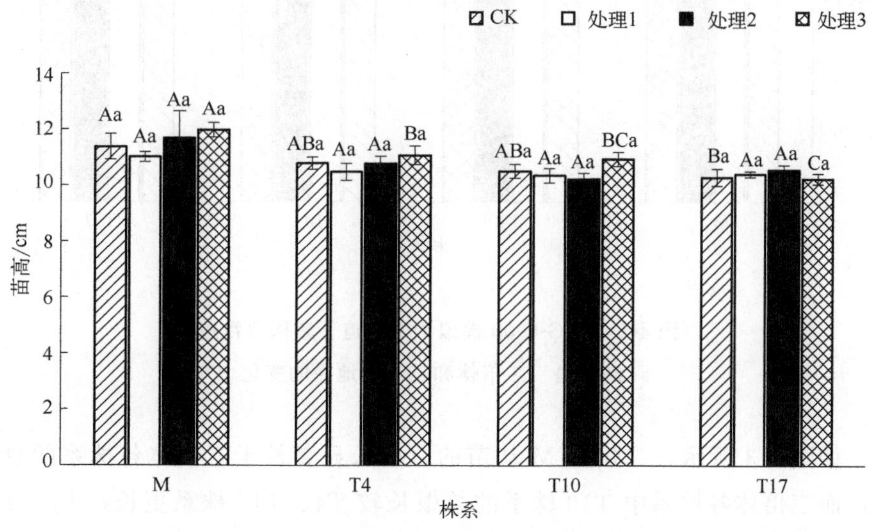

图 4-1 PEG-6000 模拟干旱胁迫下紫果西番莲‘满天星’二倍体和三倍体苗高的变化

不同大写字母表示同一胁迫处理下不同倍性株系间的差异显著，不同小写字母表示同一倍性株系下不同胁迫处理间的差异显著（$p<0.05$）；CK 为 PEG-6000 溶液浓度 0%（正常水分条件），处理 1 为 PEG-6000 溶液浓度 15%，处理 2 为 PEG-6000 溶液浓度 30%，处理 3 为 PEG-6000 溶液浓度 45%；下同

如图 4-2 所示，所有处理的三倍体各株系的地径较二倍体株系更粗壮，且均具有显著差异。其中，在正常水分生长条件下（CK）三倍体 T4、T10、T17 株系地径的差异不明显，处理 1 和处理 3 的三倍体 T17 株系的地径显著大于 T4、T10 株系，处理 2 的三倍体所有株系间的地径差异不大。在同一倍性条件下，二倍体 M 和三倍体 T4 株系受 PEG-6000 溶液影响更大，CK 的地径均最大，具有显著性，处理 1 的地径显著小于其他处理。三

倍体 T10 株系的处理 1 地径显著小于处理 3，三倍体 T17 株系的处理 3 地径最小，处理 1 最大，均无显著差异。

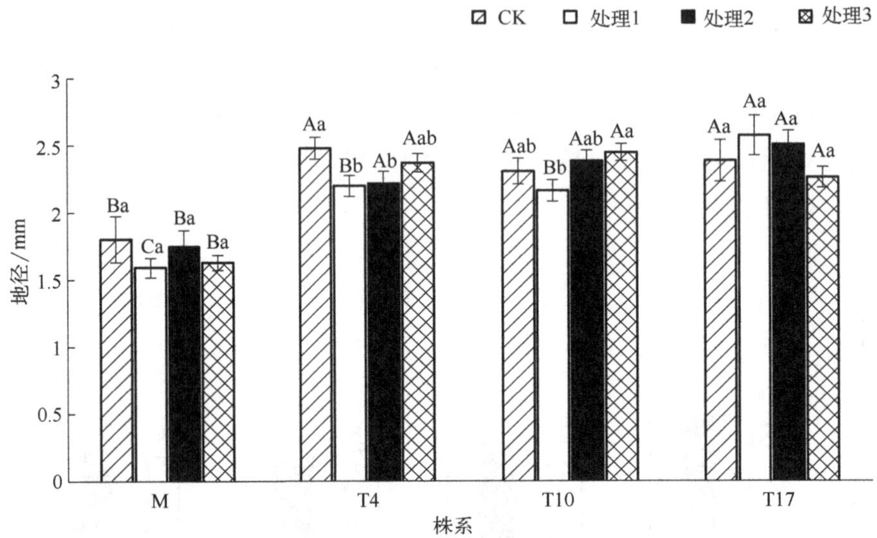

图 4-2 PEG-6000 模拟干旱胁迫下紫果西番莲
‘满天星’二倍体和三倍体地径的变化

如图 4-3 所示，二倍体 M 幼苗的总根长显著长于三倍体各株系的总根长，而三倍体各株系中 T10 株系的总根长较 T4、T17 株系更长，T4、T17 株系间总根长的差异不明显。随着 PEG-6000 溶液浓度增加，胁迫加深后二倍体和三倍体幼苗的总根长呈先上升后下降的趋势。其中，二倍体 M 的总根长随着胁迫加深，缩减的幅度最大，处理 1 显著长于处理 2 和处理 3，处理 3 较 CK 总根长缩减了 5cm 以上，处理 1 与处理 2、处理 3 之间也有显著性差异。三倍体 T10 缩减的幅度大于 T4 和 T17，T4 株系中只有 CK 与处理 3 之间有显著性差异，T17 中只有处理 1 与处理 2、处理 3 间有显著差异。

综上所述，PEG-6000 模拟干旱胁迫对于二倍体和三倍体各株系‘满天星’苗高和地径的影响不大，相比之下二倍体 M 和三倍体 T4 株系受 PEG-6000 溶液的影响稍微大点，而 PEG-6000 模拟干旱胁迫对于二倍体和三倍体各株系‘满天星’总根长的影响较大，随着胁迫程度加深，二倍体 M 的总根长缩减最大，其次是三倍体 T10、T17 株系。总体上从苗高、地径、总根长的三个生长特性指标观测来看，三倍体株系较二倍体 M 更耐旱。三倍体 T10、T17 株系的地径更粗壮，较 T4 株系更耐旱，三倍体 T4 株系的根系可能更粗壮，蓄水能力更强，较 T10、T17 株系更耐旱。

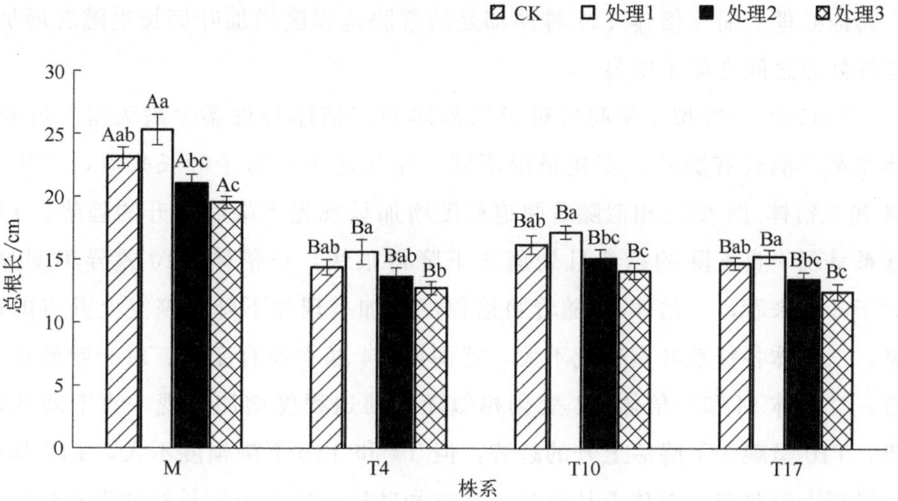

图 4-3 PEG-6000 模拟干旱胁迫下紫果西番莲‘满天星’二倍体和三倍体总根长的变化

4.2.1.1.2 PEG-6000 模拟干旱胁迫下紫果西番莲‘满天星’二倍体和三倍体叶片形态观测

根据叶片形态观测结果，如图 4-4 所示，三倍体 T4、T10、T17 株系的叶长显著长于二倍体 M 株系，而三倍体 T4、T10、T17 株系间叶长差异不大。二倍体 M 在正常水分生长条件下（CK）和处理 3 较处理 1 和处理 2 的叶长更长，三倍体 T4 株系各处理间的叶长差异不明显，T10、T17 株系各处理间的叶长差异明显。随着胁迫程度加深，T10 株系 CK 的叶长显著长于处理 1 和处理 2，而处理 3 的叶长却比处理 1 和处理 2 更长。T17 株系 CK 的叶长显著长于其他处理，处理 1 和处理 2 显著长于处理 3。如图 4-5 所示，二倍体 M 株系的叶宽较三倍体 T4、T10、T17 株系更宽，而三倍体 T4、T10、T17 株系间叶宽差异不大。随着胁迫程度加深，二倍体 M 株系叶片萎蔫更严重，CK 的叶宽显著高于经过干旱胁迫处理的。三倍体株系中，T4 和 T10 株系的叶宽随着干旱胁迫处理程度加深变化相似，都是 CK 显著高于经过胁迫的处理，T17 株系随着胁迫程度增加叶宽变化较明显。如图 4-6

所示，三倍体 T17 株系的叶柄长与 T4、T10 和二倍体 M 相比较长，整体上二倍体 M 较 T4、T10 更长，三倍体 T10 株系最短。经过 PEG-6000 模拟干旱胁迫处理之后，在二倍体 M 株系和三倍体 T4、T10 株系均是 CK 显著长于其他处理。而三倍体 T17 株系却是随着胁迫程度增加叶柄长也随着增加，但各处理之间变化不明显。

PEG-6000 模拟干旱胁迫对于二倍体和三倍体各株系‘满天星’叶长、叶宽和叶柄长有影响，变化情况不同。相比之下，对于叶长来看，二倍体 M 和三倍体 T4 变化相似随着胁迫程度增加呈现先下降后上升的趋势，T17 株系呈现一直下降的趋势且处理 3 下降得很快，三倍体 T10 差异不明显。对于叶宽来看，二倍体 M 随着胁迫程度增加呈现先下降后恢复上升点的趋势，三倍体各株系叶宽变化不大，特别是 T4 基本没有变化。对于叶柄长来看，二倍体 M 和三倍体 T4 变化相似随着胁迫程度增加呈现一直下降的趋势，T10 呈现先下降后上升的趋势，但 T4 和 T10 下降幅度不大，T17 却相反呈现上升趋势。总体上从叶长、叶宽和叶柄长的三个生长特性指标观测来看，三倍体株系较二倍体 M 更耐旱。三倍体 T4 株系的叶长和叶宽较 T10、T17 株系更耐旱且更稳定，三倍体 T17 株系的叶柄长可能使其比 T4、T10 株系更耐旱。

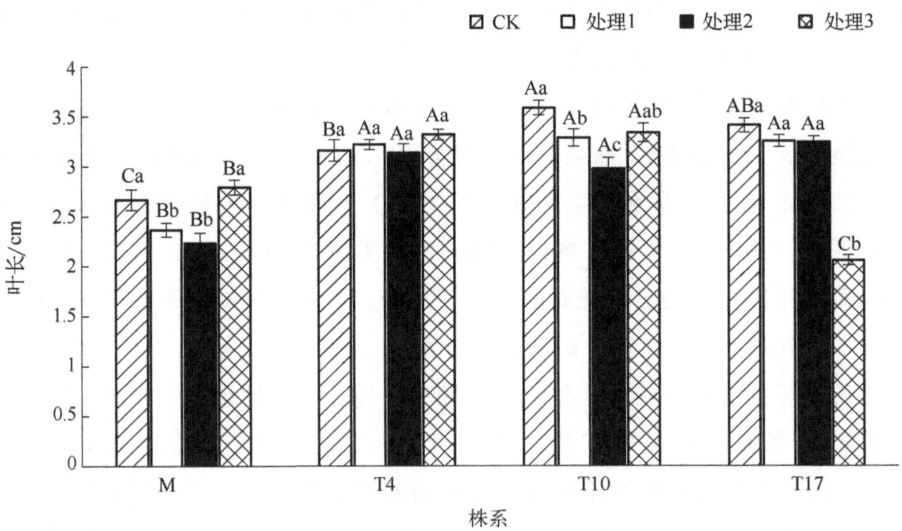

图 4-4　PEG-6000 模拟干旱胁迫下紫果西番莲‘满天星’二倍体和三倍体叶长的变化

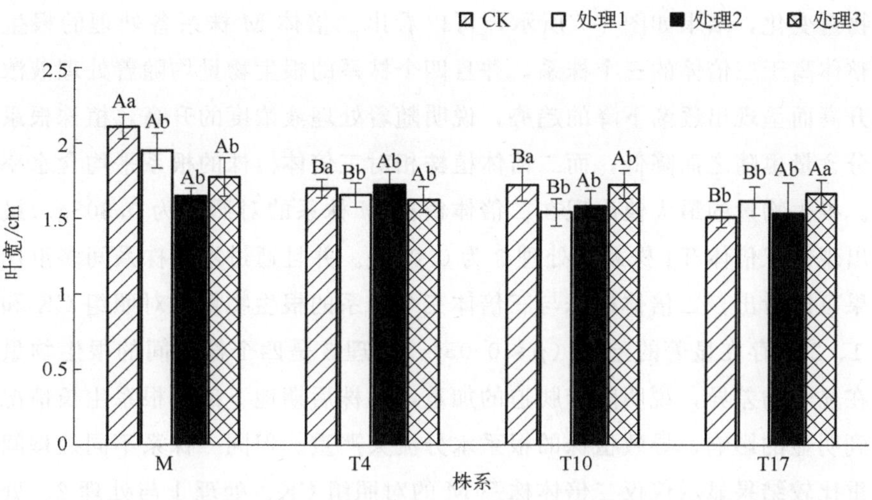

图 4-5 PEG-6000 模拟干旱胁迫下紫果西番莲‘满天星’二倍体和三倍体叶宽的变化

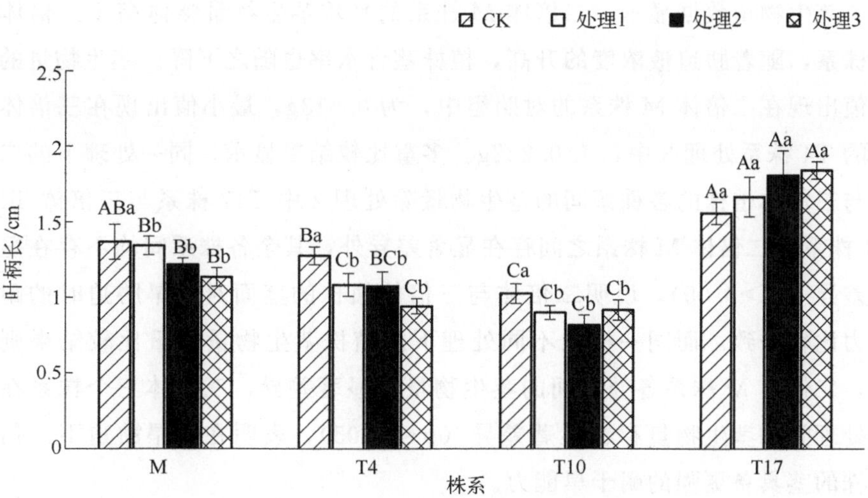

图 4-6 PEG-6000 模拟干旱胁迫下紫果西番莲‘满天星’二倍体和三倍体叶柄长的变化

4.2.1.1.3 PEG-6000 模拟干旱胁迫下紫果西番莲‘满天星’二倍体和三倍体生物量比较

(1) 生物量积累

不同 PEG-6000 溶液浓度胁迫处理后的不同倍性各株系‘满天星’植株生物量变化，结果如图 4-7 所示，可以看出二倍体 M 株系各处理的根生物量整体高于三倍体的三个株系，并且四个株系的根生物量均随着处理液浓度的升高而呈现出逐渐下降的趋势，说明随着处理液浓度的升高，植株根系的水分含量也随之而降低，而二倍体植株相对三倍体植株的根系平均含水率更高。根生物量的最大值出现在二倍体植株 M 株系的对照组为 0.303g，最小值出现在三倍体 T4 株系的处理 3 为 0.039g。并且通过不同株系间多重比较结果可以看出，二倍体植株与三倍体三个株系的根生物量在对照组 CK 和处理 1、2 间存在显著的差异（$p<0.05$），处理 3 是四个株系间的根生物量不存在显著的差异，说明随着胁迫的加重，植株后期地下部分根系生长情况均受到明显的影响，导致植株的根系水分流失严重。但同一株系不同处理间的多重比较结果显示仅仅二倍体株系 M 的对照组 CK、处理 1 与处理 2、处理 3 间存在显著差异，三倍体植株的三个株系的对照组与处理组间均无显著差异（$p<0.05$），说明三倍体植株相对于二倍体植株的根系具备更强更稳定的抗旱性。

茎生物量数据显示，二倍体 M 株系的平均茎生物量整体高于三倍体三个株系，随着胁迫液浓度的升高，植株茎含水率也随之下降。茎生物量的最大值出现在二倍体 M 株系的对照组中，为 0.513g，最小值出现在三倍体植株的 T4 株系处理 3 中，为 0.222g。多重比较结果显示，同一处理下的二倍体与三倍体植株的各株系间的茎生物量除处理 2 中 T17 株系与三倍体 T10、T4 株系、二倍体 M 株系之间存在显著差异外，其余各株系间均不存在显著的差异（$p>0.05$），说明二倍体与三倍体植株的茎面对干旱胁迫时的耐受能力比较一致，而同一株系不同处理下的植株茎生物量多重比较结果则显示，二倍体 M 株系各处理间的茎生物量无显著差异，三倍体三个株系在不同处理间的茎生物量存在显著差异（$p<0.05$），表明在干旱胁迫下二倍体植株的茎具备更强的耐干旱能力。

叶生物量数据显示，不同倍性各株系植株叶生物量随着处理液浓度的升高均呈现出降低的趋势，与根和茎的趋势一致。其中，叶生物量的最大值出现在二倍体 M 株系的对照组 CK，为 0.312g，最小值出现在二倍体 M 株系的处理 3 中，为 0.047g。多重比较结果表明除处理 1 中各倍性各株系植株叶生物量无显著差异外，其余处理下的各株系间均存在显著的差异，并且可以看到三倍体植株的叶生物量随着胁迫处理液浓度的升高，叶生物量高于二倍体植株，说明三倍体植株在面对较强的干旱胁迫时具备更强的耐旱性，同一株系不同处理间的多重比较结果显示，T17 株系在不同处理下的叶生物量无显著差异，其余株系间均存在显著差异（$p<0.05$），说明 T17 株系的叶片在面对胁迫时具有更强的耐旱能力。

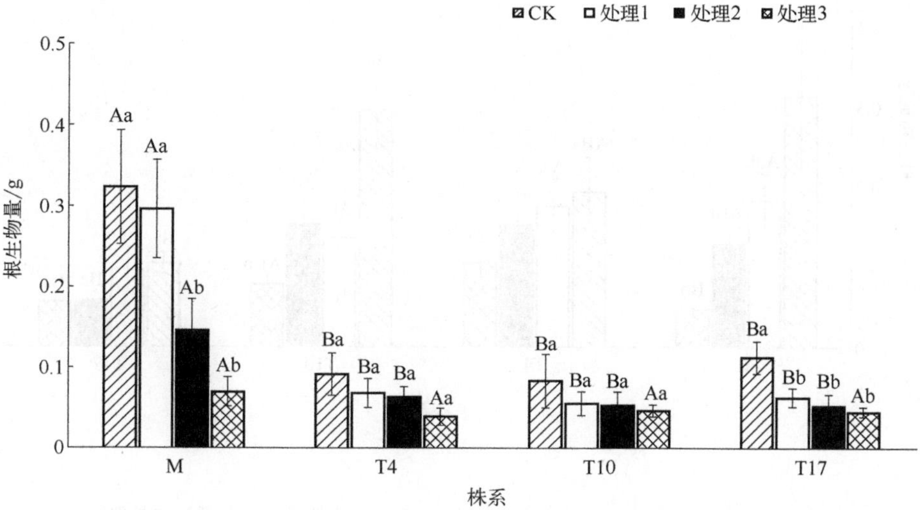

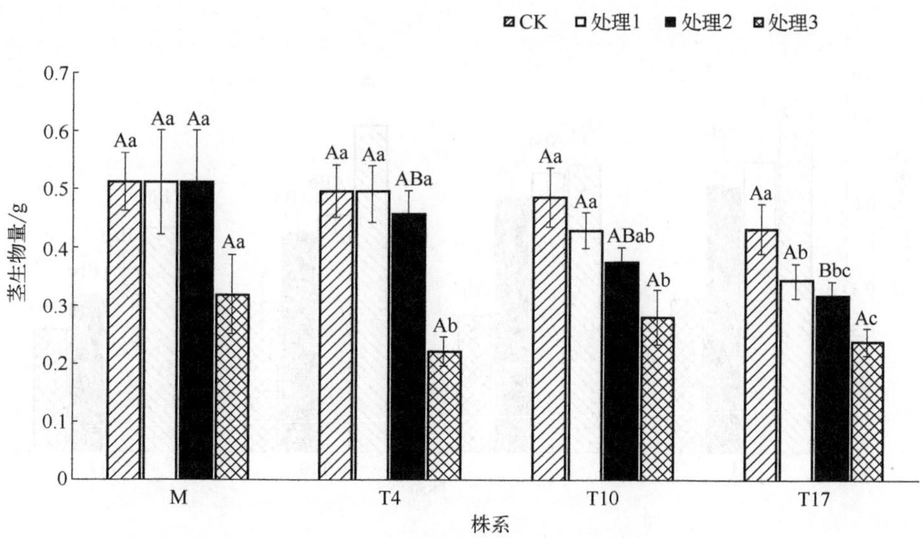

图 4-7

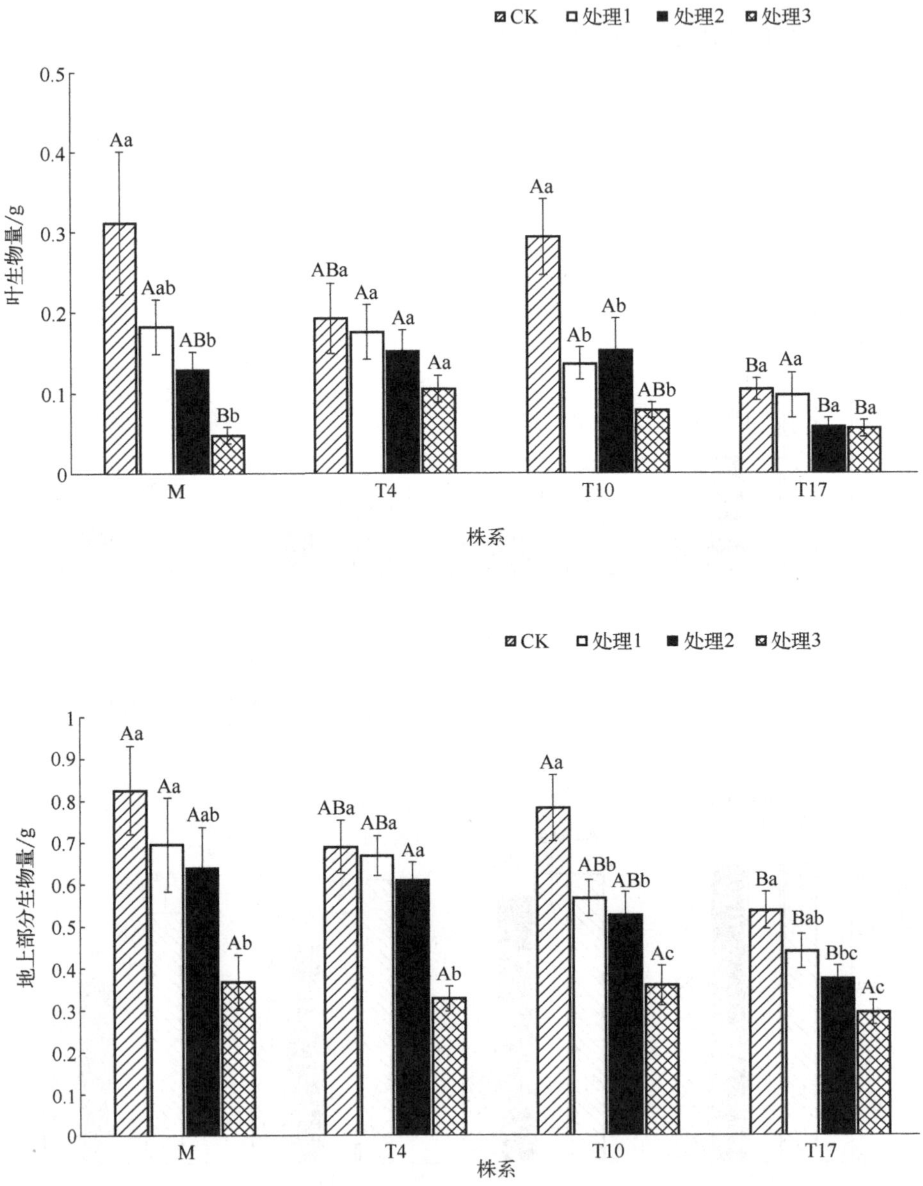
CK 处理1 处理2 处理3
叶生物量/g
0.5
0.4
0.3
0.2
0.1
0
Aa
Aab
ABb
Bb
ABa
Aa
Aa
Aa
Aa
Ab
Ab
ABb
Ba
Aa
Ba
Ba
M
T4
T10
T17
株系
CK 处理1 处理2 处理3
地上部分生物量/g
1
0.9
0.8
0.7
0.6
0.5
0.4
0.3
0.2
0.1
0
Aa
Aa
Aab
Ab
ABa
ABa
Aa
Ab
Aa
ABb
ABb
Ac
Ba
Bab
Bbc
Ac
M
T4
T10
T17
株系

图 4-7

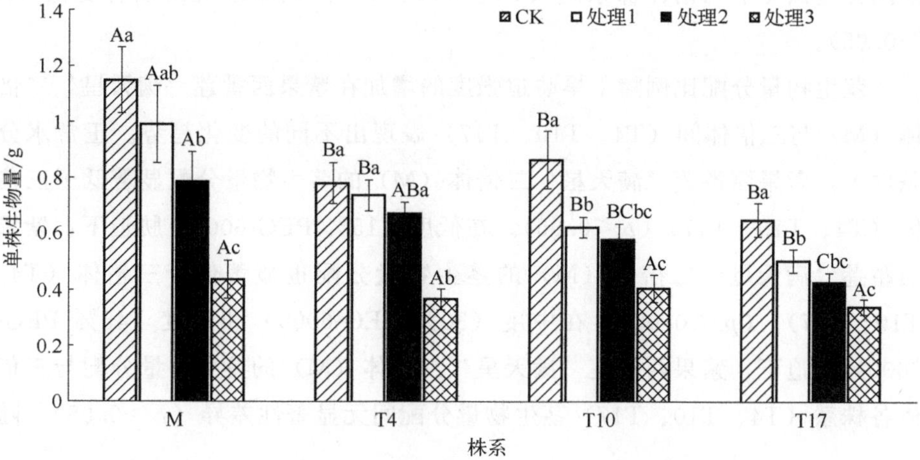

图 4-7 PEG-6000 模拟干旱胁迫下紫果西番莲‘满天星’二倍体和三倍体生物量积累的变化

不同大写字母表示同一胁迫处理下不同倍性株系间的差异显著，不同小写字母表示同一倍性株系下不同胁迫处理间的差异显著（$p<0.05$）；CK 为 PEG-6000 溶液浓度 0%（正常水分条件），处理 1 为 PEG-6000 溶液浓度 15%，处理 2 为 PEG-6000 溶液浓度 30%，处理 3 为 PEG-6000 溶液浓度 45%；下同

（2）生物量分配

从图 4-8 可以看出，在根生物量分配方面，随着 PEG-6000 模拟干旱胁迫强度的增加，紫果西番莲‘满天星’各株系表现出一定的变化趋势。在正常水分条件下（CK），紫果西番莲‘满天星’二倍体（M）的根生物量分配显著高于三倍体（T4、T10、T17），且所有株系的根生物量分配比例相对较低（0.1～0.3），大多数在 0.2 左右。随着 PEG6000 胁迫浓度从 15%增至 45%，紫果西番莲‘满天星’二倍体（M）根生物量分配比例呈现先下降后上升的趋势，表明植株在干旱胁迫下倾向于将更多资源投向根系。随着 PEG6000 胁迫浓度从 15%增至 45%，紫果西番莲‘满天星’三倍体 T4 株系根生物量分配比例呈现上升的趋势，三倍体 T10 和 T17 株系呈现先下降后上升的趋势，表明植株在干旱胁迫加剧下倾向于将更多资源投向根系。从图中也可以看出紫果西番莲‘满天星’三倍体株系（T4、T10、T17）在重度胁迫下（45% PEG-6000）的根生物量分配比例显著低于二倍体（M）（$p<0.05$），反映了不同倍性材料在根系投资策略上的差异。同一胁迫条件下，三倍体株系间（T4、T10、T17）的根生物量分配无显著差异，此外，

不同胁迫强度下三倍体株系间（T4、T10、T17）均未表现出显著变化（$p>0.05$）。

茎生物量分配比例随干旱胁迫强度的增加在紫果西番莲‘满天星’二倍体（M）与三倍体间（T4、T10、T17）表现出不同的变化趋势。正常水分条件下，紫果西番莲‘满天星’二倍体（M）的茎生物量分配显著低于三倍体（T4、T10、T17）（$p<0.05$）。在低度（15% PEG-6000）胁迫下，紫果西番莲‘满天星’二倍体（M）的茎生物量分配也显著低于三倍体（T4、T10、T17）（$p<0.05$）。在中度（30% PEG-6000）和重度（45% PEG-6000）胁迫下，紫果西番莲‘满天星’二倍体（M）的茎生物量分配与三倍体各株系（T4、T10、T17）茎生物量分配间无显著性差异（$p>0.05$）。随

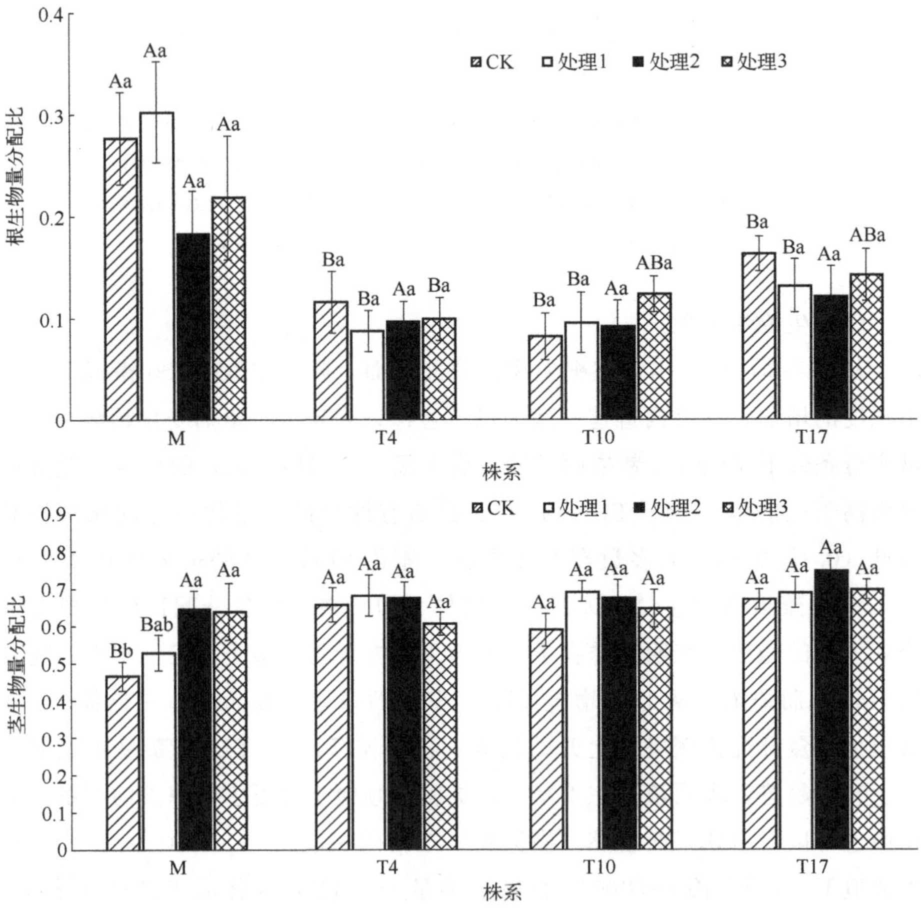

图 4-8

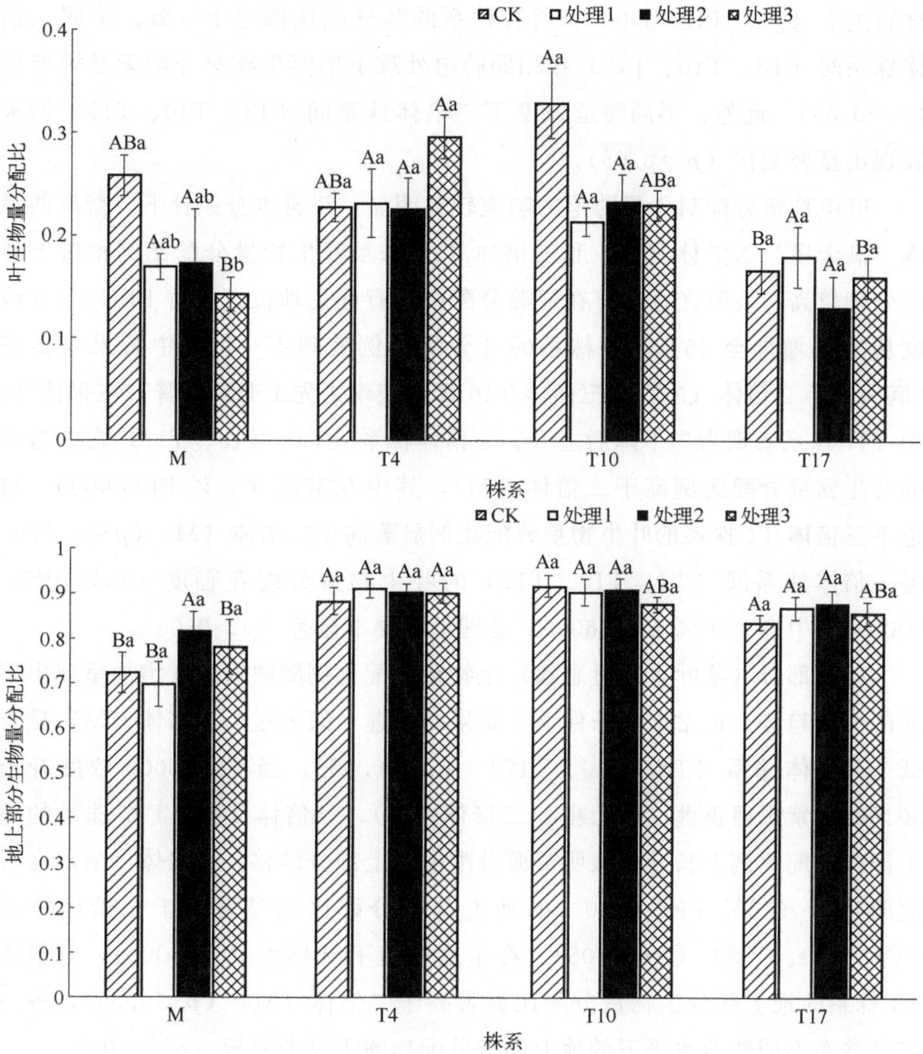

图 4-8　PEG-6000 模拟干旱胁迫下紫果西番莲‘满天星’二倍体和三倍体生物量分配的变化

不同大写字母表示同一胁迫处理下不同倍性株系间的差异显著，不同小写字母表示同一倍性株系下不同胁迫处理间的差异显著（$p<0.05$）；CK 为 PEG-6000 溶液浓度 0%（正常水分条件），处理 1 为 PEG-6000 溶液浓度 15%，处理 2 为 PEG-6000 溶液浓度 30%，处理 3 为 PEG-6000 溶液浓度 45%；下同

着 PEG6000 胁迫浓度从 15%增至 45%，紫果西番莲‘满天星’二倍体（M）表现为茎生物量分配比呈上升趋势。紫果西番莲‘满天星’三倍体 T4 和 T10 株系表现为下降趋势、T17 株系表现为先上升后下降的趋势。在重

度胁迫下（45% PEG-6000），所有株系的茎分配比例趋于一致。不同三倍体株系间（T4、T10、T17）在相同胁迫处理下的茎生物量分配无显著差异（$p>0.05$）。此外，不同胁迫强度下三倍体株系间（T4、T10、T17）均未表现出显著变化（$p>0.05$）。

叶生物量分配对干旱胁迫的响应较为明显。正常水分条件下，紫果西番莲‘满天星’二倍体（M）和三倍体T10株系叶生物量分配比例相对于胁迫处理较高，表明光合器官在资源分配中具有优先地位。随着PEG-6000浓度从15%增加至45%，各株系的叶分配比例表现不一，其中紫果西番莲‘满天星’二倍体（M）和三倍体T10株系表现为先上升后下降，三倍体T4和T17株系表现为先下降后上升。三倍体株系（T4、T10、T17）在胁迫下的叶生物量分配比例高于二倍体（M），其中在重度（45% PEG-6000）胁迫下三倍体T4株系的叶生物量分配比例显著高于二倍体（M）（$p<0.05$）。各三倍体株系间（T4、T10、T17）的叶生物量分配在轻度（15% PEG-6000）和中度（30% PEG-6000）处理下差异不显著（$p>0.05$）。

地上部分（茎叶生物量总和）生物量分配比例随胁迫强度增加呈现出不同的变化趋势。正常水分条件下，紫果西番莲‘满天星’二倍体（M）显著低于三倍体株系（T4、T10、T17）（$p<0.05$）。当PEG-6000浓度升至30%时，紫果西番莲‘满天星’二倍体（M）、三倍体T10、T17株系的地上部分分配比例上长升，表明资源分配向地上部分转移。二倍体（M）在轻度胁迫下（15% PEG-6000）的地上部分分配比例显著低于三倍体株系（T4、T10、T17）（$p<0.05$）。在重度胁迫下（45% PEG-6000），三倍体T4株系的地上部分生物量分配比显著高于二倍体（M）（$p<0.05$），各三倍体株系不同胁迫水平下的地上部分分配比间无显著差异（$p>0.05$）。

总的来看，在不同干旱胁迫条件下，紫果西番莲‘满天星’二倍体（M）与三倍体株系（T4、T10、T17）的生物量分配格局呈现出不同的响应。随着PEG-6000胁迫浓度的增加，各株系大多数表现出从地上部器官（茎、叶）向根系转移生物量的适应策略。具体而言，根生物量分配比例随胁迫强度增加呈上升趋势，而茎、叶及地上部分总生物量分配则相应呈降低趋势，体现了植物在水分受限环境中优化资源分配的生存策略，表明倍性差异对植株干旱适应策略具有重要影响。

（3）生物量结构特征

图4-9比较了PEG-6000模拟干旱胁迫下紫果西番莲‘满天星’二倍体

(M) 与三倍体 (T4、T10、T17) 株系生物量结构特征的变化，通过根冠比、光合器官与非光合器官生物量比值、叶茎生物量比、叶根生物量比及茎根生物量比 5 个指标，分析不同干旱胁迫强度对植株生物量分配格局的影响。

在根冠比方面，随着 PEG-6000 胁迫浓度的升高，各株系的根冠比均呈现不一样的变化趋势。正常水分 (CK) 及不同程度的 PEG-6000 胁迫条件下，紫果西番莲‘满天星’二倍体 (M) 的根冠比均显著高于三倍体株系 (T4、T10、T17)。当胁迫浓度从 15%增至 30%时，紫果西番莲‘满天星’二倍体 (M)、三倍体株系 (T10、T17) 根冠比下降。当胁迫浓度从 30%增至 45%时，所有株系的根冠比上升，表明植株在干旱胁迫下将更多的生物量分配至地下部分。紫果西番莲‘满天星’三倍体株系 (T4、T10、T17) 在重度胁迫下 (45% PEG-6000) 的根冠比普遍低于二倍体 (M)，其中 T10 和 T17 株系在 45% PEG-6000 处理下上升幅度较为明显，体现了紫果西番莲‘满天星’三倍体材料在干旱环境中增强根系投资的共同趋势。

光合器官与非光合器官生物量比值随胁迫强度的增加而逐渐降低。在正常水分条件下，紫果西番莲‘满天星’三倍体 T10 株系的光合器官与非光合器官生物量比值显著高于二倍体 (M) 和三倍性 T17 株系 ($p<0.05$)。

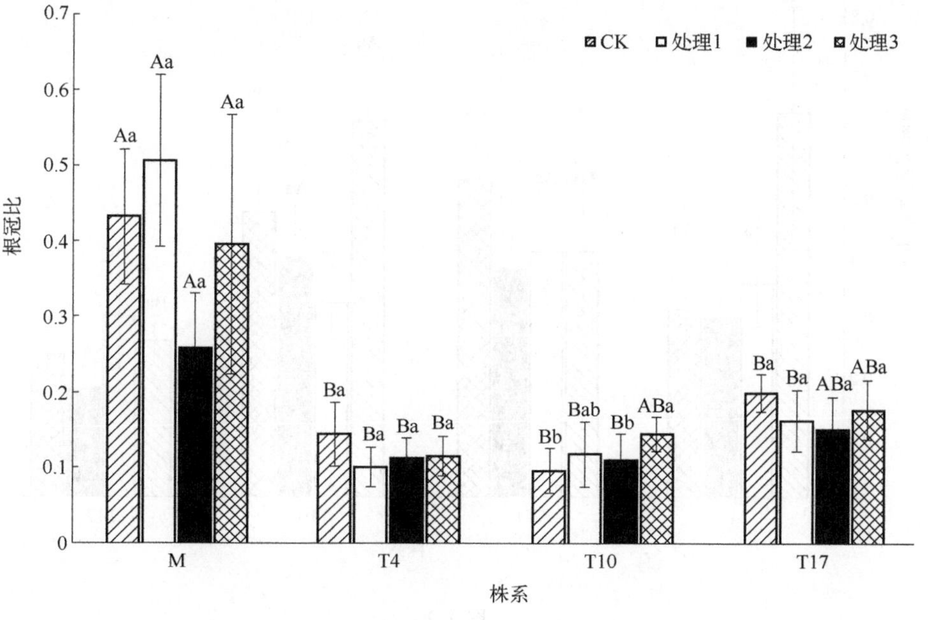

图 4-9

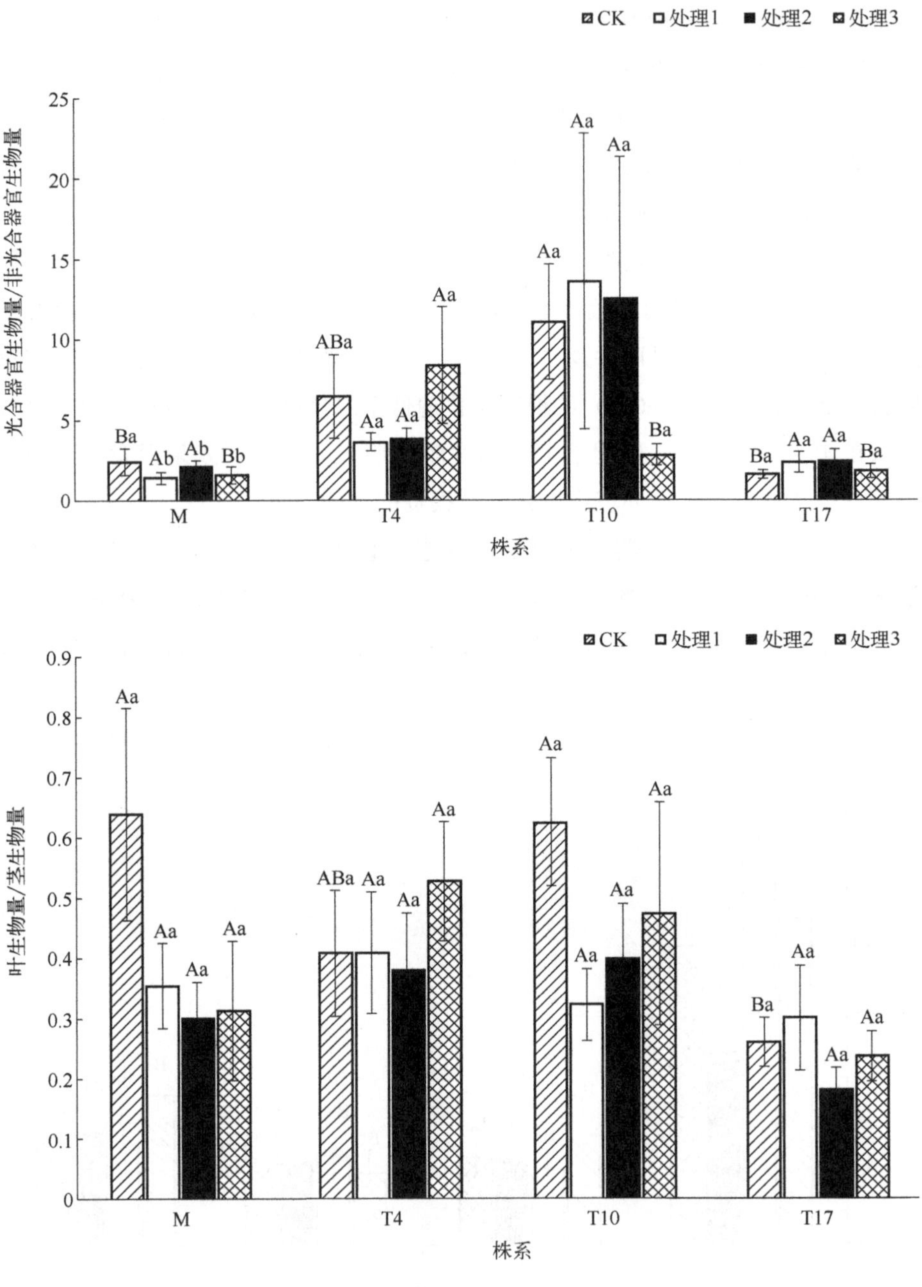
CK 处理1 处理2 处理3
光合器官生物量/非光合器官生物量
25
20
15
10
5
0
Ba Ab Ab Bb
ABa Aa Aa Aa
Aa Aa Aa Ba
Ba Aa Aa Ba
M
T4
T10
T17
株系
CK 处理1 处理2 处理3
叶生物量/茎生物量
0.9
0.8
0.7
0.6
0.5
0.4
0.3
0.2
0.1
0
Aa Aa Aa Aa
ABa Aa Aa Aa
Aa Aa Aa Aa
Ba Aa Aa Aa
M
T4
T10
T17
株系

图 4-9

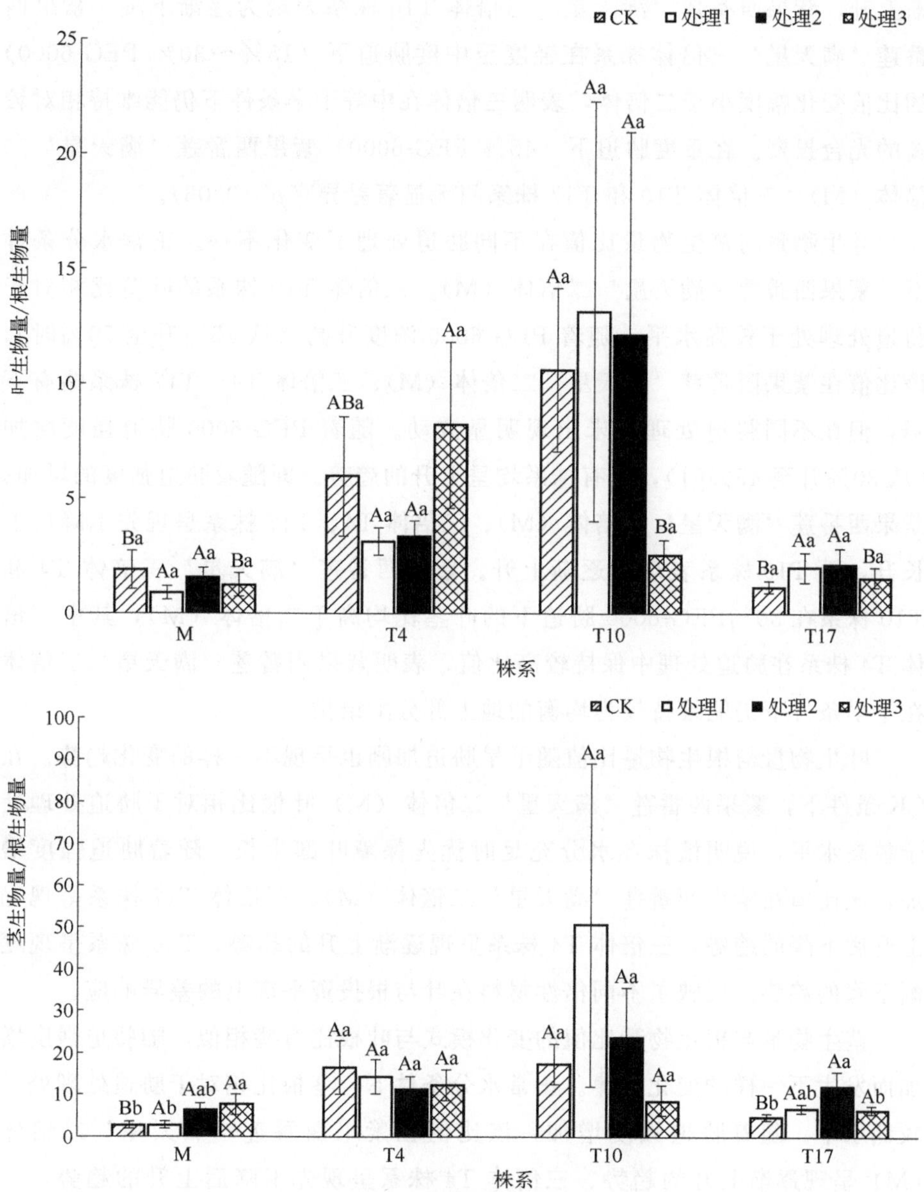

图 4-9　PEG-6000 模拟干旱胁迫下紫果西番莲‘满天星’二倍体和三倍体生物量结构特征的变化

随着胁迫浓度从 15%上升至 45%，各株系的光合器官比重变化规律有差异，其中紫西番莲‘满天星’二倍体（M）和紫果西番莲‘满天星’三倍体 T17 株系表现为先上升后下降，紫果西番莲‘满天星’三倍体 T4 株系表现为逐渐上升，紫果西番莲‘满天星’三倍体 T10 株系表现为逐渐下降。紫果西番莲‘满天星’三倍体株系在轻度至中度胁迫下（15%～30% PEG-6000）的比值变化幅度小于二倍体，表明三倍体在中等干旱条件下仍能维持相对较高的光合投资。在重度胁迫下（45% PEG-6000）紫果西番莲‘满天星’二倍体（M）、三倍体 T10 和 T17 株系间无显著差异（$p>0.05$）。

叶生物量与茎生物量比值在不同胁迫处理下变化不一。正常水分条件下，紫果西番莲‘满天星’二倍体（M）、三倍体 T10 株系的叶茎比相对于胁迫处理处于较高水平。随着 PEG-6000 浓度升高（从 15%升至 30%时），该比值在紫果西番莲‘满天星’二倍体（M）、三倍体 T4、T17 株系略有下降，但在不同胁迫处理间未出现明显波动。随着 PEG-6000 胁迫强度增加（从 30%升至 45%时），所有株系均呈上升的趋势。即随着胁迫强度的增加，紫果西番莲‘满天星’二倍体（M）、三倍体 T4、T17 株系呈现先下降后上长升，而 T10 株系表现为逐渐上升。紫果西番莲‘满天星’三倍体 T4 和 T10 株系在 30%PEG-6000 胁迫下的叶茎比均高于二倍体（M），其中三倍体 T4 株系在胁迫处理中保持较高比值，表明紫果西番莲‘满天星’三倍体在干旱条件下仍能维持较为均衡的地上部分配结构。

叶生物量与根生物量比值随干旱胁迫加剧也呈现不一样的变化趋势。在 CK 条件下，紫果西番莲‘满天星’二倍体（M）叶根比相对于胁迫处理处于较高水平，说明植株在水分充足时优先保障叶部生长。随着胁迫强度增加，该比值在紫果西番莲‘满天星’二倍体（M）、三倍体 T17 株系呈现先上升后下降的趋势，三倍体 T4 株系呈现逐渐上升的趋势，T10 株系呈现逐渐下降的趋势。反映了不同倍性材料在叶与根投资平衡上的差异响应。

茎生物量与根生物量比值的变化模式与叶根比有些相似，随胁迫强度增加而发生不一样的变化规律。正常水分条件下，茎根比相对于胁迫处理处于较低水平。随着胁迫强度增加，该比值在紫果西番莲‘满天星’二倍体（M）呈现逐渐上升的趋势、三倍体 T4 株系呈现先下降后上升的趋势，三倍体 T10 株系呈现逐渐下降的趋势，三倍体 T17 株系呈现先上升后下降的趋势。紫果西番莲‘满天星’三倍体株系在轻度（15% PEG-6000）和中度胁迫（30% PEG-6000）下的茎根比高于二倍体（M），但在重度胁迫下差异不明显，说明紫果西番莲‘满天星’三倍体在轻度和中度干旱时仍能维持较高的茎部投资。

综合分析表明，随着 PEG-6000 模拟干旱胁迫强度的增加，紫果西番莲

‘满天星’各株系表现出从光合器官向非光合器官、从地上部向地下部的生物量再分配趋势，这种生物量分配策略可能有助于其在干旱环境中维持更好的水分平衡和光合效率。

4.2.1.2 PEG-6000 模拟干旱胁迫下紫果西番莲‘满天星’二倍体和三倍体生理特性响应

4.2.1.2.1 PEG-6000 模拟干旱胁迫下紫果西番莲‘满天星’二倍体和三倍体相对电导率变化

相对电导率（REC）可以反映干旱胁迫下质膜的渗透调节能力。如图 4-10 所示，在正常水分条件（CK）下和处理 2 的两个不同倍性各株系之间没有显著的 REC 差异，而处理 1 和处理 3 中二倍体显著高于 T4 和 T10，高于 T17 株系；在同一倍性条件下，T17 高于 T10。各处理的相对电导率最大值均出现在二倍体 M 株系中，CK、处理 1、处理 2 和处理 3 的 REC 分别为 39.33%、34.33%、48.78%、74.44%，最小值出现在 T4 和 T10 中，CK、处理 1、处理 2 和处理 3 的 REC 分别为 32.67%、24.33%、45.00% 和 67.44%。在整个干旱胁迫处理过程中，二倍体和三倍体各株系叶片的 REC 呈现先下降后上升趋势，除 T10 外其余株系在 CK 与处理 1 间的 REC 无显著差异，处理 3 的 REC 显著高于 CK、处理 1、处理 2，处理 2 的 REC

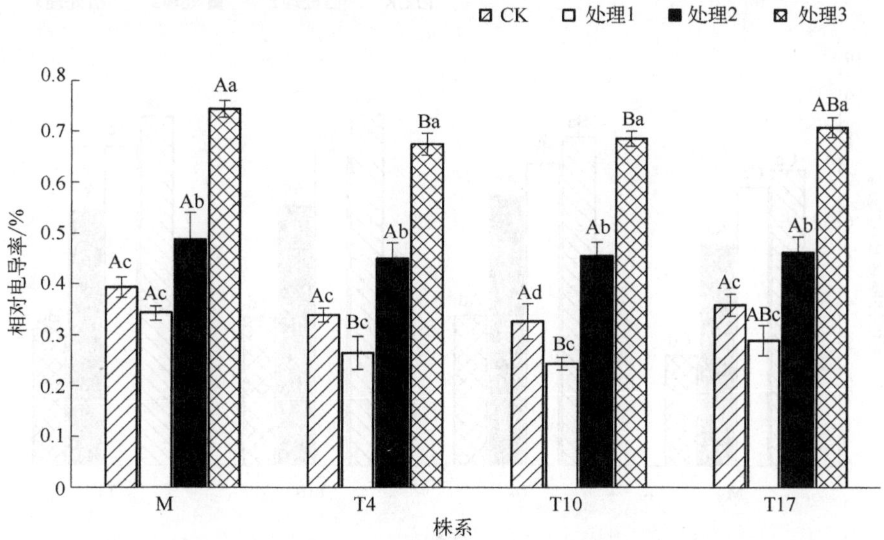

图 4-10 PEG-6000 模拟干旱胁迫下紫果西番莲‘满天星’二倍体和三倍体相对电导率的变化

也显著高于CK、处理1。总体上，随着PEG-6000溶液浓度增加，二倍体M株系均高于三倍体各株系，而三倍体三个株系间T17高于T4高于T10，说明干旱胁迫造成M株系的损伤最严重，其次是T17株系，证明其对干旱的耐性较差。

4.2.1.2.2 PEG-6000模拟干旱胁迫下紫果西番莲‘满天星’二倍体和三倍体渗透调节物质变化

不同倍性各株系‘满天星’幼苗叶片的可溶性糖和可溶性蛋白含量对PEG-6000模拟干旱胁迫处理的响应不同。由图4-11可以看出，随着干旱程度的增加，可溶性糖含量变化呈一直下降的趋势，各胁迫处理间均存在显著差异。其中下降幅度最大的是胁迫液浓度从30%增加到45%时，其次是从15%增加到30%时。在正常水分条件（CK）下和处理1中，三倍体T10、T17株系的可溶性糖含量显著高于其他两个株系，而T4株系也显著高于二倍体M株系的可溶性糖含量。三倍体三个株系的可溶性糖含量在处理2中均显著高于二倍体，三倍体T4、T10株系在处理3中显著高于T17，T17株系又显著高于二倍体。整体上，正常水分条件（CK）、干旱前期及中期时三倍体T10、T17株系的植株叶片可溶性糖含量较高，干旱后期三倍体T4、T10株系的植株叶片可溶性糖含量较高。

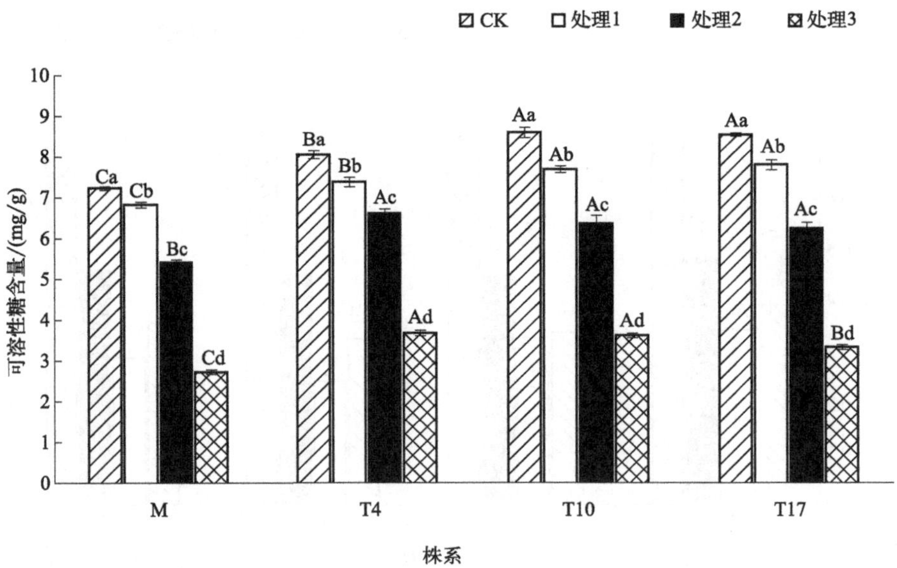

图4-11 PEG-6000模拟干旱胁迫下紫果西番莲‘满天星’二倍体和三倍体可溶性糖的变化

由图 4-12 可以看出，随着干旱程度的增加，可溶性蛋白含量变化呈先上升后下降的趋势，各胁迫处理间均存在显著差异，说明轻微的干旱胁迫能使‘满天星’幼苗叶片的可溶性糖含量上升。在正常水分条件（CK）下，三倍体 T4、T10 株系的可溶性蛋白含量显著高于其他两个株系，而 T17 株系也显著高于二倍体 M 株系。三倍体三个株系的可溶性蛋白含量在处理 1 和处理 2 中均显著高于二倍体，而在处理 3 中则是三倍体 T10、T17 株系的可溶性蛋白含量显著高于 T4 和 M。二倍体和三倍体 T4、T10 株系在各胁迫处理间均存在显著差异，而 T17 株系的可溶性蛋白含量则变化幅度较小，特别是 CK 与处理 2 之间无显著差异。说明 T17 随着干旱胁迫加重可溶性蛋白含量变化最为稳定，但 T10 株系在各处理中可溶性蛋白含量均最高。

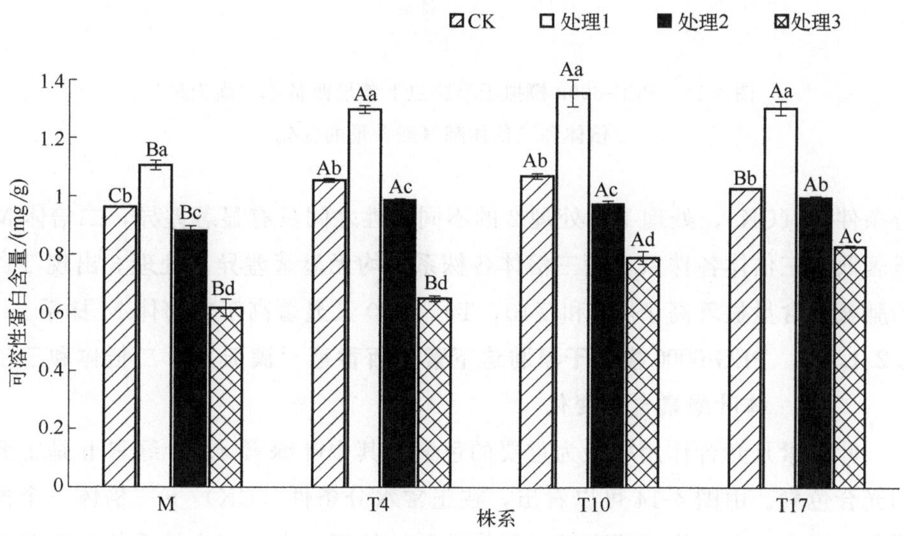

图 4-12　PEG-6000 模拟干旱胁迫下紫果西番莲‘满天星’二倍体和三倍体可溶性蛋白的变化

脯氨酸是渗透调节剂，植物体内脯氨酸含量作为指示植物是否受到水分胁迫的指标，其含量受水分的影响，当土壤水分不充足时，游离的脯氨酸含量会增加。由图 4-13 可以看出，在同一倍性条件下的多重比较分析中，四个株系的 PRO 含量与各胁迫处理间均存在显著差异，并且出现所有的显著差异一致。随着胁迫液浓度增加，各株系的脯氨酸含量逐渐升高，在正常水

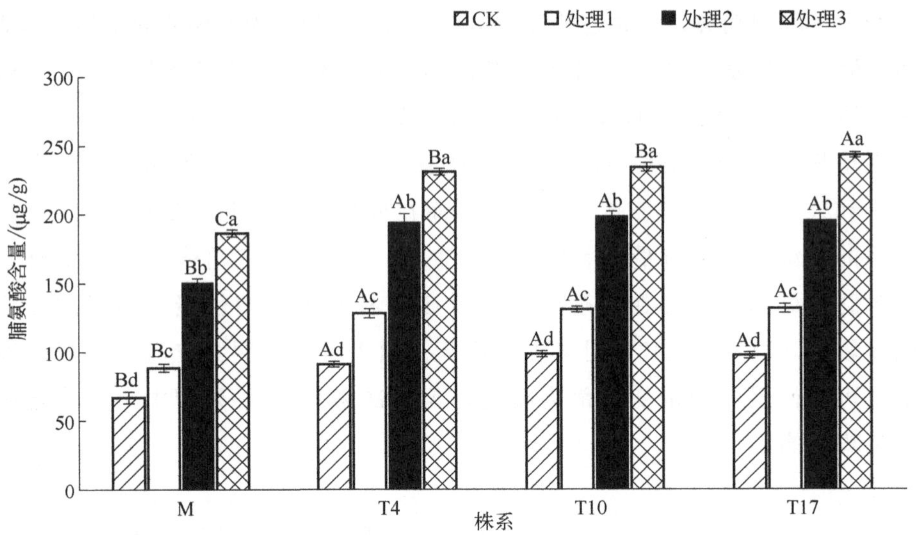

图 4-13 PEG-6000 模拟干旱胁迫下紫果西番莲‘满天星’二倍体和三倍体脯氨酸含量的变化

分条件下（CK）、处理 1 和处理 2 的不同倍性之间具有显著差异，二倍体 M 显著低于三倍体各株系，而三倍体各株系间均无显著差异，处理 3 出现 T17 的脯氨酸含量显著高于 T4 和 T10，T4、T10 又显著高于二倍体 M 株系。

4.2.1.2.3 PEG-6000 模拟干旱胁迫下紫果西番莲‘满天星’二倍体和三倍体叶绿素含量变化

叶绿素是光合作用中最为重要的色素，其中叶绿素 a、叶绿素 b 是主要的光合色素。由图 4-14 可以看出，在正常水分条件（CK）下三倍体三个株系的叶绿素 a 含量均显著高于二倍体株系，处理 1 中则四个株系的含量差异不明显，三倍体 T17 在处理 2 中的叶绿素 a 含量显著高于其他三个株系，而在处理 3 中，三倍体株系均显著高于二倍体，三倍体三个株系中 T4 含量显著高于 T17，T17 则显著高于 T10。整体上，三倍体三个株系的叶绿素 a 含量较二倍体高，并且随着干旱胁迫加重叶绿素 a 含量下降幅度是二倍体最大，T10 株系次之，T4 较为稳定，但相比较 T17 株系的叶绿素 a 含量总体上最高。

由图 4-15 可以看出，叶绿素 b 含量整体上随着干旱胁迫增加而减少，其中二倍体呈先上升后下降，T4 株系先下降后上升，而 T10 和 T17 株系则

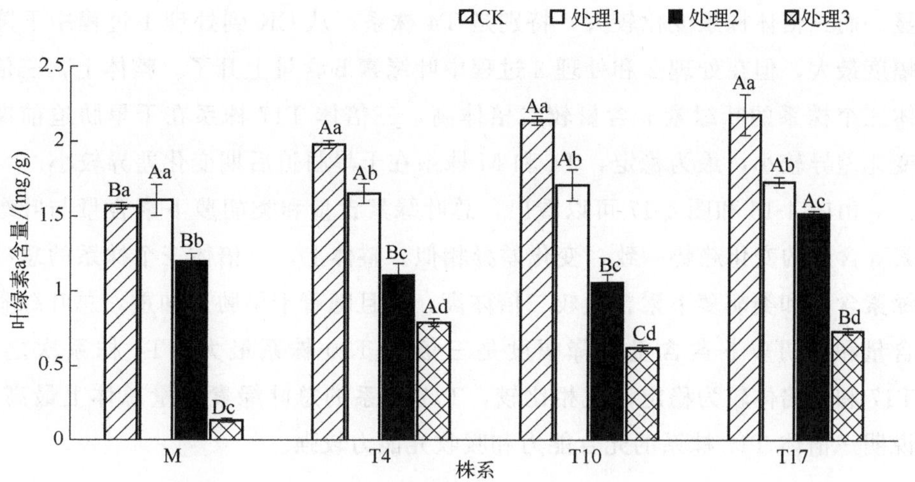

图 4-14 PEG-6000 模拟干旱胁迫下紫果西番莲‘满天星’二倍体和三倍体叶绿素 a 含量的变化

是一直下降的趋势。在同一倍性下，二倍体植株的叶绿素 b 含量对于干旱胁迫加重变化没有三倍体株系大，只有处理 1 显著高于其他处理，而正常水分条件（CK）下的叶绿素 b 含量与处理 2 和处理 3 的叶绿素 b 含量差异不明

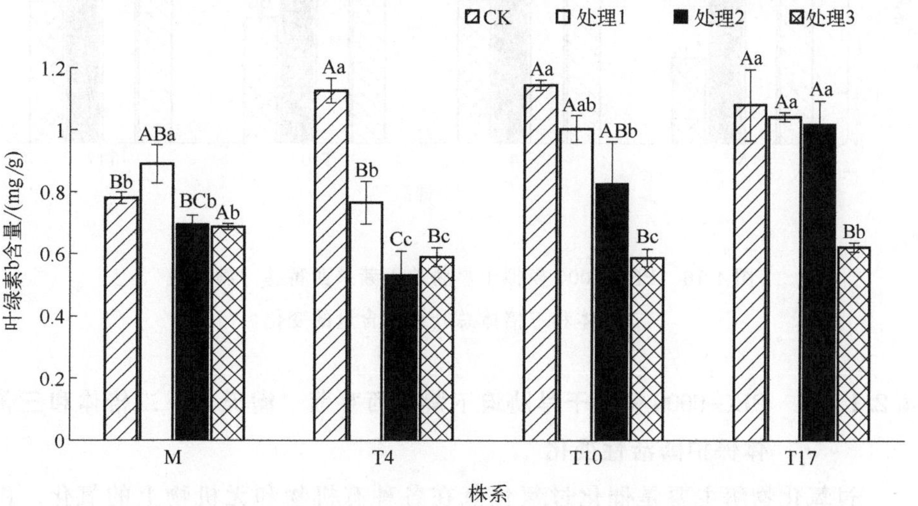

图 4-15 PEG-6000 模拟干旱胁迫下紫果西番莲‘满天星’二倍体和三倍体叶绿素 b 含量的变化

显。而三倍体株系变化较大，特别是T4株系，从CK到处理1过程中下降幅度最大，但在处理2和处理3过程中叶绿素b含量上升了。整体上，三倍体三个株系的叶绿素a含量较二倍体高，三倍体T17株系在干旱胁迫前期变化差异较小，最为稳定，T4和M株系在干旱胁迫后期变化差异较小。

由图4-16和图4-17可以看出，总叶绿素含量和类胡萝卜素含量与叶绿素a含量的变化趋势一致，变化差异相似。整体上，三倍体三个株系的总叶绿素含量和类胡萝卜素含量较二倍体高，并且随着干旱胁迫加重，总叶绿素含量和类胡萝卜素含量下降幅度是三倍体T10株系最大，T4株系次之，T17和二倍体较为稳定，但相比较，T17株系的总叶绿素含量总体上最高，说明三倍体T17株系的光合能力和吸收光能力较强。

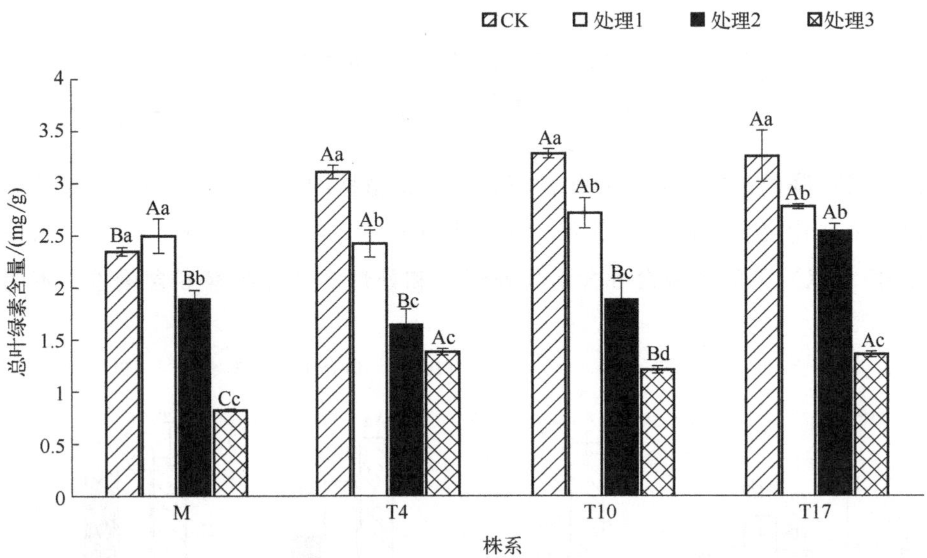

图4-16 PEG-6000模拟干旱胁迫下紫果西番莲‘满天星’二倍体和三倍体总叶绿素含量的变化

4.2.1.2.4 PEG-6000模拟干旱胁迫下紫果西番莲‘满天星’二倍体和三倍体保护酶活性变化

过氧化物酶主要是催化过氧化氢在各种有机物和无机物上的氧化。由图4-18可以看出，随着干旱程度的增加而增加，且过氧化物酶活性也随着升高。在正常水分条件（CK）下和处理1、处理2均呈现出三倍体三个株系的过氧化物酶（POD）活性都显著高于二倍体，在处理中T10活性显著

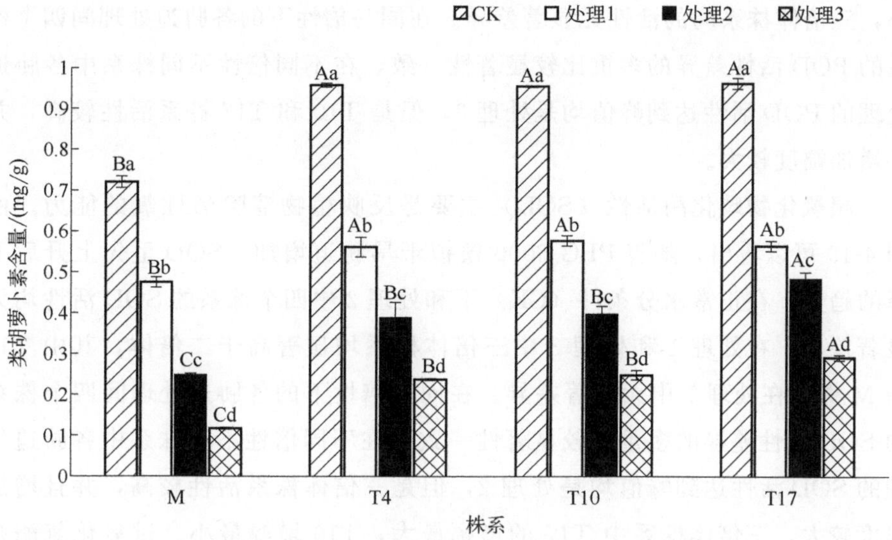

图 4-17　PEG-6000 模拟干旱胁迫下紫果西番莲‘满天星’二倍体和三倍体类胡萝卜素含量的变化

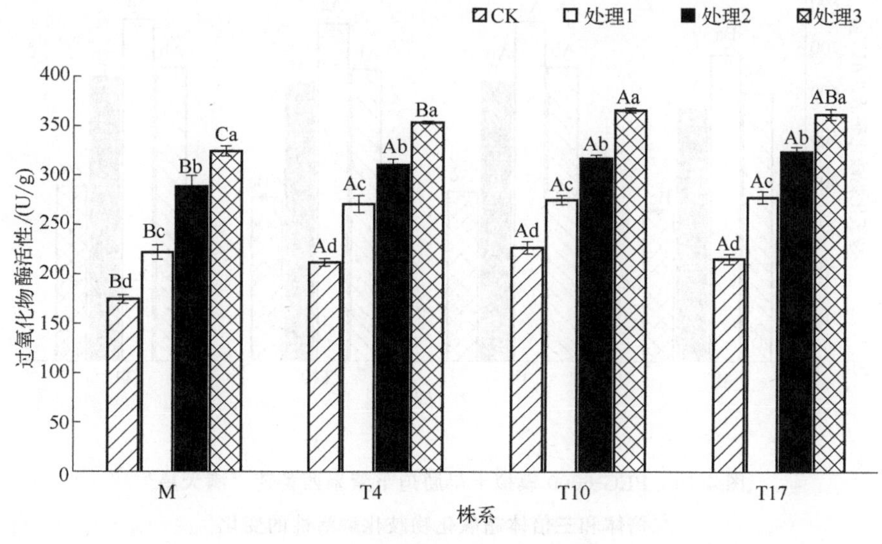

图 4-18　PEG-6000 模拟干旱胁迫下紫果西番莲‘满天星’二倍体和三倍体过氧化物酶活性的变化

高于 T4 和二倍体。在整个胁迫过程中，除在处理 3 中的 T10 显著高于 T4 外，三倍体株系间的活性无显著差异。在同一倍性下的各胁迫处理间四个株系的 POD 活性差异的多重比较显著性一致，在不同倍性不同株系中各胁迫处理的 POD 活性达到峰值均是处理 3，但是 T10 和 T17 株系活性较高，并且增加幅度较大。

超氧化物歧化酶活性（SOD）主要是反映植物清除活性氧的能力。由图 4-19 可以看出，随着 PEG-6000 模拟干旱胁迫增加，SOD 呈先上升后下降的趋势，在正常水分条件（CK）下和处理 2 中四个株系的 SOD 活性均无显著差异，在处理 1 和处理 3 中三倍体株系均显著高于二倍体，其中 T10 与 M 株系在处理 1 中无显著差异。在同一倍性下的各胁迫处理间四个株系的 SOD 活性差异的多重比较显著性一致，在不同倍性不同株系中各胁迫处理的 SOD 活性达到峰值均是处理 2，但是三倍体株系活性较高，并且增加幅度较大，三倍体株系中 T17 的增幅最大，T10 增幅最小。过氧化氢酶是催化氢分解的抗氧化酶，是过氧化物酶体的标志酶。

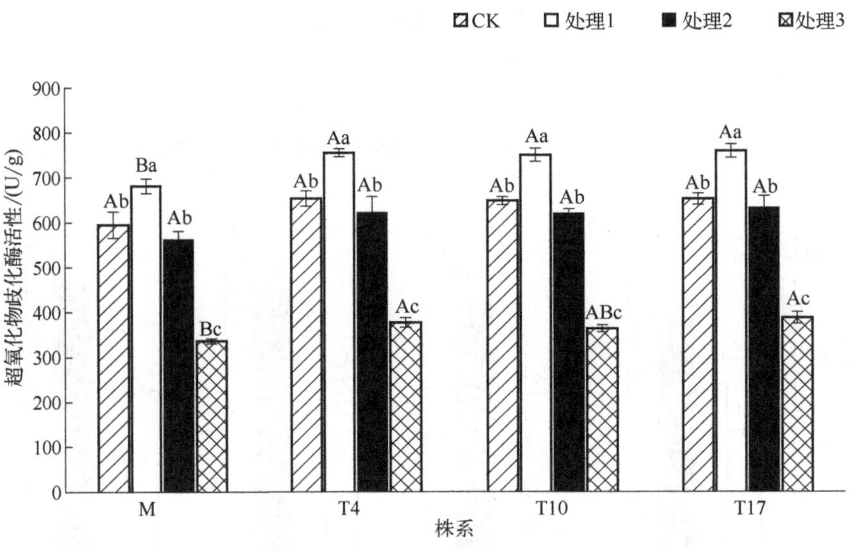

图 4-19　PEG-6000 模拟干旱胁迫下紫果西番莲‘满天星’二倍体和三倍体超氧化物歧化酶活性的变化

由图 4-20 可以看出，随着 PEG-6000 模拟干旱胁迫增加，过氧化氢酶活性（CAT）呈先上升后下降的趋势，在处理 2 中 CAT 达到峰值。同一倍性下，四个株系均出现在处理 2 中的 CAT 活性显著高于处理 1 和处理 3，显著高于 CK，但二倍体和 T4 在处理 1 和处理 3 中的 CAT 无显著差异，而 T10 和 T17 株系处理 1 的 CAT 显著高于处理 3 的 CAT。整体上，三倍体三个株系在各胁迫处理中均显著高于二倍体，三倍体株系中 T10 的 CAT 高于 T17 和 T4。总体上，三倍体各株系表现出比二倍体更具有较强的抗氧化防御系统，而三倍体中 T17 株系的抗氧化能更好，T10 次之。

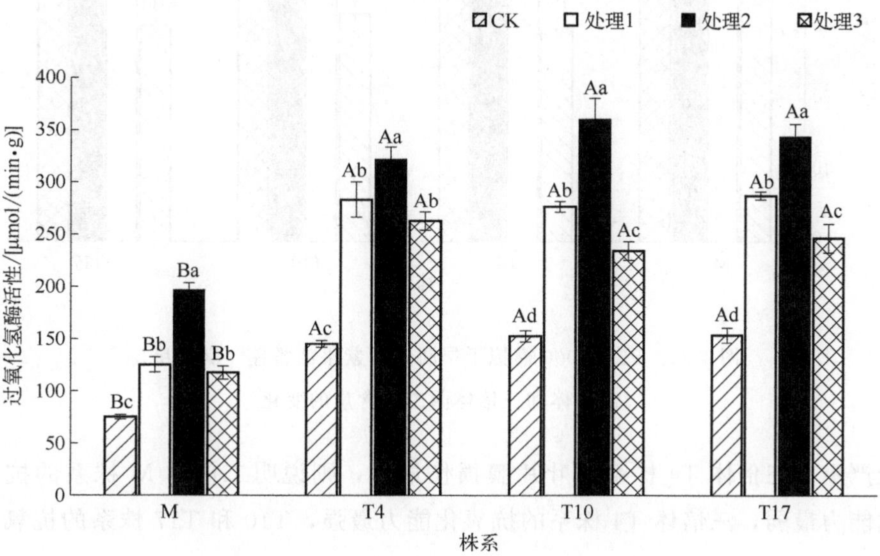

图 4-20 PEG-6000 模拟干旱胁迫下紫果西番莲‘满天星’二倍体和三倍体过氧化氢酶活性的变化

4.2.1.2.5 PEG-6000 模拟干旱胁迫下紫果西番莲‘满天星’二倍体和三倍体丙二醛含量比较

丙二醛含量（MDA）是膜脂过氧化的最终产物，可以与膜蛋白和酶交联结合，用来破坏生物膜的结构和功能。由图 4-21 可以看出，随着胁迫液浓度加重，各株系的 MDA 含量也逐渐变高，四个株系叶片的 MDA 含量不完全一致，呈现出二倍体的 MDA 含量高于三倍体株系，其中 T4 显著低于二倍体，而 T10 和 T17 的 MDA 含量介于 T4 和 M 之间差异并不明显。同一倍性条件下，二倍体和三倍体 T10、T17 株系的 MDA 含量与各胁迫处理间均存在显著差异，而 T4 株系的 MDA 含量在处理 1 和处理 2 时无显著差异。结果表明，在 PEG-6000 模拟干旱胁迫下二倍体 M 株系的叶片膜损伤

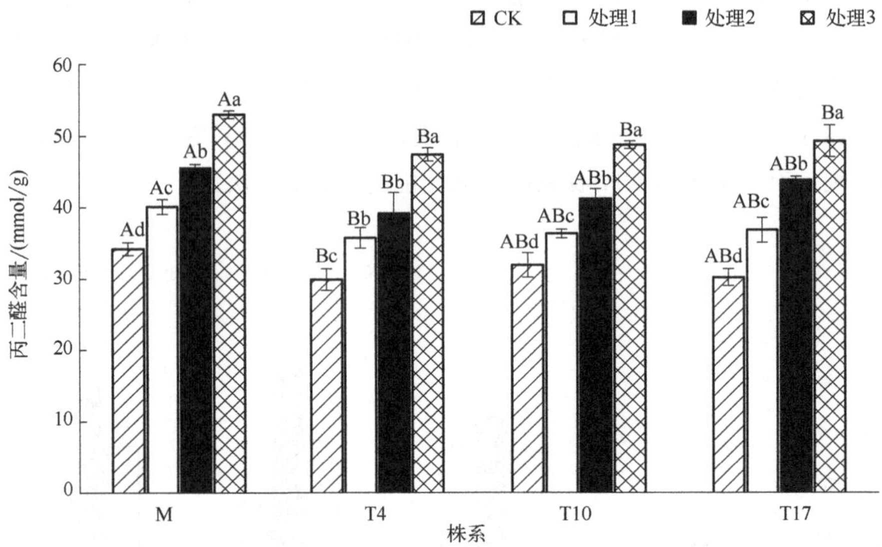

图 4-21 PEG-6000 模拟干旱胁迫下紫果西番莲‘满天星’二倍体和三倍体丙二醛含量的变化

最严重，三倍体 T4 株系的叶片膜损伤最轻，则说明二倍体 M 株系的抗氧化能力最弱，三倍体 T4 株系的抗氧化能力最强，T10 和 T17 株系的抗氧化能力一般。

4.2.1.3 PEG-6000 模拟干旱胁迫下紫果西番莲‘满天星’二倍体和三倍体叶绿素荧光响应

4.2.1.3.1 PSⅡ原初光化学效率和初始荧光参数差异分析

通过研究发现，利用叶绿素荧光参数的变化，可以间接证明叶片的光合作用的能力，该参数主要用于检测植物的耐受力。如图 4-22 所示，在各胁迫处理中的初始荧光（F_o）、最大荧光（F_m）、可变荧光（F_v）、PSⅡ电子传递速率（F_m/F_o）和 PSⅡ潜在活性（F_v/F_o），这 5 个参数都是三倍体各株系显著高于二倍体 M 株系的；在三倍体三个株系中的 F_o、F_m、F_v 和 F_v/F_m 参数都是 T17 株系显著高于 T4 和 T10 株系，F_m/F_o 和 F_v/F_o 参数中的三倍体三个株系间的差异不明显，处理 1、处理 2 和处理 3 均是 T17 稍高于 T4、T10 的。而 PSⅡ最大光化学效率（F_v/F_m）则只有在正常水分条件（CK）下才出现三倍体各株系显著高于二倍体 M 株系，其余的三个处

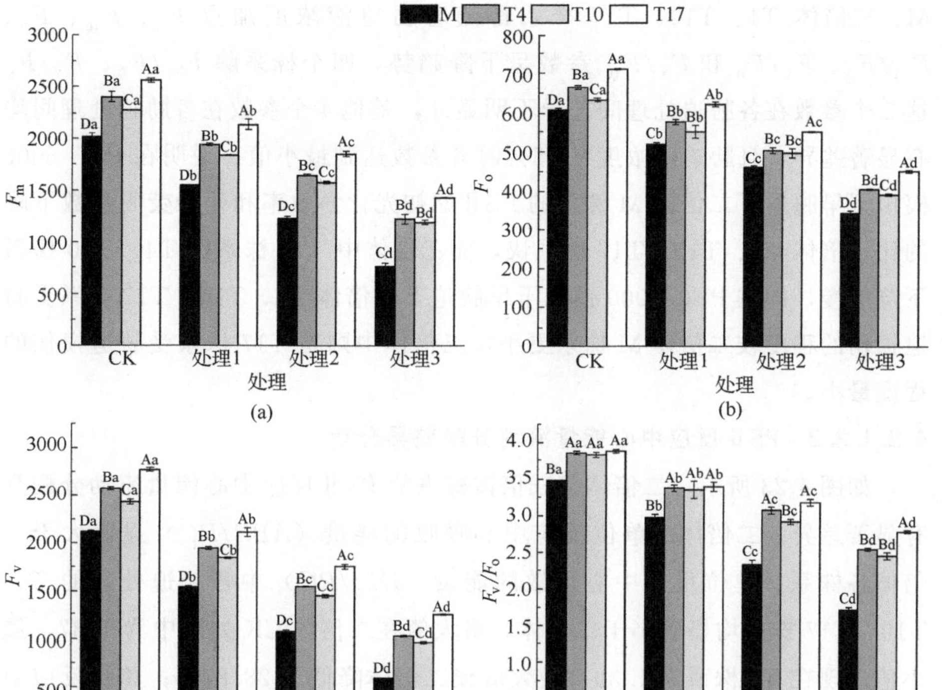

图 4-22　PEG-6000 模拟干旱胁迫下紫果西番莲'满天星'二倍体和三倍体 PSⅡ原初光化学效率和初始荧光参数差异分析

POD—过氧化物酶；SOD—超氧化物歧化酶；CAT—过氧化氢酶；MDA—丙二醛；P_{ro}—脯氨酸；P_n—净光合速率；T_r—蒸腾速率；G_s—气孔导度；C_i—胞间 CO_2 浓度；F_o—初始荧光；F_m—最大荧光；F_v—可变荧光；F_m/F_o—PSⅡ的最大潜在光化学效率；F_v/F_m—PSⅡ的最大光化学量子效率；F_v/F_o—PSⅡ反应中心的潜在活性。不同大写字母表示相同处理下四个株间间差异显著（$p<0.05$），不同小写字母表示同一株系在四种处理下差异显著（$p<0.05$）。下同

理中不存在显著差异。在同一倍性条件下的多重比较结果可以看出，二倍体M、三倍体 T4、T10、T17 株系都随着胁迫液浓度加重 F_o、F_m、F_v、F_m/F_o、F_v/F_o 和 F_v/F_m 参数呈下降趋势，四个株系除 F_m/F_o、F_v/F_o 这 2 个参数在各胁迫处理间差异不明显外，其他 4 个参数在各胁迫处理间均有显著差异，且胁迫液浓度在 45%时各参数达到最小值。说明在 PEG-6000 模拟干旱胁迫下二倍体 M 株系的 PSⅡ原初光化学效率和初始荧光参数下降的比三倍体 T4、T10、T17 株系快，而三倍体中 T17 株系比 T4、T10 株系下降的慢，即在 PEG-6000 模拟干旱胁迫下三倍体 T4、T10、T17 株系受胁迫损伤的程度较二倍体 M 株系更小，三倍体中则是 T17 株系受胁迫损伤的程度最小。

4.2.1.3.2 PSⅡ反应中心能量流动分配差异分析

如图 4-23 所示，二倍体、三倍体株系的 PSⅡ反应中心能量流动分配具有显著差异。二倍体的单位反应中心吸收的能量（ABS/RC）显著大于三倍体各株系；单位反应中心耗散的能量（DI_o/RC）中各胁迫处理的 T4、T10、T17 株系均显著小于二倍体，最大值在二倍体 CK 处理中为 1.87，最小值出现在 T4 株系为 1.33，最大值较二倍体降低了 28.87%；单位反应中心捕获的能量（TR_o/RC）中，在正常水分条件下（CK）和处理 1 的 T4、T10、T17 株系显著小于二倍体，在处理 2 中二倍体和三倍体 T17 株系显著高于 T4 和 T10 株系，处理 3 中则是二倍体显著低于三倍体各株系；三倍体所有株系的单位反应中心传递的能量（EI_o/RC）显著小于二倍体，且三倍体各株系间均无显著差异；三倍体的电子传递的量子产额 ΦE_o、原初光化学反应的最大光化学效率 ΦP_o 均显著大于二倍体，ΦE_o 在处理 1、处理 2 和处理 3 中三倍体各株系间均无显著差异，在 CK 的 ΦE_o 出现 T17 显著高于 T4 和 T10，ΦP_o 则是在处理 1 和处理 2 中三倍体各株系间均无显著差异，在 CK 中出现 T4 显著高于 T17 又显著高于 T10，在处理 3 中出现 T4 显著高于 T10 和 T17。随着胁迫液浓度加重，ABS/RC、DI_o/RC、TR_o/RC 和 EI_o/RC 的这 4 个参数均呈先下降后上升的趋势，而 ΦE_o 和 ΦP_o 则是先上升后下降的趋势。综上，二倍体 PSⅡ反应中心能量转化优于三倍体，而三倍体各株系中 T17 株系的 PSⅡ反应中心能量转化优于 T4 和 T10 株系，且三倍体的 PSⅡ反应中心能量分配比率优于二倍体，以及三倍体各株系中 T17 株系的 PSⅡ反应中心能量分配比率优于 T4 和 T10 株系。

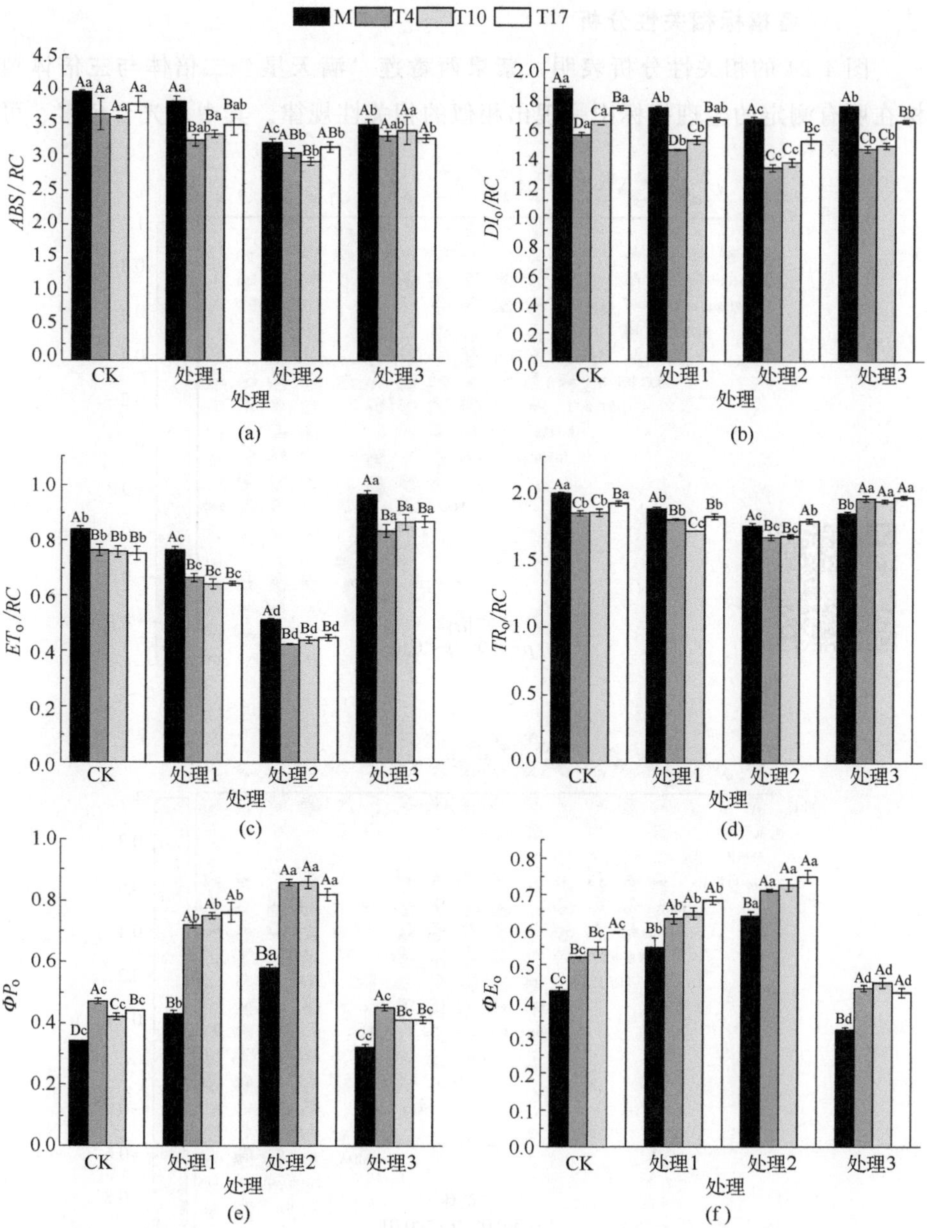

图 4-23　PEG-6000 模拟干旱胁迫下紫果西番莲‘满天星’二倍体和三倍体 PSⅡ反应中心能量流动分配差异分析

ABS/*RC*—单位反应中心吸收的能量；DI_o/RC—单位反应中心耗散的能量；TR_o/RC—单位反应中心捕获的用于还原 QA 的能量；ET_o/RC—单位反应中心捕获的用于电子传递的能量；ΦE_o—电子传递的量子产额；ΦP_o—原初光化学反应的最大光化学效率，下同

4.2.1.4 PEG-6000 模拟干旱胁迫下紫果西番莲‘满天星’二倍体和三倍体各指标相关性分析

图 4-24 的相关性分析表明，紫果西番莲‘满天星’二倍体与三倍体植株在所有测定的生理指标中呈现出相似的相关性规律。其中，光合色素、可

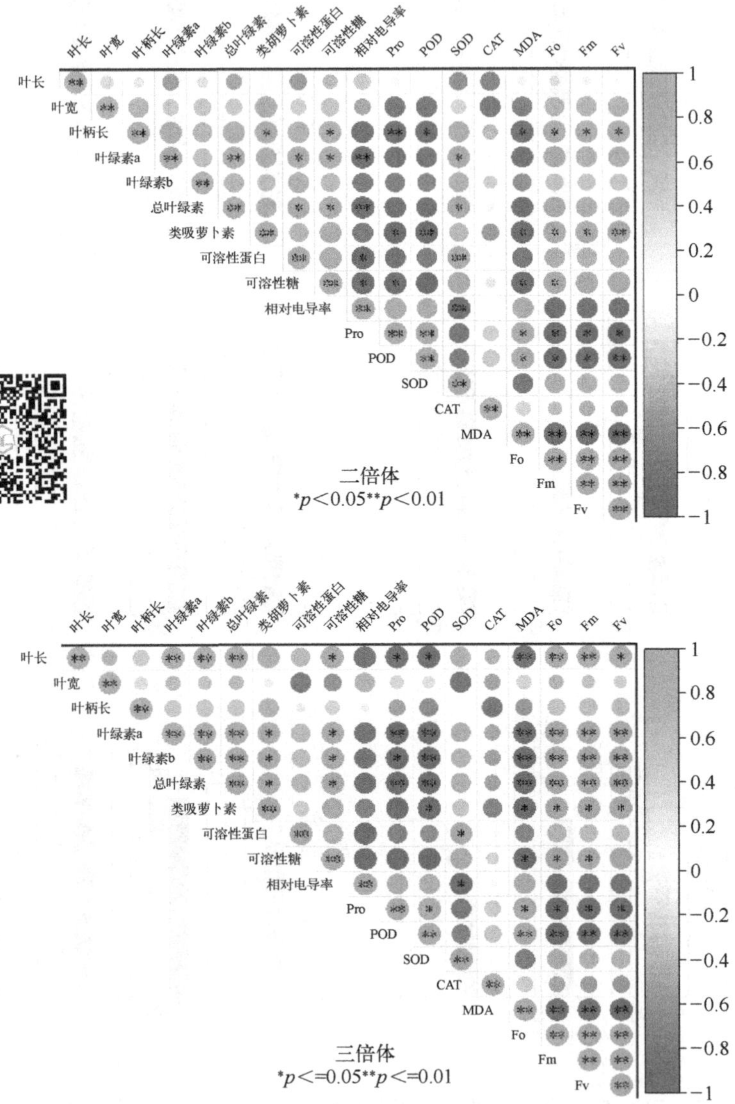

图 4-24 PEG-6000 模拟干旱胁迫下紫果西番莲‘满天星’二倍体和三倍体各指标相关性分析

* 表示 $p<0.05$，** 表示 $p<0.01$。圆圈大小代表相关系数的绝对值

溶性蛋白、可溶性糖与叶绿素荧光呈正相关，而相对电导率、脯氨酸（Pro）、过氧化物酶（POD）、过氧化氢酶（CAT）和丙二醛（MDA）则与叶柄长度、光合色素、可溶性蛋白及可溶性糖呈负相关。此外，超氧化物歧化酶（SOD）与相对电导率、脯氨酸（Pro）、过氧化物酶（POD）呈负相关。

4.2.2 自然干旱胁迫下紫果西番莲‘满天星’二倍体和三倍体的响应

4.2.2.1 自然干旱胁迫下紫果西番莲‘满天星’二倍体和三倍体生长比较

4.2.2.1.1 自然干旱胁迫下紫果西番莲‘满天星’二倍体和三倍体表型观测及生长量调查

通过表型特征的动态观察结果如图 4-25 所示，在正常水分条件下的二倍体 M 和三倍体 T4、T10、T17 植株均呈现健康正常的生长状态。但随着干旱胁迫时间的延长，各株系在遭受到干旱胁迫症状也随着发生了明显的变化：叶脉周围颜色逐渐从绿色变黄，黄色区域逐渐扩大，叶片逐渐枯萎萎缩，甚至叶片脱落，直至复水 5d 后叶片颜色恢复绿色，有少许侧枝发出。干旱胁迫 7d 后，四个株系表现出的干旱胁迫受损状态差异不明显，都是出现叶片开始脱落，叶片颜色开始发黄。干旱胁迫 14d 后，二倍体 M 的整片叶片呈黄色，失水后变得又干又脆，茎变成黄色，干旱胁迫受损状态严重；T4、T10、T17 株系，干旱胁迫受损状态一般，叶片出现大量黄斑且开始萎缩，茎逐渐变黄，T10 株系叶片萎缩情况更差一些。干旱胁迫 21d 后，二倍体 M 的整片叶片由黄色变黄白色，叶片一碰就脱落，部分茎变为棕色，干旱胁迫受损状态严重；T4、T10、T17 株系的少部分茎变为棕色，干旱胁迫受损状态严重，T10 株系叶片脱落和萎缩情况较 T4 和 T17 严重，其中 T4 较 T17 更严重。复水 5d 后，四个株系的叶片颜色恢复为绿色，叶片舒展开来，有少许侧枝发出，其中三倍体 T4 和 T17 恢复最好，二倍体 M 恢复较好、T10 恢复较差。

根据生长量调查结果，不同胁迫处理对各株系‘满天星’的生长起到不同程度的抑制作用，随着胁迫处理下植株水分下降，使得苗高、地径、总根长增量下降。如图 4-26 所示，各胁迫处理下四个株系间的苗高呈现均是三倍体株系高于二倍体株系，但 T4、T10 株系与二倍体间的苗高均无显著差异。三倍体三个株系中，除在干旱第 7d 时外，其余时间的胁迫处理中，

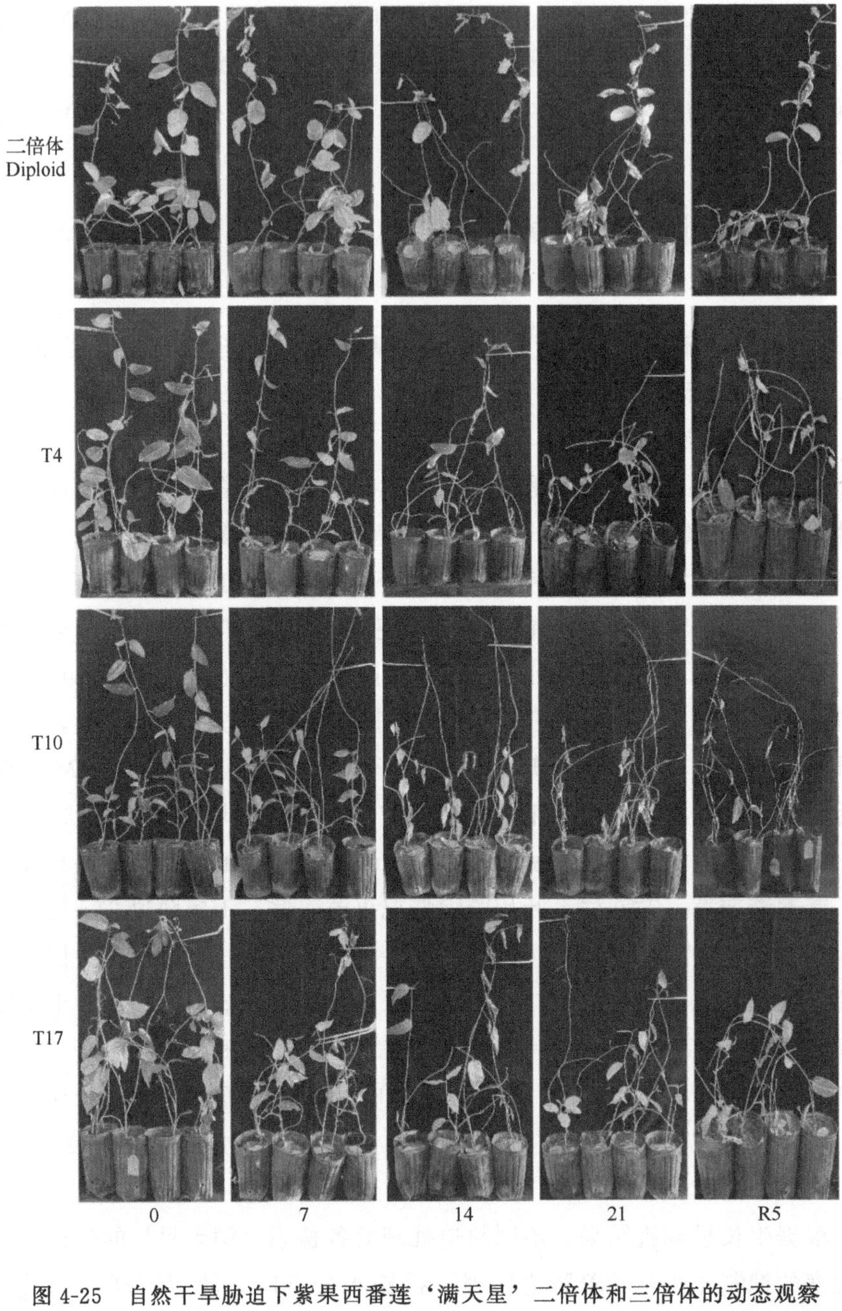

图 4-25　自然干旱胁迫下紫果西番莲‘满天星’二倍体和三倍体的动态观察

T17 高于 T4 和 T10 均有显著差异，复水 5d 后的四个株系间的苗高也是三倍体 T17 株系显著高于 M、T4、T10 株系；

整体上 T17 高于 T4 和 T10，T4 和 T10 之间差异不明显。随着干旱胁迫加重，植株的苗高均呈下降趋势，直至复水后苗高得以恢复。

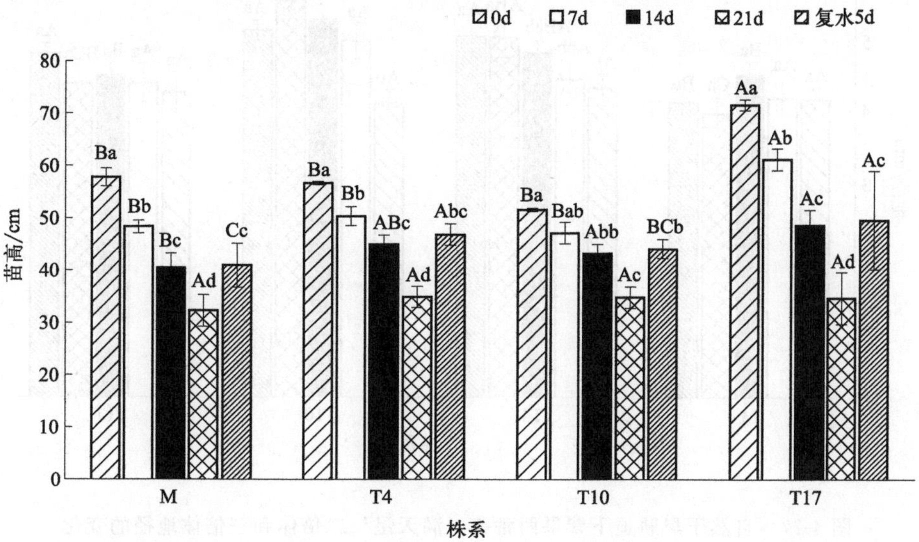

图 4-26　自然干旱胁迫下紫果西番莲‘满天星’二倍体和三倍体苗高的变化

不同大写字母表示同一胁迫处理下不同倍性株系间的差异显著，不同小写字母表示同一倍性株系下不同胁迫处理间的差异显著（$p<0.05$）；0d 为自然干旱胁迫初始时间第 0d（正常水分条件），7d 为自然干旱胁迫第 7d，14d 为自然干旱胁迫第 14d，21d 为自然干旱胁迫第 21d，复水 5d 为自然干旱胁迫结束后正常浇水 5d；下同

如图 4-27 所示，各胁迫处理下四个株系间的地径整体上是三倍体株系高于二倍体株系，三倍体 T10 株系的地径高于其他三个株系。在干旱第 0d、7d 时，四个株系间的地径无显著差异，在干旱第 14d、21d 时，三倍体 T10 株系显著粗于 T17 和 M，T4 株系均粗于 T17 和 M；在干旱第 14d 时，T4、T17、M 之间均无显著差异，在干旱第 21d 时，三倍体 T17 株系显著粗于 M。复水 5d 后的四个株系间的地径是三倍体三个株系显著高于二倍体 M 株系，三倍体中 T10 株系最粗，T17 地径最小。说明三倍体 T10 株系在各处理下苗高均高于其他株系，而 T10 株系的苗高最矮，则 T10 株系是四个株系中最为粗壮的。

如图 4-28 所示，各胁迫处理下四个株系间的总根长差异不同，各胁迫处理中二倍体 M 株系和三倍体各株系的变化相似，呈现先上升后下降的趋势。除在干旱第 21d 时三倍体 T17 株系的总根长比 T4 更长，二者还均显著

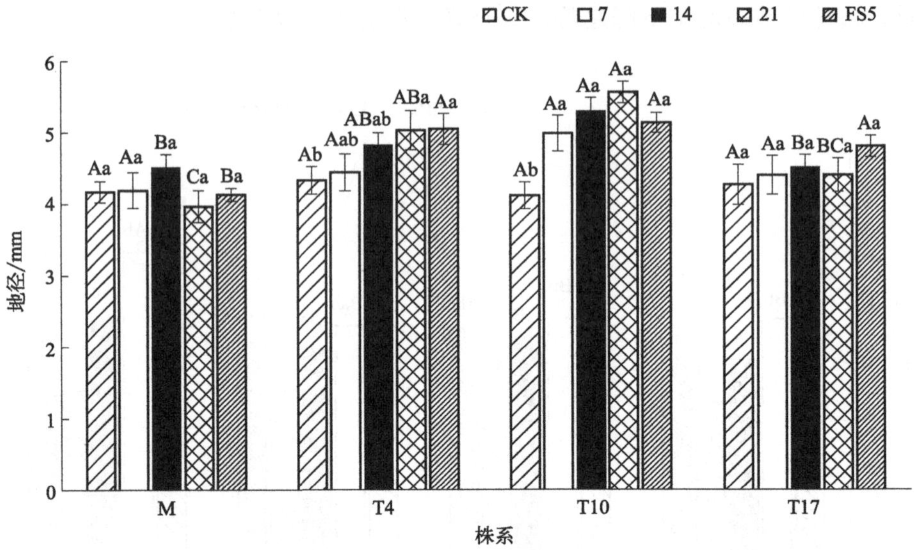

图 4-27　自然干旱胁迫下紫果西番莲‘满天星’二倍体和三倍体地径的变化

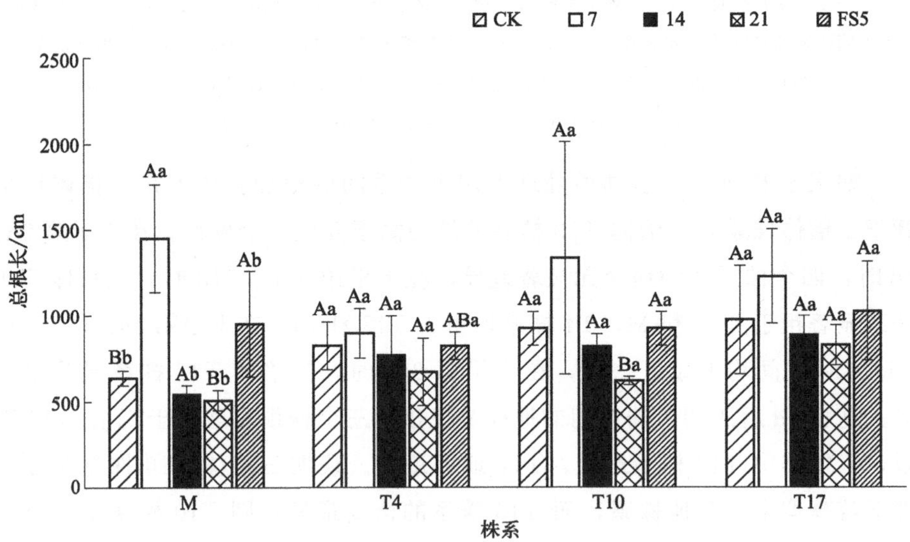

图 4-28　自然干旱胁迫下紫果西番莲‘满天星’二倍体和三倍体总根长的变化

长于 T10 和 M 株系外，其余各胁迫处理中四个株系的总根长差异不明显。在同一倍性下，二倍体 M 株系的总根长在各胁迫处理中差异较大，在干旱第 7d 时显著长于干旱第 0d、14d、21d 时，复水 5d 后的总根长有所恢复；三倍体株系总根长的变化差异较小，特别是 T4 株系最为稳定，T17 次之。

总体上，从苗高、地径、总根长的三个生长特性指标观测来看，三倍体株系较二倍体 M 更耐旱。三倍体 T17 株系的苗高增量最高，T10 株系的地径更粗壮，T4 株系在干旱处理中总根长变化最为稳定。

4.2.2.1.2 自然干旱胁迫下紫果西番莲‘满天星’二倍体和三倍体叶片形态观测

叶片形态观测结果如图 4-29 所示，各胁迫处理中三倍体 T17 株系的叶长显著高于其他三个株系，T4 和 T10 较 M 更高。随着干旱胁迫加重，四个株系的叶长均呈下降趋势，直至复水后出现升高，较干旱胁迫初始时更高，三倍体株系中 T17 的叶宽增量较多。说明三倍体株系叶片卷缩严重程度较二倍体更低，且 T17 卷缩较轻。如图 4-30 所示，各胁迫处理中，除了在干旱胁迫第 21d 时不存在显著差异外，其余处理中二倍体 M 株系的叶宽显著高于三倍体株系，三倍体株系中则是 T10 和 T17 较 T4 株系更宽。随着干旱胁迫加重，四个株系的叶宽均呈下降趋势，直至复水后出现升高，较干旱胁迫初始时更高，而 M 株系复水后的叶宽增量小于三倍体各株系，三倍体株系中 T10 和 T17 增量较多。在同一倍性下，三倍体 T4 和 T17 株系的叶宽变化最小。如图 4-31 所示，在正常水分条件（0d）下二倍体 M 株系的叶柄长大于其他三个株系，与 T4、T17 间存在显著差异。在干旱胁迫处理过程中及复水后，二倍体 M 株系的叶柄长大于其他三个株系，并且二倍体 M 株系的叶柄长增量也大于其他三个株系。三倍体三个株系间的叶柄长和叶柄长增量变化差异不明显。

综上所述，自然干旱胁迫对于二倍体和三倍体各株系‘满天星’叶长、叶宽有影响，对于叶柄长影响较小，且变化情况不同。相比之下，三倍体株系叶片卷缩严重程度较二倍体更低，且 T17 卷缩最不严重，T17 株系的叶宽增量最大，二倍体 M 株系的叶柄长大于其他三个株系。总体上从叶长、叶宽和叶柄长的三个生长特性指标观测来看，三倍体株系较二倍体 M 株系叶片卷缩较轻。从叶片生长增量看，三倍体 T17 株系表现更好。

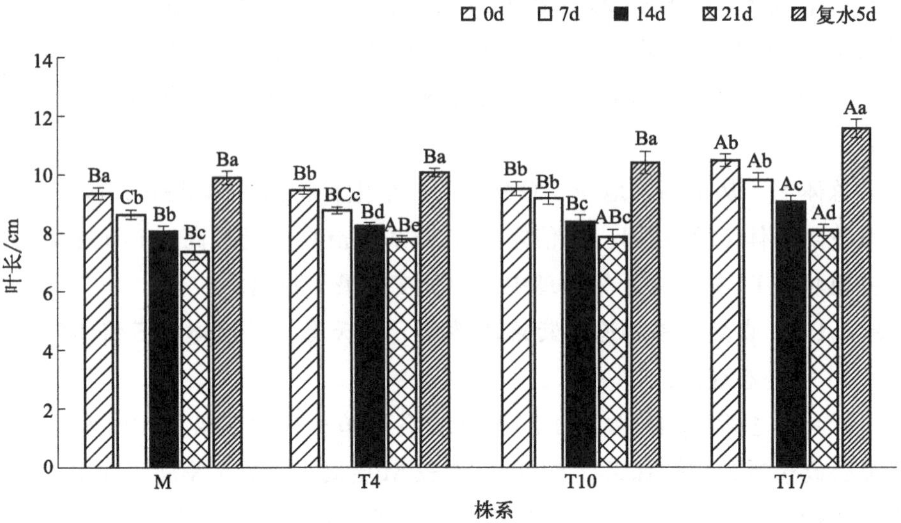

图 4-29 自然干旱胁迫下紫果西番莲‘满天星’二倍体和三倍体叶长的变化

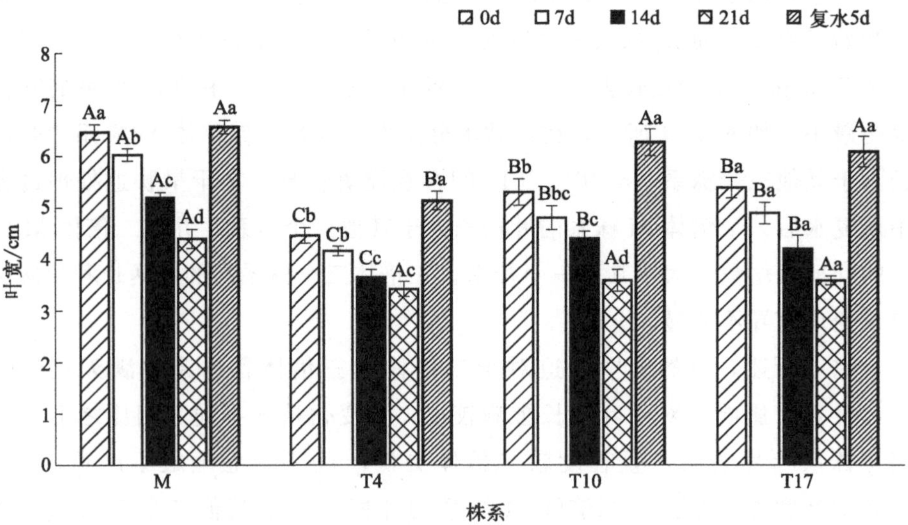

图 4-30 自然干旱胁迫下紫果西番莲‘满天星’二倍体和三倍体叶宽的变化

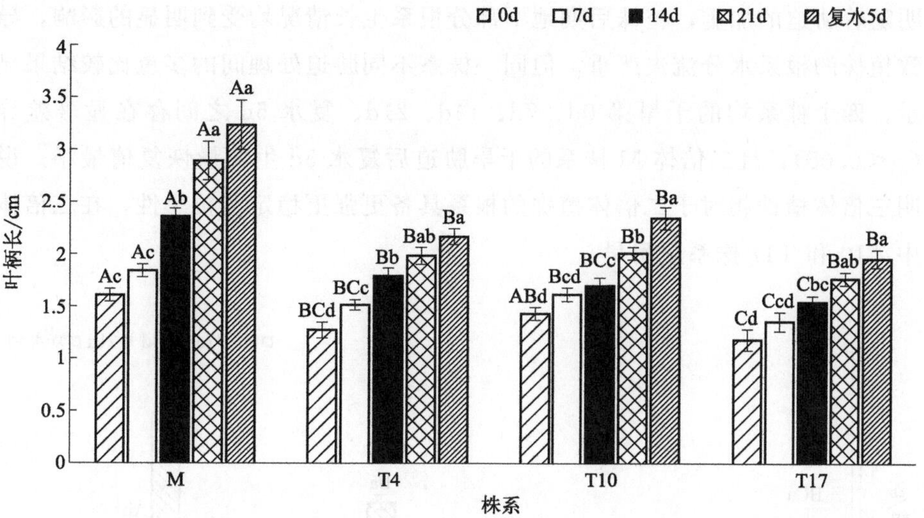

图 4-31　自然干旱胁迫下紫果西番莲‘满天星’二倍体和三倍体叶柄长的变化

4.2.2.1.3　自然干旱胁迫下紫果西番莲‘满天星’二倍体和三倍体生物量比较

（1）生物积累量

不同干旱胁迫后的不同倍性各株系‘满天星’植株生物量变化，结果如图 4-32 所示，可以看出三倍体 T10、T17 株系各处理的根、茎生物量整体高于二倍体 M 株系，三倍体 T4 株系各处理的根、茎生物量最小，三倍体的三个株系各处理的叶生物量整体高于二倍体 M 株系。随着胁迫时间推移，干旱胁迫后各器官失水致使二倍体、三倍体各株系‘满天星’的生物量均显著减少，干旱 21d 时出现最小值，在复水 5d 后各器官生物量均有恢复。

根生物量随着干旱胁迫时间推移生物量逐渐下降，说明随着干旱程度加重，植株根系的水分含量也随之而降低，且三倍体 T10、T17 株系相对二倍体植株、三倍体 T4 株系的根系平均含水率更高。根生物量的最大值出现在干旱第 0d 时的三倍体 T17 株系为 16.940g，最小值出现在干旱第 21d 时的三倍体 T4 株系的处理 3 为 1.919g，在干旱处理复水后植株根系得以恢复，恢复最快的是三倍体 T4 株系，最大值出现在三倍体 T10 株系为 7.760g。并且通过不同株系间多重比较结果可以看出，根生物量在干旱第 0d、7d、14d、21d 胁迫下二倍体植株与三倍体三个株系间存在显著的差异（$p<$

0.05)，干旱胁迫后复水 5d 时四个株系间的根生物量不存在显著的差异，说明随着胁迫的加重，植株后期地下部分根系生长情况均受到明显的影响，导致植株的根系水分流失严重。但同一株系不同胁迫处理间的多重比较结果显示，四个株系均的干旱第 0d、7d、14d、21d、复水 5d 之间存在显著差异（$p<0.05$），且二倍体 M 株系的干旱胁迫后复水 5d 生物量恢复值最小。说明三倍体植株相对于二倍体植株的根系具备更强更稳定的抗旱性，在三倍体中 T10 和 T17 株系更耐旱。

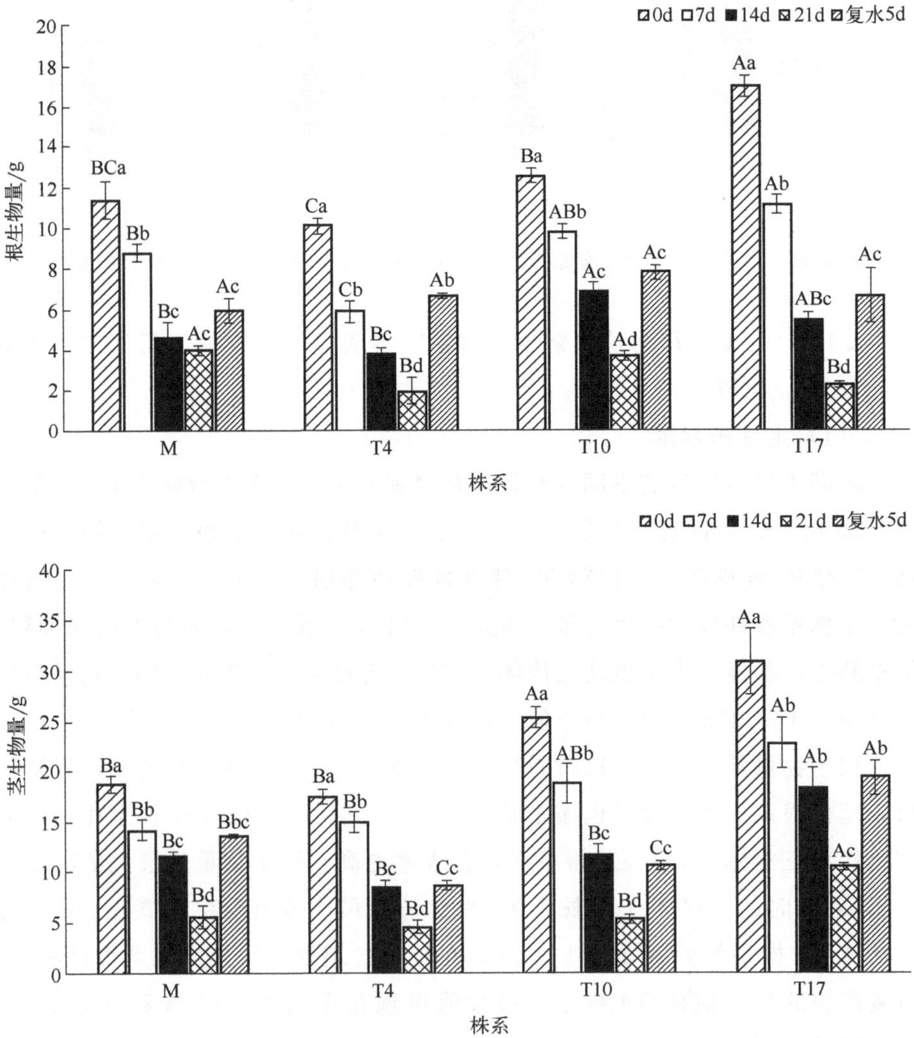

图 4-32

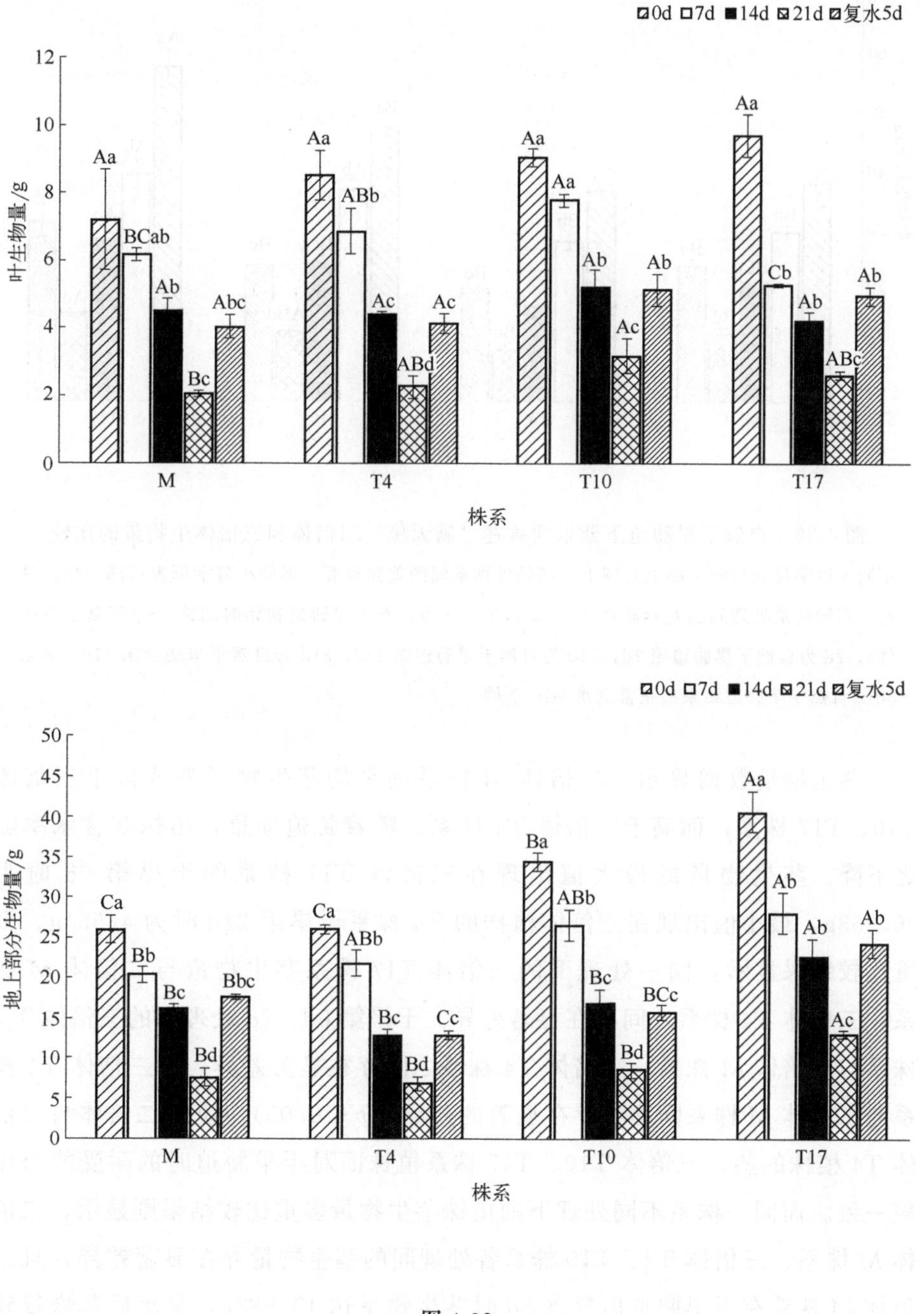
0d 7d 14d 21d 复水5d
叶生物量/g
株系
M
T4
T10
T17
Aa
BCab
Ab
Bc
Abc
Aa
ABb
Ac
ABd
Ac
Aa
Aa
Ab
Ac
Ab
Aa
Cb
Ab
ABc
Ab
0d 7d 14d 21d 复水5d
地上部分生物量/g
株系
Ca
Bb
Bc
Bd
Bbc
Ca
ABb
Bc
Bd
Cc
Ba
ABb
Bc
Bd
BCc
Aa
Ab
Ab
Ac
Ab

图 4-32

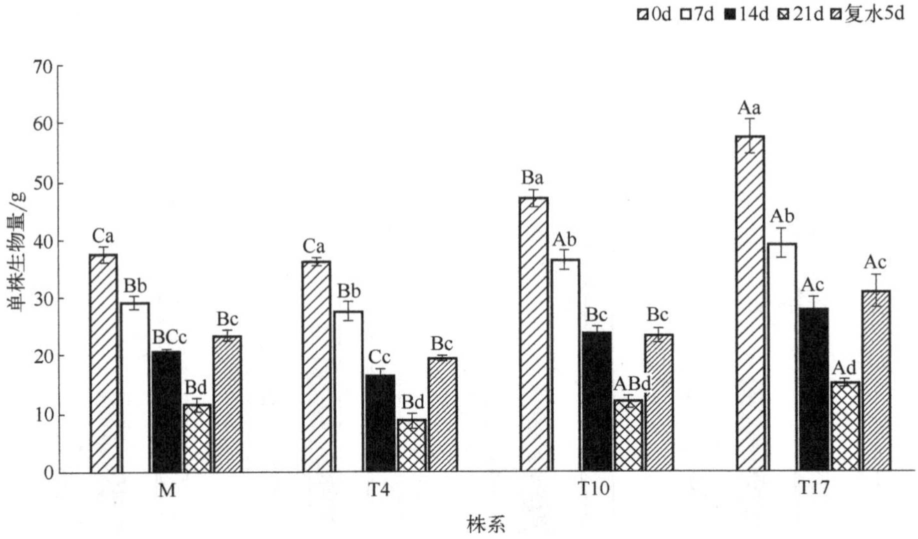

图 4-32　自然干旱胁迫下紫果西番莲‘满天星’二倍体和三倍体生物量的比较

不同大写字母表示同一胁迫处理下不同倍性株系间的差异显著，不同小写字母表示同一倍性株系下不同胁迫处理间的差异显著（$p<0.05$）；0d 为自然干旱胁迫初始时间第 0d（正常水分条件），7d 为自然干旱胁迫第 7d，14d 为自然干旱胁迫第 14d，21d 为自然干旱胁迫第 21d，复水 5d 为自然干旱胁迫结束后正常浇水 5d；下同

茎生物量数据显示，二倍体 M 株系的平均茎生物量整体低于三倍体 T10、T17 株系，而高于三倍体 T4 株系。随着胁迫加重，植株茎含水率随之下降。茎生物量的最大值出现在三倍体 T17 株系的干旱第 0d 时为 30.853g，最小值出现在三倍体植株的 T4 株系干旱第 21d 时为 4.554g。多重比较结果显示，同一处理下的三倍体 T17 株系茎生物量与二倍体 M 株系、三倍体 T4 株系之间存在显著差异，干旱第 0d、7d 处理下的三倍体 T_{10} 株系与二倍体 M 株系、三倍体 T4 株系之间存在显著差异，而三倍体 T4 株系与二倍体 M 株系间均不存在显著的差异（$p<0.05$）。说明二倍体与三倍体 T4 植株的茎，三倍体 T10、T17 株系植株面对干旱胁迫时的耐受能力比较一致。而同一株系不同处理下的植株茎生物量多重比较结果则显示，二倍体 M 株系、三倍体 T4、T10 株系各处理间的茎生物量存在显著差异，且二倍体 M 株系在干旱胁迫后复水 5d 时茎生物量达 13.588g，复水后茎恢复较快。三倍体 T17 株系在干旱第 7d、14d 处理间的茎生物量无显著差异（$p<$

0.05)，且在干旱胁迫后复水 5d 时茎生物量最大达 19.367g，显著高于其他株系。表明在干旱胁迫下三倍体 T17 植株茎具备耐干旱能力最强，其次是二倍体 M 株系植株。

叶生物量数据显示，不同倍性各株系植株叶生物量随着胁迫加重均呈现出降低的趋势，与根和茎的趋势一致。其中，叶生物量的最大值出现在三倍体 T17 株系的干旱第 0d 为 9.703g，最小值出现在二倍体 M 株系的干旱第 21d 中为 2.063g。多重比较结果表明，除干旱第 7d、21d 处理各倍性各株系植株叶生物量无显著差异外，其余处理下的各株系间均存在显著的差异，并且可以看到三倍体植株的叶生物量随着胁迫加重，叶生物量高于二倍体植株，说明三倍体植株在面对较强的干旱胁迫时具备更强的耐旱性，同一株系不同处理间的多重比较结果显示，T10、T17 株系在胁迫前期的叶生物量无显著差异，其余株系间均存在显著差异（$p<0.05$），说明三倍体 T10、T17 株系的叶片在面对胁迫时具有更强的耐旱能力。

(2) 生物量分配

根据图 4-33 所示，在自然干旱胁迫及复水过程中，紫果西番莲‘满天星’二倍体（M）与三倍体株系（T4、T10、T17）的根生物量分配表现出一定的变化特征。在正常水分条件下（自然干旱 0d），各株系的根生物量分配比间无显著差异（$p>0.05$）。随着干旱胁迫时间的延长，紫果西番莲‘满天星’二倍体（M）表现为先下降后上升，三倍体 T4 株系表现为先上长升后下降，T10 株系表现为逐渐上升，T17 株系表现为先下降后上升。在复水 5d 后，紫果西番莲‘满天星’三倍体各株系的根生物量分配比例均有不同程度的上升，但二倍体（M）表现为下降。在整个胁迫过程中，二倍体（M）的根生物量分配比例大多数时候表现高于三倍体各株系（T4、T10、T17），且在干旱胁迫 21d 时，这种差异达到显著水平。三倍体 T10 株系的根生物量分配在整个试验期间未表现出显著差异（$p>0.05$）。

茎生物量分配对自然干旱胁迫及复水的响应呈现出一定的倍性差异。在正常水分条件下，紫果西番莲‘满天星’二倍体（M）与三倍体株系（T4、T10、T17）的茎生物量分配未表现出显著的差异（$p>0.05$）。随着干旱胁迫时间的延长，紫果西番莲‘满天星’三倍体 T4 和 T10 株系的茎生物量分配比例总体呈现下降趋势，三倍体 T17 株系的茎生物量分配比例总体呈现上升趋势。在复水 5d 后，紫果西番莲‘满天星’二倍体（M）和三倍体 T10 株系的茎生物量分配比例有不同程度回升，三倍体 T4 和 T17 株系的茎生物量分配比例则表现为下降。在干旱胁迫7d、14d和21d时，紫果西番莲‘满天星’二倍体（M）的茎生物量分配与三倍体T17株系间存在显著差异（$p<0.05$），而在复水5d后，紫果西番莲‘满天星’三倍体T4和T10株系的茎生物量分配又显著低于二倍体（M）。

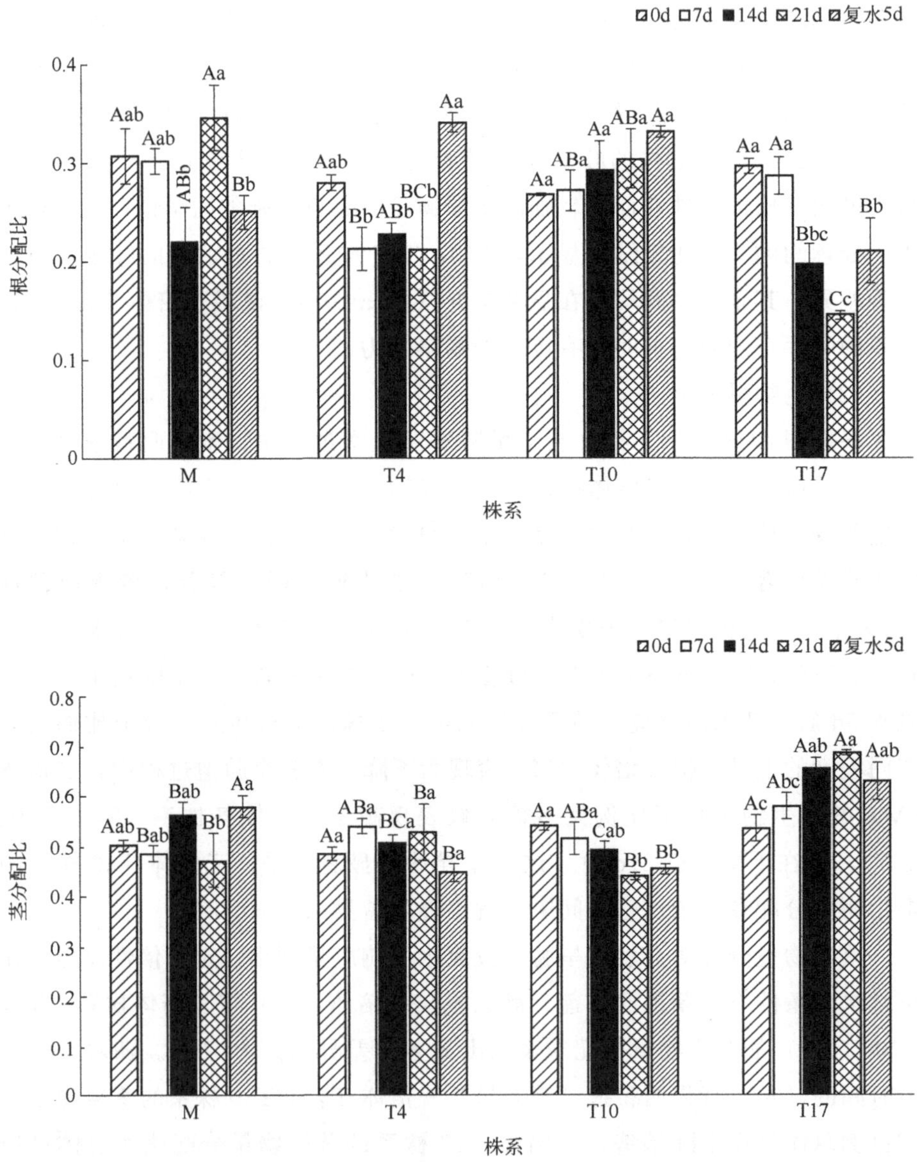

图 4-33

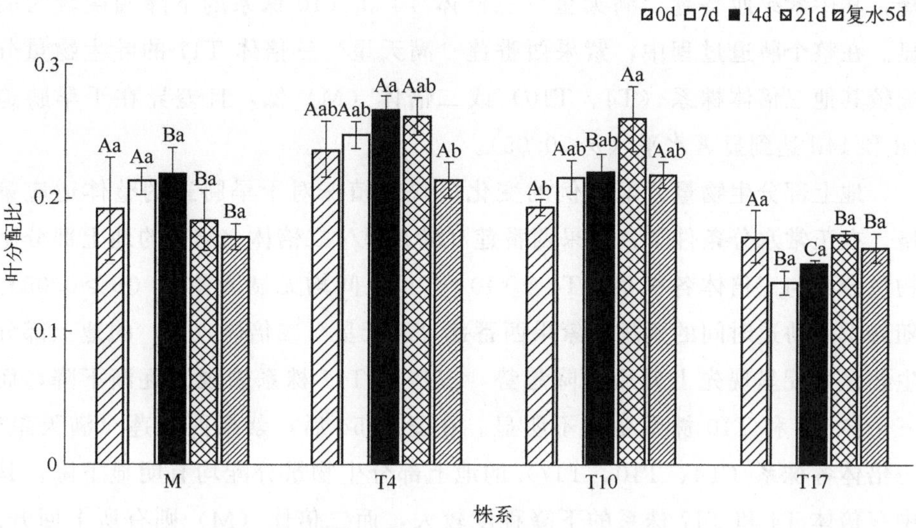

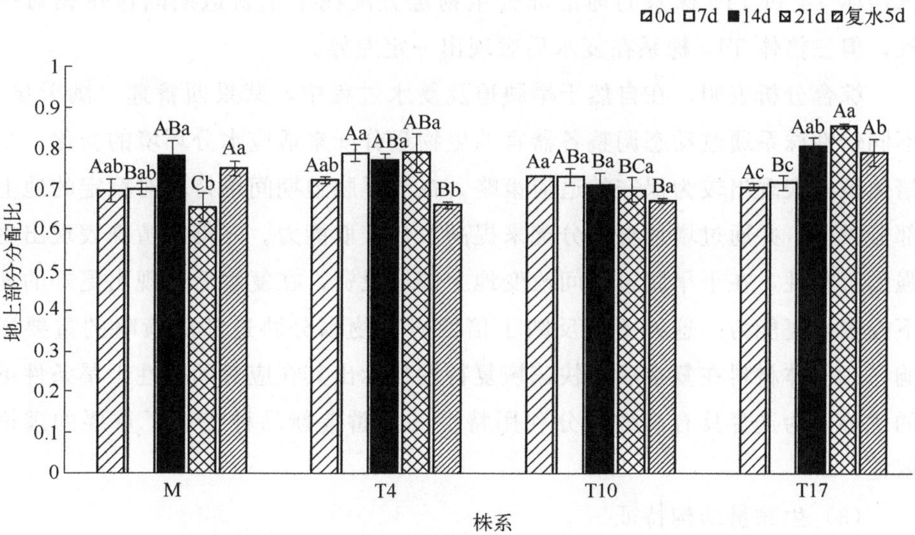

图 4-33 自然干旱胁迫下紫果西番莲‘满天星’二倍体和三倍体生物量分配的比较

叶生物量分配对自然干旱胁迫表现出较为复杂的响应模式。在正常水分条件下，紫果西番莲‘满天星’二倍体（M）与三倍体株系（T4、T10、T17）的茎生物量分配未表现出显著的差异（$p>0.05$）。随着干旱胁迫时间的延长，紫果西番莲‘满天星’二倍体（M）与三倍体T4株系的叶生物量分配呈现先上升后下降趋势，三倍体T10和T17株系表现为逐渐上升的趋势。在复水5d后，各株系的叶生物量分配相对于干旱胁迫21d均有明显下降，其中紫果西番莲‘满天星’三倍体 T4 和 T10 株系的下降幅度较为明显。在整个胁迫过程中，紫果西番莲‘满天星’三倍体 T17 的叶生物量分配较其他三倍体株系（T4、T10）或二倍体（M）低，且差异在干旱胁迫 7d 和 14d 达到显著水平（$p<0.05$）。

地上部分生物量分配比例的变化反映了植株对干旱胁迫的整体适应策略。在正常水分条件下，紫果西番莲‘满天星’二倍体（M）的地上部分生物量分配与三倍体各株系（T4、T10、T17）间均无显著差异（$p>0.05$）。随着干旱胁迫时间的延长，紫果西番莲‘满天星’二倍体（M）的地上部分生物量分配呈现先上升后下降趋势，三倍体 T17 株系表现为逐渐下降，而三倍体 T4 和 T10 株系变化不明显。在复水 5d 后，紫果西番莲‘满天星’三倍体各株系（T4、T10、T17）的地上部分生物量分配均有明显下降，其中三倍体 T4 和 T17 株系的下降程度较大，而二倍体（M）则有所上回升。三倍体 T4 和 T10 株系的地上部分生物量分配在干旱胁迫期间保持相对一致，但三倍体 T10 株系在复水后表现出一定差异。

综合分析表明，在自然干旱胁迫及复水过程中，紫果西番莲‘满天星’不同倍性株系通过动态调整各器官的生物量分配来适应水分环境的变化。二倍体植株表现出较为保守的适应策略，在干旱胁迫期间维持相对稳定的地上部分投资，并通过增加根系分配来提高水分获取能力。三倍体植株表现出更强的可塑性，在干旱胁迫期间改变地上部分投资，在复水后表现出更好的地下投资恢复能力。这种差异反映了倍性对植物水分胁迫适应策略的重要影响，三倍体材料在复水后的快速恢复特性显示出其在应对间歇性干旱条件下的优势，为选育具有高效水分利用特性的西番莲新品种提供了重要的理论依据。

(3) 生物量结构特征

根据图 4-34 所示，在自然干旱胁迫及复水过程中，紫果西番莲‘满天星’二倍体（M）与三倍体株系（T4、T10、T17）的根冠比呈现出明显的动态变化。在正常水分条件下，各株系的根冠比保持相对稳定且无显著差异（$p>0.05$）。随着干旱胁迫时间的延长，紫果西番莲‘满天星’三倍体 T10 株系的根冠比均表现出上升趋势，二倍体（M）的根冠比均表现出先下降后上升趋势，其中二倍体（M）在干旱胁迫 21d 时达到峰值，且显著高于三倍体各株系（$p<0.05$）。紫果西番莲‘满天星’三倍体株系中，T10 株系的上升幅度较为明显，T17 株系的下降幅度较为明显，而 T4 株系的响应相对

平缓。复水 5d 后，紫果西番莲‘满天星’三倍体各株系（T4、T10、T17）的根冠比均有不同程度上升，二倍体（M）表现为下降，且二倍体（M）的下降幅度大于三倍体上升幅度，表明紫果西番莲‘满天星’三倍体在根系维持方面更具稳定性。

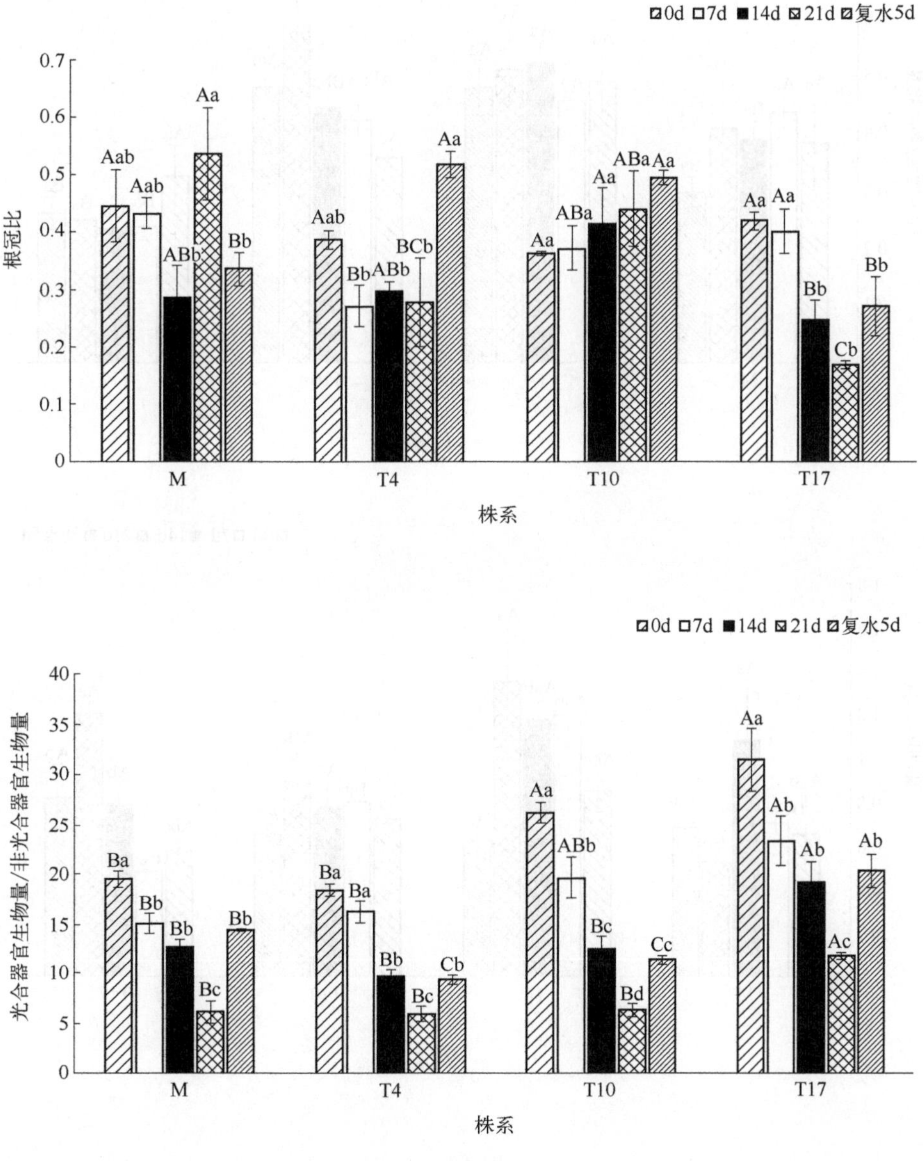

图 4-34

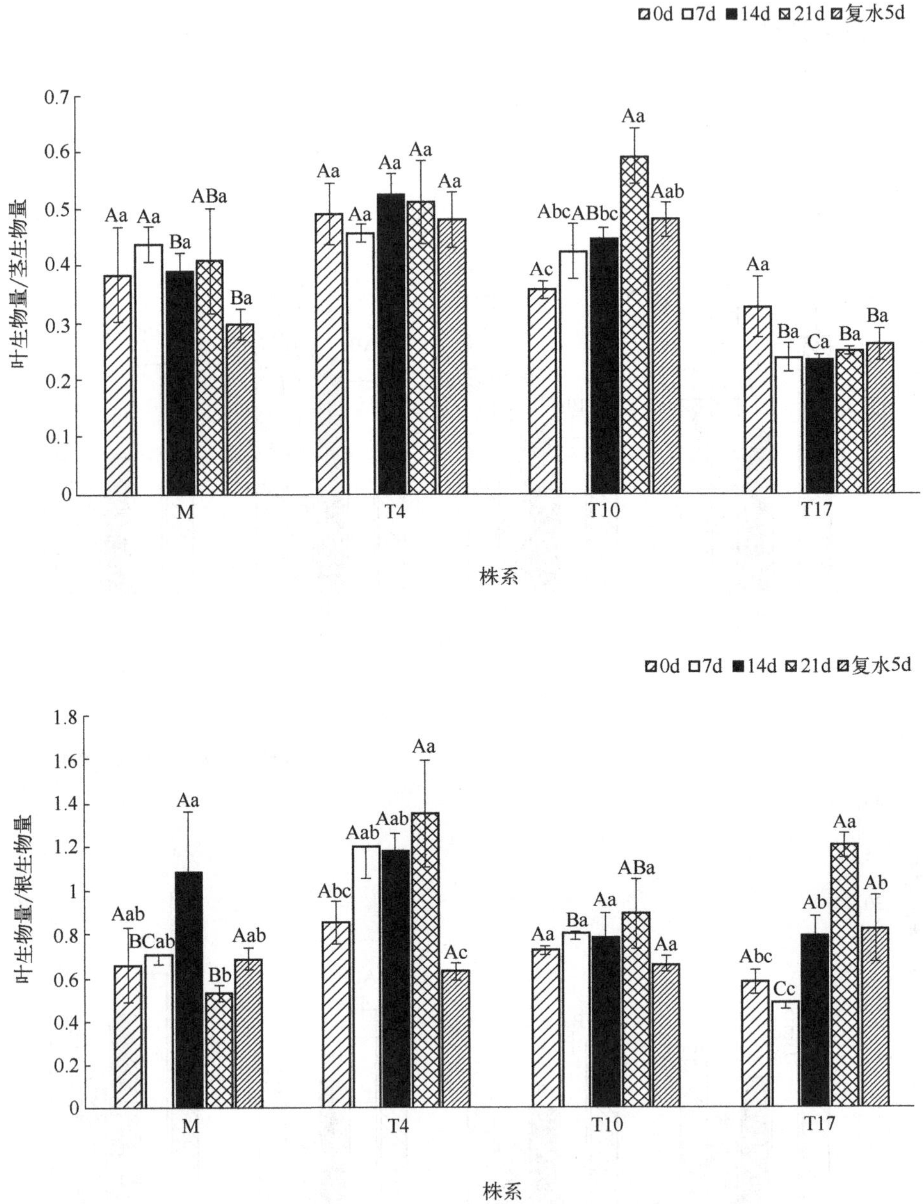
0d 7d 14d 21d 复水5d
叶生物量/茎生物量
M
T4
T10
T17
株系
0d 7d 14d 21d 复水5d
叶生物量/根生物量
M
T4
T10
T17
株系

图 4-34

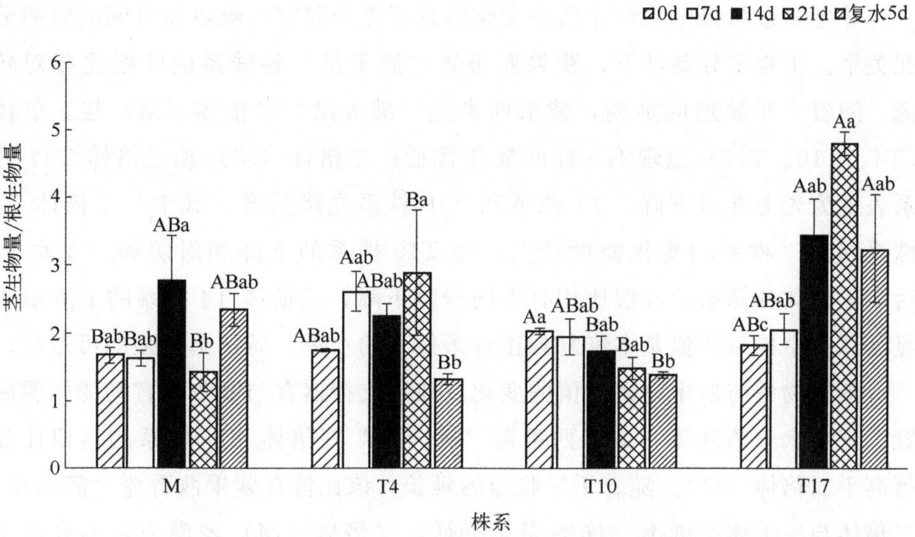

图 4-34　自然干旱胁迫下紫果西番莲‘满天星’二倍体和三倍体生物量结构特征的比较

光合器官与非光合器官生物量比值的变化反映了植株资源分配的整体策略。正常水分条件下，光合器官生物量与非光合器官生物量的比值表现为，紫果西番莲‘满天星’二倍体（M）和三倍体 T4 株系显著低于三倍体 T10 和 T17 株系（$p<0.05$）。随着干旱胁迫的加剧，该比值呈现较为相似的下降趋势，在干旱胁迫 21d 时达到最低值。其中，紫果西番莲‘满天星’三倍体 T4 和 T10 株系的下降幅度较大。复水 5d 后，各株系的光合器官比重均有明显恢复，紫果西番莲‘满天星’二倍体（M）和三倍体 T10 株系的恢复程度较明显，其比值已接近干旱胁迫初期 7d 时的水平，显示出较强的恢复能力。

叶生物量与茎生物量比值的变化揭示了地上部分器官间的协调关系。在整个胁迫过程中，该比值在紫果西番莲‘满天星’二倍体（M）及三倍体 T4 和 T17 株系保持相对稳定，未出现显著差异（$p>0.05$）。正常水分条件下，各株系的叶茎比处于平衡状态，差异不显著（$p>0.05$）。随着干旱胁迫的延长，紫果西番莲‘满天星’二倍体（M）的叶茎比呈现小幅下降再上升，而三倍体各株系（T4、T10、T17）则表现出不同的变化趋势：T4 株系先升后降，T10 株系持续上升，T17 株系则保持相对稳定。复水 5d 后，各株系的叶茎比均恢复到接近正常水平，其中三倍体 T10 株系的高于正常条件下的比值，表明地上部分器官间的平衡关系具有较强的恢复能力。

叶生物量与根生物量比值的变化体现了光合器官与吸收器官间的资源分配关系。正常水分条件下，紫果西番莲‘满天星’各株系的叶根比相对较低。随着干旱胁迫的加剧，紫果西番莲‘满天星’二倍体（M）与三倍体（T4、T10、T17）呈现不一样的变化特征：二倍体（M）和三倍体 T17 株系表现为先上升后下降，T4 株系和 T10 株系先降后升。其中，三倍体 T4 株系和 T17 株系的变化幅度较大，而 T10 株系的下降相对缓和。复水 5d 后，三倍体各株系的叶根比均有不同程度下降，三倍体 T4 株系的下降最为显著，几个株系的值基本恢复到正常条件下的水平，显示出较强的可塑性。

茎生物量与根生物量比值的变化反映了支持器官与吸收器官间的资源配置。正常水分条件下，紫果西番莲‘满天星’三倍体 T17 株系的茎根比显著高于二倍体（M）。随着干旱胁迫的延长，该比值在紫果西番莲‘满天星’二倍体与三倍体呈现不一样的变化特征：二倍体（M）表现为先上升后下降，三倍体 T4 表现为先下降后上升，三倍体 T10 株系表现为逐渐下降，三倍体 T17 株系表现为逐渐上升。其中，三倍体 T17 株系的变化幅度最大，而三倍体 T10 株系的变化较为平缓。复水 5d 后，三倍体各株系的茎根比均有明显下降，三倍体 T4 株系和 T17 株系的变化程度较大，表明三倍体在具有更强的恢复能力。

综合来看，在自然干旱胁迫及复水过程中，紫果西番莲‘满天星’不同倍性株系通过调节各器官间的生物量分配比例来应对水分环境变化。二倍体植株表现出较为稳健的适应策略，在干旱胁迫期间维持相对稳定的器官间比例，特别是在根冠比和茎根比方面显示出较强的稳定性。三倍体植株则表现出更高的可塑性，在复水后各器官比例的变化程度高于二倍体，其中 T10 株系叶根比和茎根比方面相对比较稳定。这些差异反映了倍性对植物水分胁迫适应策略的重要影响，三倍体材料在复水后的快速恢复能力显示出其在应对间歇性干旱条件方面的优势，为选育具有高效水分利用特性的西番莲新品种提供了重要的生理学依据。

4.2.2.2 自然干旱胁迫下紫果西番莲‘满天星’二倍体和三倍体生理特性响应

4.2.2.2.1 自然干旱胁迫下紫果西番莲‘满天星’二倍体和三倍体相对电导率变化

相对电导率（REC）可以反映干旱胁迫下质膜的渗透调节能力。如图 4-35 所示，在正常水分条件（0d）下和经过不同干旱胁迫时间处理后的两个不同倍性各株系之间的 REC，二倍体 M 株系均高于三倍体各株系，其中在干旱第 7d、21d 时及复水 5d 后二倍体大于三倍体各株系具有显著性，在同一倍性条件下，T17 高于 T4 高于 T10。在整个干旱胁迫处理过程中，二倍体和三倍体各株系叶片的 REC 呈现先下降后上升趋势。多重比较结果表明，在同一倍性下各处理间的 REC 有明显差异，在四个株系中均呈现干旱第 21d 胁迫显著高于其余胁迫处理的 REC。其中，二倍体 M 株系和三倍体 T10 株系均呈现干旱第 14d 胁迫显著高于干旱第 0d、7d 胁迫处理及复水 5d 处理的 REC；三倍体 T17 株系干旱第 14d 胁迫处理及复水 5d 处理显著高于干旱第 7d 胁迫处理的 REC，干旱第 0d 胁迫处理的 REC 与其余胁迫处理间均无显著差异；三倍体 T4 株系则是只有干旱第 21d 胁迫显著高于其余胁迫处理的 REC，其余处理间均无显著差异。总体上，二倍体 M 株系均高于三倍体各株系，而三倍体三个株系间 T17 高于 T4 高于 T10，说明干旱胁迫造成 M 株系的损伤最严重，其次是 T17 株系，证明其对干旱的耐性较差。

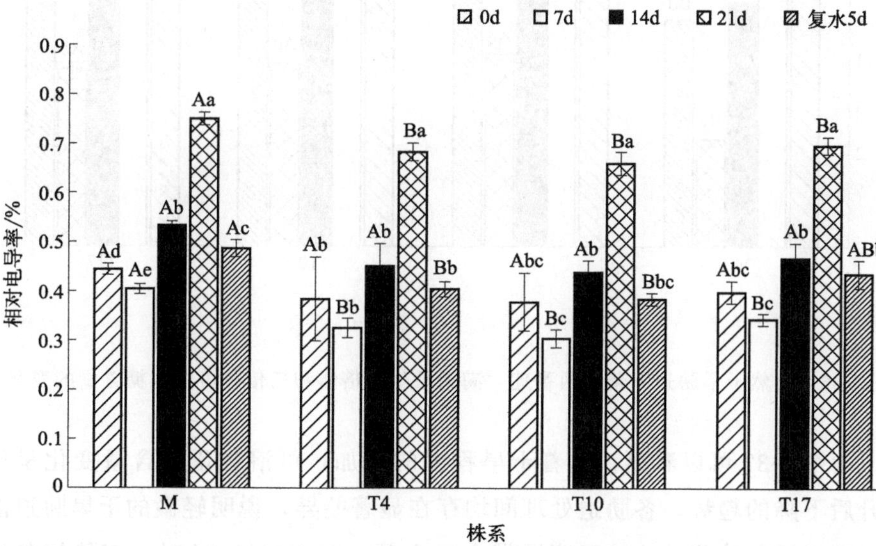

图 4-35　自然干旱胁迫下紫果西番莲‘满天星’二倍体和三倍体相对电导率的变化

4.2.2.2.2　自然干旱胁迫下紫果西番莲‘满天星’二倍体和三倍体渗透调节物质变化

不同倍性各株系‘满天星’幼苗叶片的可溶性糖和可溶性蛋白含量对自然干旱胁迫处理的响应不同。由图 4-36 可以看出，随着干旱程度的增加，可溶性糖含量变化呈一直下降的趋势，各胁迫处理间均存在显著差异。其中下降幅度最大的是干旱时间从 14d 增至 21d 时。在干旱第 0d、7d、21d 及复水 5d 时，三倍体三个株系的可溶性糖含量显著高于二倍体。三倍体 T17 株系的可溶性糖含量在干旱第 14d 时均显著高于 T4 和二倍体。在同一倍性下，各胁迫处理间的差异较为一致，复水 5d 后的可溶性蛋白含量与干旱第 14d 时的相近。整体上，正常水分条件（0d）、干旱前期及中期时三倍体 T17 株系的植株叶片可溶性糖含量较高，干旱后期三倍体 T4、T10 株系的植株叶片可溶性糖含量较高。

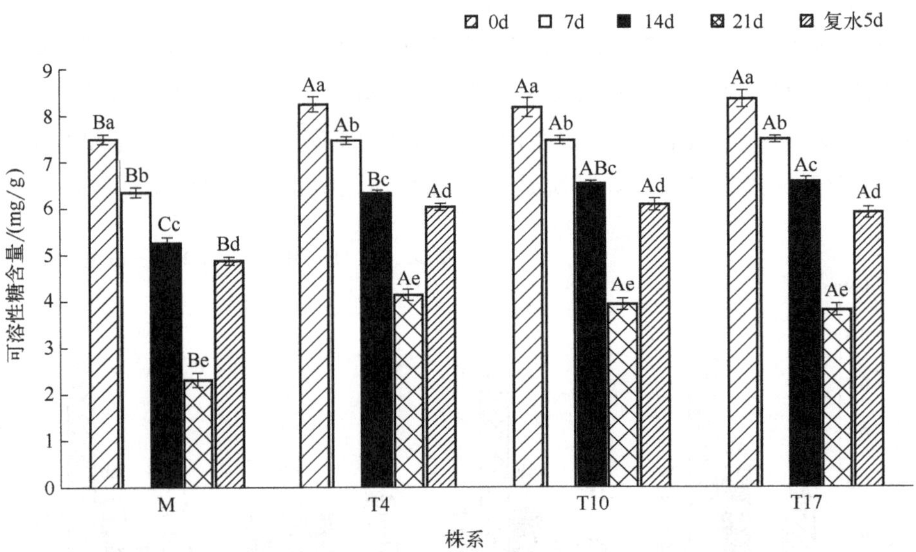

图 4-36　自然干旱胁迫下紫果西番莲‘满天星’二倍体和三倍体可溶性糖含量的变化

由图 4-37 可以看出，随着干旱程度的增加，可溶性蛋白含量变化呈先上升后下降的趋势，各胁迫处理间均存在显著差异，说明轻微的干旱胁迫能使‘满天星’幼苗叶片的可溶性糖含量上升。在干旱第 0d 时，三倍体各株系的可溶性蛋白含量显著高于 M。三倍体三个株系的可溶性蛋白含量在干旱第 7d、14d、21d 时均显著高于二倍体，三倍体三个株系间差异不明显。而在复水 5d 后则是三倍体 T4、T17 株系的可溶性蛋白含量显著高于 T10 和 M，且 T10 显著高于二倍体。在复水 5d 后，三倍体 T4 和 T17 的可溶性蛋白含量恢复最快，且均高于干旱第 14d 时的含量，以及 T17 株系的含量随着干旱胁迫加重变化最为稳定。

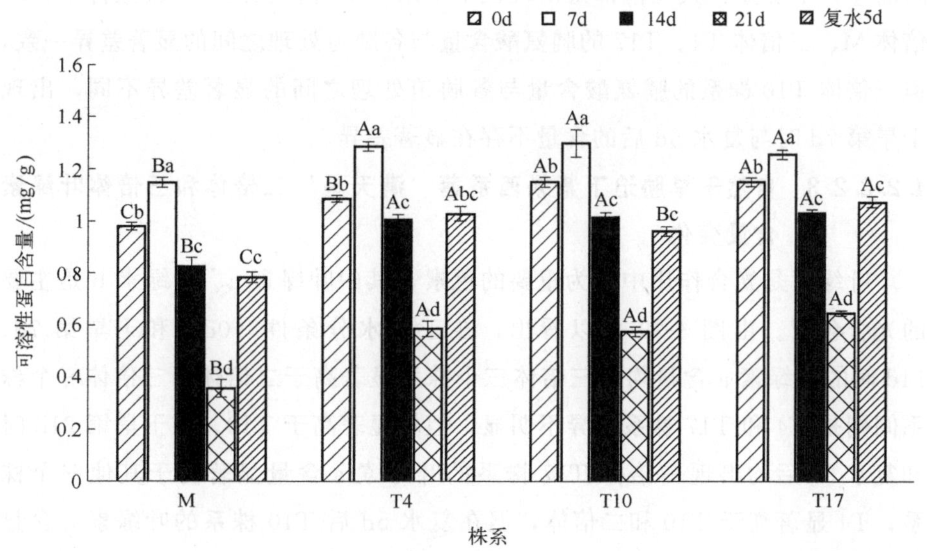

图 4-37 自然干旱胁迫下紫果西番莲‘满天星’二倍体和三倍体可溶性蛋白含量的变化

由图 4-38 可以看出，在正常水分条件（0d）下和干旱第 7d、14d、21d 时及复水 5d 后的脯氨酸含量三倍体各株系均高于二倍体，而三倍体各株系

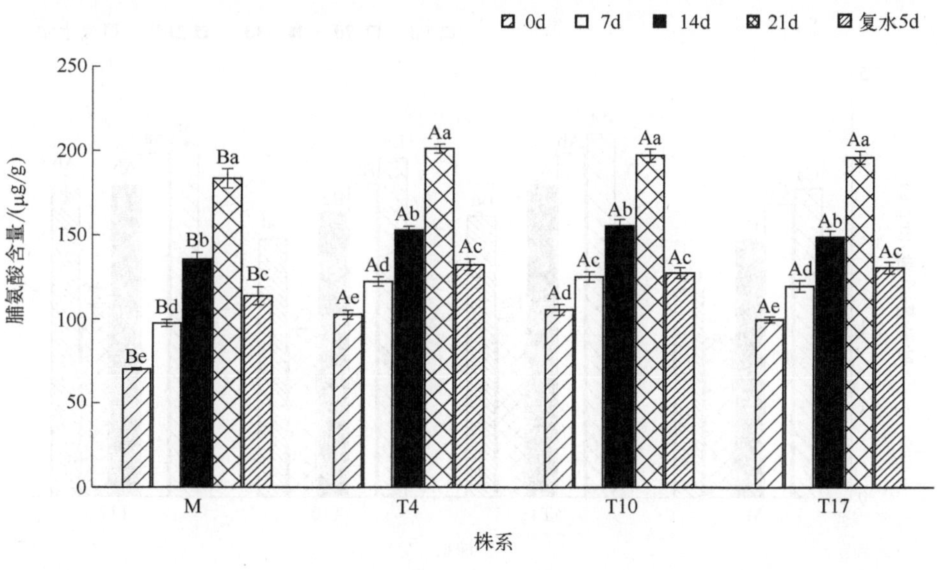

图 4-38 自然干旱胁迫下紫果西番莲‘满天星’二倍体和三倍体脯氨酸含量的变化

间的差异不明显，其峰值都是出现在干旱第21d时。在同一倍性条件下，二倍体M、三倍体T4、T17的脯氨酸含量与各胁迫处理之间的显著差异一致，但三倍体T10株系的脯氨酸含量与各胁迫处理之间的显著差异不同，出现干旱第7d时与复水5d后的含量不存在显著差异。

4.2.2.2.3 自然干旱胁迫下紫果西番莲‘满天星’二倍体和三倍体叶绿素含量变化

叶绿素是光合作用中最为重要的色素，其中叶绿素a、叶绿素b是主要的光合色素。由图4-39可以看出，在正常水分条件（0d）和干旱第7d、14d时的叶绿素a含量均是三倍体三个株系显著高于二倍体，三倍体三个株系间则是T4和T17株系差异不明显，但均显著高于T10。在干旱第21d时和复水5d后均出现三倍体T17株系的叶绿素a含量显著高于其他三个株系，T4显著高于T10和二倍体，但在复水5d后T10株系的叶绿素a含量也显著高于二倍体。二倍体和三倍体T4、T10株系间，叶绿素a含量随着干旱胁迫时间的延长出现各阶段都存在显著差异，而T17株系则在干旱第0d、7d时无显著差异，在干旱第14d时和复水5d后无显著差异，只有在干旱第21d时的叶绿素a含量显著低于其他各胁迫时间点的叶绿素a含量。说明三倍体T17株系的叶绿素a含量受干旱胁迫影响最小。

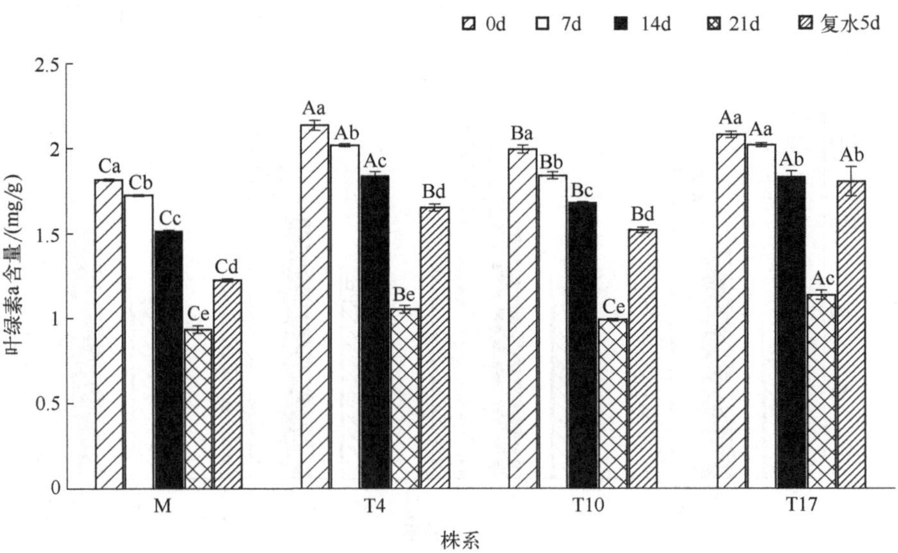

图4-39 自然干旱胁迫下紫果西番莲‘满天星’二倍体和三倍体叶绿素a含量的变化

由图 4-40 可以看出，在正常水分条件（0d）下的叶绿素 b 含量均是三倍体三个株系显著高于二倍体，在干旱第 7d 时的含量是 T4 显著高于 T10 和 T17 又显著高于二倍体，在干旱第 14d、21d 时的含量四个株系间均无显著差异，在复水 5d 后的含量则是 T4 和 T17 显著高于二倍体 M 株系，T10 的叶绿素 b 含量与其余倍性的均无显著差异。在同一倍性下多重比较分析得出，各株系随着干旱胁迫时间的延长，叶绿素 b 含量变化的显著差异一致，但从各胁迫处理的下降幅度比较看，从干旱第 0d 到第 7d 时的含量下降最小的是 T10 株系，从干旱第 7d 到第 14d 时的含量下降最小的是 T4 株系，从干旱第 14d 到第 21d 时的含量下降最小的是 T4 株系，且复水 5d 后叶绿素 b 含量恢复最快也是 T4。说明三倍体 T4 株系的叶绿素 b 含量受干旱胁迫影响最小。

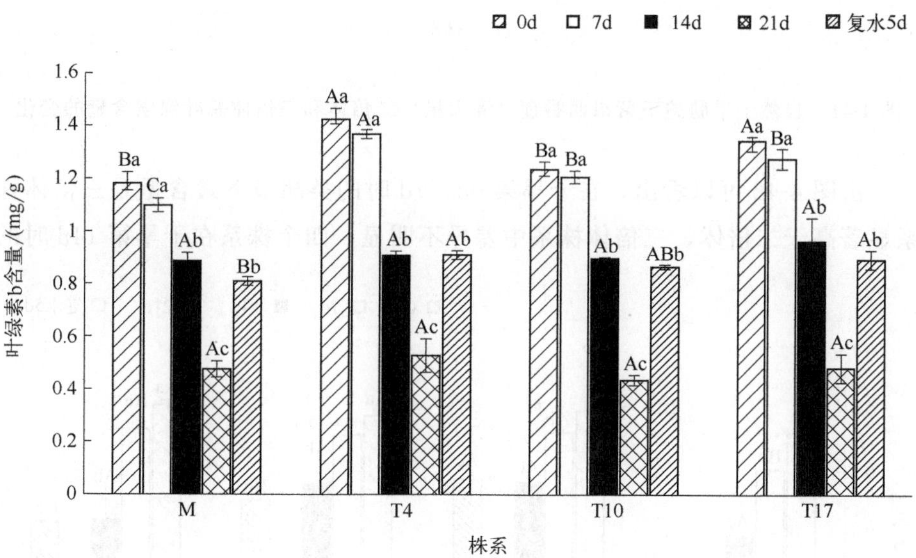

图 4-40　自然干旱胁迫下紫果西番莲‘满天星’二倍体和三倍体叶绿素 b 含量的变化

由图 4-41 可以看出，三倍体 T4 株系在各胁迫时间点及复水后的总叶绿素含量均显著高于其他三个株系，其次是 T17 株系。而且三倍体 T17 株系复水 5d 后的总叶绿素含量与干旱第 14d 时的无显著差异，其他株系均是干旱第 14d 时的总叶绿素含量显著高于复水后的含量。说明三倍体 T4 株系的叶绿素 b 含量受干旱胁迫影响最小，T17 次之。

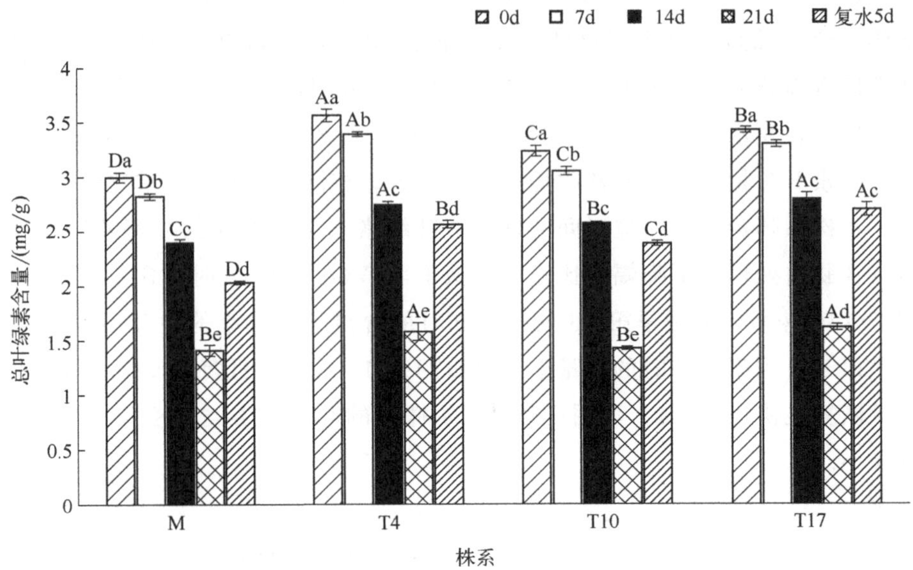

图 4-41　自然干旱胁迫下紫果西番莲‘满天星’二倍体和三倍体总叶绿素含量的变化

由图 4-42 可以看出，在干旱第 0d、7d 时的类胡萝卜素含量是三倍体株系显著高于二倍体，三倍体株系中差异不明显；四个株系在干旱第 14d 时的

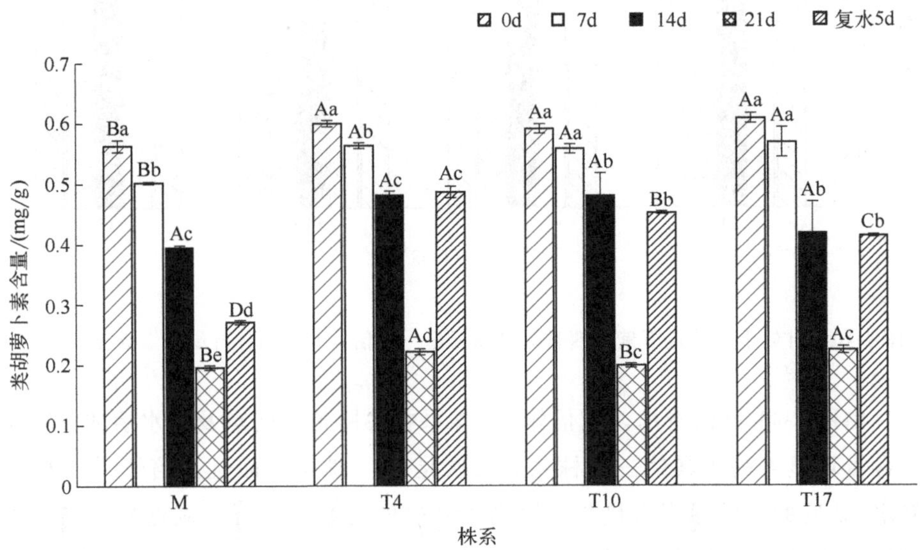

图 4-42　自然干旱胁迫下紫果西番莲‘满天星’二倍体和三倍体类胡萝卜素含量的变化

含量无显著差异；在干旱第 21d 时的含量 T4 和 T17 株系的含量显著高于 T10 和 M，两个株系间无显著差异；在复水 5d 后的含量则是 T4 显著高于其他三个株系，T10 也显著高于其他两个株系，T17 显著高于二倍体。而且三倍体 T4 株系的类胡萝卜素含量在各干旱胁迫处理间的变化差异最小，且复水后含量恢复最快。说明三倍体 T4 株系的叶绿素 b 含量受干旱胁迫影响最小，对二倍体 M 株系影响最大。

4.2.2.2.4 自然干旱胁迫下紫果西番莲‘满天星’二倍体和三倍体保护酶活性比较

由图 4-43 可以看出，在正常水分条件（0d）下和干旱第 7d、14d、21d 时及复水 5d 后的过氧化物酶活性（POD）三倍体各株系均显著高于二倍体；三倍体三个株系间，正常水分条件（0d）下 T4、T17 株系的 POD 均显著高于 T4，干旱第 7d、14d 时及复水 5d 后差异不明显，干旱第 21d 时 T17 显著高于 T10。在同一倍性下多重比较分析得出，各株系随着干旱胁迫时间延长，叶片的 POD 活性变化的显著差异一致，但增加幅度不同，从正常水分条件（0d）到干旱第 7d 时增幅最大是 T10，最小是 M，从干旱第 7d 到干旱第 14d 时增幅最大是 T4，最小是 M，从干旱第 14d 到干旱第 21d 时增幅最大是 M，最小是 T10，从干旱第 21d 到复水 5d 后下降幅度最大是 T17，其次是 T4。

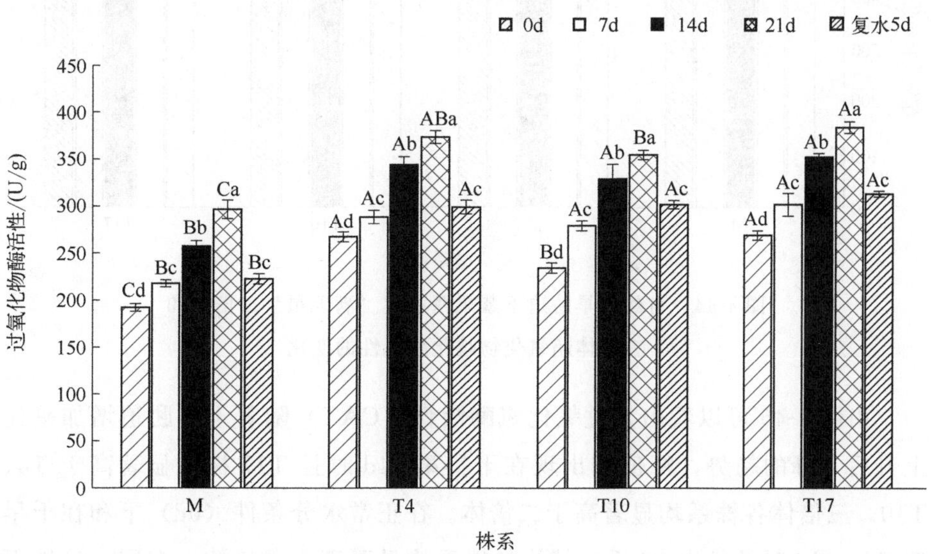

图 4-43 自然干旱胁迫下紫果西番莲‘满天星’二倍体和三倍体过氧化物酶活性的变化

由图 4-44 可以看出，超氧化物歧化酶活性（SOD）随着干旱胁迫增加呈先上升后下降的趋势，峰值均出现在干旱第 7d 时，且三倍体各株系的 SOD 活性均比二倍体高，具有显著差异。在同一倍性下多重比较分析得出，二倍体的 SOD 在干旱第 0d、7d、14d、21d 胁迫处理间均有显著差异，而三倍体的三个株系随着干旱胁迫时间延长叶片的 SOD 活性变化的显著差异一致，在干旱第 7d、14d、21d 之间的 SOD 差异不明显。在复水 5d 后 T4 的 SOD 活性显著高于 T10，T10 和 T17 差异不明显，T4 和 T17 差异也不明显，但三倍体各株系均显著高于二倍体 M 株系。在三倍体三个株系的各胁迫处理间的 SOD 活性变化幅度不同，从正常水分条件（0d）到干旱第 7d 时增幅最大是 T17，最小是 T4，从干旱第 7d 到干旱第 14d 时下降幅度最大是 T17，最小是 T4，从干旱第 14d 到干旱第 21d 时下降幅度最大是 T4，T10 和 T17 变化不大，从干旱第 21d 到复水 5d 后增幅变化不大。

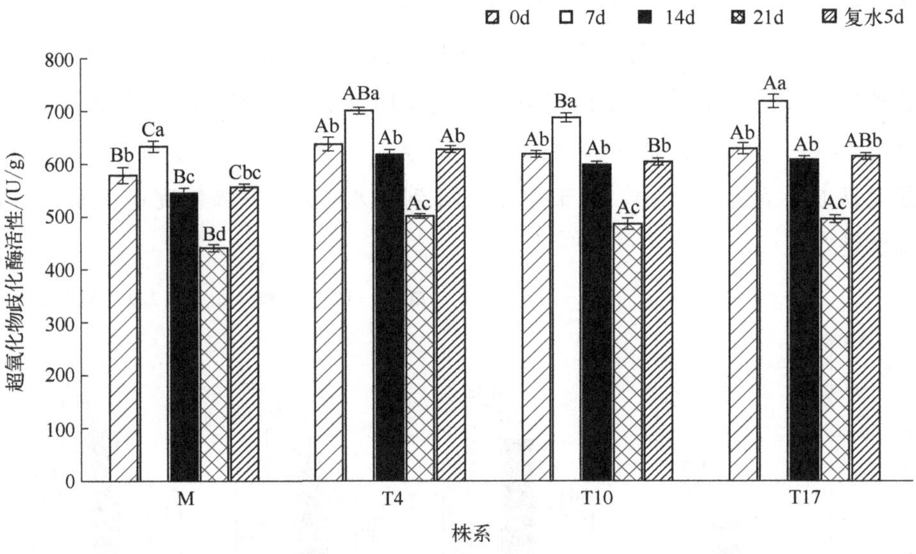

图 4-44 自然干旱胁迫下紫果西番莲‘满天星’二倍体和三倍体超氧化物歧化酶活性的变化

由图 4-45 可以看出，过氧化氢酶活性（CAT）随着干旱胁迫增加呈先上升后下降的趋势，峰值均出现在干旱第 14d 时且 T17 株系显著高于 T4、T10，三倍体各株系均显著高于二倍体。在正常水分条件（0d）下和在干旱第 7d、21d 时及复水 5d 后三倍体各株系均显著高于二倍体。在同一倍性下多重比较分析得出，二倍体的 CAT 在各胁迫处理间均有显著差异，而三倍体 T4 和 T10 株系的各胁迫处理间的显著差异相同，呈现在干旱第 14d 时显著高于复水 5d 后，复水 5d 后显著高于干旱第 7d 和干旱第 21d，干旱第 7d、21d 显著高于正常水分条件（0d）；T17 株系在干旱第 14d 时显著高于干旱第 7d、干旱第 21d 和复水 5d 后，这三个时间点胁迫的 CAT 又显著高于正常水分条件（0d）。总体上，三倍体各株系表现出比二倍体更具有较强的抗氧化防御系统，而三倍体中 T17 株系的抗氧化能更好。

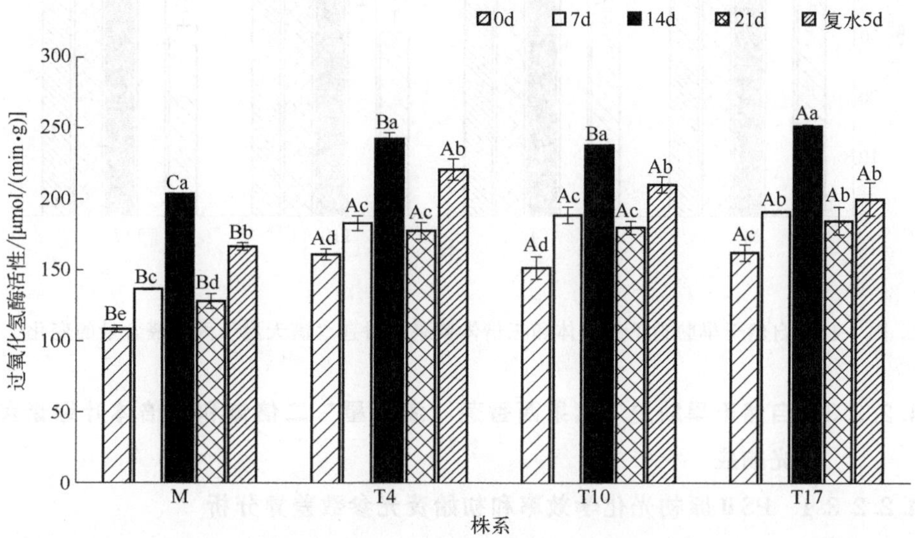

图 4-45　自然干旱胁迫下紫果西番莲‘满天星’二倍体和三倍体过氧化氢酶活性的变化

4.2.2.2.5　自然干旱胁迫下紫果西番莲‘满天星’二倍体和三倍体丙二醛含量比较

由图 4-46 可以看出，在正常水分条件（0d）下和干旱第 7d、14d、21d 时及复水 5d 后的丙二醛含量（MDA）三倍体各株系均低于二倍体，而三倍体各株系间的差异不明显，其峰值都是出现在干旱第 21d 时，最高是二倍体 M 株系 MDA 含量为 58.217nmol/g，最低则是三倍体 T10 株系；在复水 5d 后的 MDA 也是二倍体最高含量达到 48.9258nmol/g，最低则是三倍体 T10 株系，而 T4 和 T17 株系在各胁迫处理中的 MDA 含量处于中间。结果表明，在自然干旱胁迫下二倍体 M 株系的叶片膜损伤最严重，三倍体 T10 株系的叶片膜损伤最轻，则说明二倍体 M 株系的抗氧化能力最弱，三倍体 T10 株系的抗氧化能力最强，T4 和 T17 株系的抗氧化能力一般。

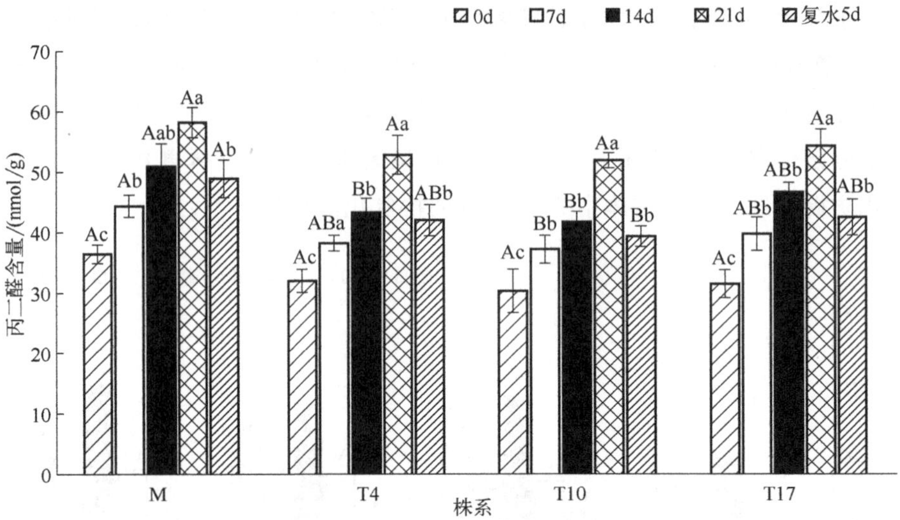

图 4-46　自然干旱胁迫下二倍体和三倍体紫果西番莲‘满天星’丙二醛含量的变化

4.2.2.3　自然干旱胁迫下紫果西番莲‘满天星’二倍体和三倍体叶绿素荧光响应

4.2.2.3.1　PSⅡ原初光化学效率和初始荧光参数差异分析

如表 4-1 所示，在各胁迫处理中的初始荧光（F_o）、最大荧光（F_m）、可变荧光（F_v）都是三倍体各株系显著高于二倍体 M 株系的，PSⅡ电子传递速率（F_m/F_o）、PSⅡ最大光化学效率（F_v/F_m）和 PSⅡ潜在活性（F_v/F_o）均呈现二倍体和三倍体株系间差异不明显。而在三倍体三个株系中，这 6 个叶绿素荧光参数的差异也是不显著，在干旱胁迫第 0d 时，这 6 个参数大多是 T4 株系高于 T17 和 T10 株系；在干旱第 7d 和 14d 时，F_o、F_m 和 F_v 出现 T4 株系高于 T17 和 T10 株系，F_m/F_o 和 F_v/F_m 参数 T17 高于 T4 株系和 T10 株系；这 6 个参数在干旱胁迫第 21d 时及复水 5d 后的差异不显著。在同一倍性条件下的多重比较结果可以看出，二倍体 M、三倍体 T4、T10、T17 株系都随着干旱胁迫加重 F_o、F_m、F_v、F_m/F_o、F_v/F_o 和 F_v/F_m 参数呈下降趋势，四个株系在各胁迫处理间均有显著差异，且在干旱胁迫第 21d 时各参数达到最小值，复水 5d 后各参数大多恢复到初始值附近。说明在干旱胁迫下，二倍体 M 株系的 PSⅡ原初光化学效率和初始荧光参数下降的比三倍体 T4、T10、T17 株系快，而三倍体中 T4 和

表 4-1 自然干旱胁迫下紫果西番莲‘满天星’二倍体和三倍体 PSⅡ原初光化学效率和初始荧光参数差异分析

处理	株系	F_o	F_m	F_v	F_m/F_o	F_v/F_m	F_v/F_o
干旱 0d	M	673.67±7.27Da	2194.17±18.57Ba	2253.83±16.1Ca	3.26±0.03Aa	1.03±0.01Aab	3.35±0.05Ba
	T4	721.17±3.07Aa	2361.33±7.87Aa	2485.17±3.97Aa	3.27±0.01Aa	1.05±0Aa	3.45±0.01Aa
	T10	688.33±4.06Ca	2326.33±15.97Aa	2404.17±20.96Ba	3.38±0.02Aa	1.03±0.01Aab	3.49±0.04Aa
	T17	704.50±1.86Ba	2360.83±49.85Aa	2440.00±7.80Ba	3.35±0.07Aa	1.04±0.03Aa	3.46±0.02Aa
干旱 7d	M	537.50±21.78Cb	1631.17±37.12Cc	1693.67±9.00Dc	3.05±0.08Aab	1.04±0.03Aab	3.18±0.14Aa
	T4	635.00±18.84Ab	1985.33±4.03Ac	2020.33±17.22Ac	3.14±0.09Aab	1.02±0.01ABb	3.20±0.10Ab
	T10	599.00±9.78ABb	1822.50±8.09Bc	1893.50±8.81Bc	3.05±0.05Ab	1.04±0.01Aab	3.17±0.06Ab
	T17	551.17±11.66BCb	1800.67±8.99Bc	1772.83±12.01Cc	3.28±0.08Aab	0.98±0.01Bb	3.22±0.07Aa
干旱 14d	M	348.50±11.73Bc	1027.83±9.13Cd	1004.33±1.50Cd	2.97±0.10Ab	0.98±0.01Bbc	2.90±0.10Ab
	T4	429.50±14.23Ac	1315.00±11.04Bd	1325.83±11.05Bd	3.08±0.09Aab	1.01±0.01Ab	3.10±0.10Ab
	T10	455.83±10.50Ac	1375.17±14.75Ad	1380.00±7.87Ad	3.02±0.05Ab	1.00±0.01ABb	3.03±0.06Ab
	T17	455.33±38.16Ac	1392.17±14.28Ad	1366.83±10.63Ad	3.16±0.24Aab	0.98±0.01ABb	3.10±0.24Aab
干旱 21d	M	280.17±6.07Bd	744.00±29.00Be	695.50±9.79Be	2.67±0.14Ac	0.94±0.04Ac	2.49±0.07Bc
	T4	362.33±11.10Ad	1056.67±10.75Ae	1015.00±10.26Ae	2.93±0.08Ab	0.96±0.01Ac	2.81±0.06Ac
	T10	373.83±15.9Ad	1103.33±12.76Ae	1012.83±9.38Ae	2.98±0.13Ab	0.92±0.02Ac	2.74±0.14ABc
	T17	364.33±7.77Ad	1078.33±11.39Ae	1005.67±16.12Ae	2.96±0.05Ab	0.93±0.01Ac	2.76±0.04Ab
复水 5d	M	658.00±8.53Ba	2027.00±13.80Bb	2152.33±11.21Bb	3.08±0.04Bab	1.06±0.01Aa	3.27±0.04Aa
	T4	707.50±16.61Aa	2243.00±10.48Ab	2335.50±10.71Ab	3.18±0.06ABa	1.04±0.01Ba	3.31±0.09Aab
	T10	687.33±10.14ABa	2245.5±11.88Ab	2357.33±13.52Ab	3.27±0.05Aa	1.05±0ABa	3.43±0.06Aa
	T17	684.50±7.22ABa	2227.50±8.12Ab	2343.00±9.94Ab	3.26±0.04Aab	1.05±0ABa	3.43±0.05Aa

注：不同大写字母表示同一胁迫下不同株系间的差异显著（$p<0.05$）；不同小写字母表示同一株系在不同胁迫下的差异显著（$p<0.05$）。

T17 株系比 T10 株系下降得慢，即在干旱胁迫下，三倍体 T4、T10、T17 株系受胁迫损伤的程度较二倍体 M 株系更小，三倍体中则是 T4 和 T17 株系受胁迫损伤的程度最小。

4.2.2.3.2 PSⅡ反应中心能量流动分配差异分析

如表 4-2 所示，二倍体、三倍体株系的 PSⅡ反应中心能量流动分配具有显著差异。在单位反应中心吸收的能量（ABS/RC）、单位反应中心耗散的能量（DI_o/RC）和单位反应中心捕获的能量（TR_o/RC）中，二倍体均显著大于三倍体各株系，最大值均出现在二倍体干旱第 0d 时，分别为 3.91、2.06、1.85，最小值均出现在三倍体 T4 株系的干旱第 21d 时，分别为 2.33、1.09、0.83。三倍体所有株系的单位反应中心传递的能量（EI_o/RC）显著小于二倍体，且三倍体各株系间在干旱第 21d 时均无显著差异，但在正常水分条件下（0d）、干旱第 7d 时及复水 5d 后均出现 T4 和 T17 显著高于 T10，在干旱第 14d 时则是 T4 和 T10 显著高于 T17。三倍体的电子传递的量子产额 ΦE_o 除在干旱第 21d 时无显著差异外，原初光化学反应的最大光化学效率 ΦP_o 除在复水 5d 后无显著差异外，其余处理均显著大于二倍体；ΦE_o 在干旱第 14d 时及复水 5d 后二倍体显著小于三倍体且三倍体各株系间均无显著差异，在 CK 的 ΦE_o 出现 T17 显著高于 T4 和 T10，在干旱第 7d 时 T17 显著大于 T4 又显著大于 T10；而 ΦP_o 则是在干旱第 21d 时，三倍体各株系间均无显著差异，在 CK 中出现 T4 显著小于 T10 和 T17，在干旱第 7d 时出现 T17 显著小于 T4 和 T10，在干旱第 14d 时出现 T17 显著大于 T4，T4 和 T10 之间差异不明显且 T10 和 T17 之间差异也不明显。随着自然干旱胁迫加重 ABS/RC、DI_o/RC、TR_o/RC 和 EI_o/RC 的这 4 个参数均呈先下降后上升的趋势，而 ΦE_o 和 ΦP_o 则是先上升后下降的趋势。综上，二倍体 PSⅡ反应中心能量转化优于三倍体，而三倍体各株系中 T4 和 T17 株系的 PSⅡ反应中心能量转化优于 T10 株系，且三倍体的 PSⅡ反应中心能量分配比率优于二倍体，以及三倍体各株系中 T4 和 T17 株系的 PSⅡ反应中心能量分配比率优于 T10 株系。

4.2.2.4 自然干旱胁迫下紫果西番莲‘满天星’二倍体和三倍体光合参数响应

4.2.2.4.1 净光合速率日变化

光是影响植物光合作用的重要因子，叶片净光合速率（Pn）、蒸腾速率（Tr）、气孔导度（Gs）和胞间二氧化碳浓度（Ci）是光合作用中的重要指标，

表 4-2 自然干旱胁迫下紫果西番莲‘满天星’二倍体和三倍体 PSⅡ反应中心能量流动分配差异分析

处理	株系	ABS/RC	DI_o/RC	TR_o/RC	ET_o/RC	ΦE_o	ΦP_o
干旱 0d	M	3.91±0.01Aa	2.06±0.01Aa	1.85±0.06Aa	0.92±0.01Aa	0.42±0.01Cd	0.44±0Cd
	T4	3.62±0.08Ba	1.90±0.07Ba	1.44±0.06Ba	0.81±0.05BCa	0.54±0.01Bd	0.56±0.02Bc
	T10	3.57±0.08Ba	1.88±0.02Ba	1.36±0.07Bab	0.73±0.03Ca	0.55±0.01Bc	0.63±0Ad
	T17	3.66±0.13Ba	1.74±0.03Ca	1.58±0.12Ba	0.90±0ABa	0.65±0.01Ac	0.64±0Ac
干旱 7d	M	3.40±0.15Ab	1.80±0.05Aab	1.37±0.13Ab	0.83±0.03Ab	0.55±0.01Dc	0.6±0.01Cc
	T4	3.22±0.15Ab	1.53±0.16Ab	1.16±0.06Ab	0.70±0.03Bb	0.70±0.01Bc	0.77±0.01Ab
	T10	3.24±0.18Aab	1.57±0.11Ab	1.16±0.04Abc	0.63±0Cb	0.64±0.01Cc	0.78±0.01Ac
	T17	3.18±0.13Ab	1.70±0.03Aa	1.24±0.05Ab	0.64±0.01BCc	0.76±0.01Ab	0.72±0.01Bb
干旱 14d	M	3.15±0.15Ab	1.51±0.15Abc	1.24±0.12Abc	0.66±0.02Ac	0.78±0.02Bb	0.72±0.01Cb
	T4	2.82±0.12Ac	1.24±0.01ABc	1.03±0.04Ab	0.60±0.02ABc	0.89±0.02Ab	0.82±0.02Bb
	T10	2.93±0.1Abc	1.22±0.13ABc	1.03±0.07Acd	0.56±0.04BCb	0.85±0.05ABb	0.85±0.03ABb
	T17	2.85±0.14Abc	1.17±0.05Bb	1.09±0.06Ab	0.5±0.01Cd	0.85±0.02ABb	0.89±0.01Aa
干旱 21d	M	2.82±0.08Ac	1.38±0.09Ac	0.96±0.01Ac	0.52±0.03Ad	0.83±0.01Aa	0.85±0.01Ba
	T4	2.33±0.13Bd	1.09±0.09Bc	0.83±0.04Bc	0.43±0.01Bd	1.03±0.08Aa	0.94±0.03Aa
	T10	2.63±0.12ABc	1.11±0.07Bc	0.84±0.04Bd	0.44±0.01Bc	1.06±0.09Aa	0.98±0.01Aa
	T17	2.65±0.09ABc	1.13±0.1ABb	0.89±0.02Ac	0.42±0.01Be	0.98±0.08Aa	0.91±0.04ABa
复水 5d	M	3.81±0.06Aa	1.96±0.16Aa	1.70±0.12Aa	0.87±0.02Aab	0.37±0.02Be	0.48±0.04Ad
	T4	3.63±0.13ABa	1.73±0.02ABab	1.47±0.07Aa	0.76±0.02BCab	0.42±0.01Ad	0.54±0.02Ac
	T10	3.40±0.09Ba	1.71±0.03ABab	1.42±0.12Aa	0.71±0.03Ca	0.42±0.02ABd	0.54±0.02Ae
	T17	3.65±0.15ABa	1.64±0.02Ba	1.59±0.02Aa	0.80±0.01ABb	0.41±0.01ABd	0.55±0.02Ad

注：不同大写字母表示同一胁迫下不同株系间的差异显著（$p<0.05$）；不同小写字母表示同一株系在不同胁迫下的差异显著（$p<0.05$）。

它的变化可以证明叶片的光合作用的能力。如表 4-3 所示，在同一倍性条件下，净光合速率在测定时间内二倍体和三倍体各株系均呈现先下降后上升的趋势。在正常水分条件下（0d）、干旱第 7d、14d、21d 时及复水 5d 后的 *P*n 均在早晨 9：00 时达到峰值，*P*n 的日变化呈“单峰”曲线，在下午 13：00 时出现最低值，有明显的午休现象。二倍体在正常水分条件下（0d）、干旱第 7d、14d、21d 时及复水 5d 后的 *P*n 均显著小于三倍体各株系，而三倍体各株系间呈现以下的情况：在正常水分条件下（0d）处理 7：00 时，T17 显著大于 T4，T10 处于两者之间无显著差异；9：00 和 13：00 时，T17 大于 T4，二者均显著大于 T10；11：00 时，T17 显著大于 T10，T4 处于两者之间无显著差异；15：00、17：00 和 19：00 时，T4、T10 和 T17 株系之间无显著差异。在干旱第 7d 处理 7：00、9：00、11：00、13：00、15：00、17：00 和 19：00 时，T4、T10 和 T17 株系之间无显著差异。在干旱第 14d 处理 7：00 时，T4 大于 T17，二者均显著大于 T10；11：00 时，T17 显著大于 T4 和 T10，T4 和 T10 之间无显著差异；9：00、15：00、17：00 和 19：00 时，T4、T10 和 T17 株系之间无显著差异。在干旱第 21d 处理 7：00 和 19：00 时，T17 显著大于 T4 和 T10，T4 和 T10 之间无显著差异；9：00 时，T4 大于 T17，二者均显著大于 T10；11：00、13：00、15：00 和 17：00 时，T4、T10 和 T17 株系之间无显著差异。在复水 5d 后处理 7：00 时，T10 大于 T17，二者均显著大于 T4；9：00 时 T10 显著大于 T4 和 T17，T4 和 T17 之间无显著差异；13：00 和 19：00 时，T17 显著大于 T4 和 T10，T4 和 T10 之间无显著差异；11：00、15：00 和 17：00 时，T4、T10 和 T17 株系之间无显著差异。三倍体最大和最小 *P*n 均出现在 T10 株系，分别为 19.2653μmol/(m^2 · s) 和 0.0032μmol/(m^2 · s)，二倍体最大和最小 *P*n 分别为 16.1244μmol/(m^2 · s) 和 0.0029μmol/(m^2 · s)，速率较二倍体分别提高了 19.48%和 10.34%，说明三倍体 T10 和 T17 株系的 *P*n 在复水后恢复最快，二倍体最慢。

4.2.2.4.2 蒸腾速率日变化

如表 4-4 所示，在同一倍性条件下，蒸腾速率（*T*r）在测定时间内二倍体和三倍体各株系均呈现先下降后上升的趋势。早晨气孔开始张大光合作用则逐渐增强，在正常水分条件下（0d）、在干旱第 7d、21d 均在 9：00 时达到峰值，在干旱第 14d 及复水 5d 后均在 7：00 时达到峰值，出现这个现象的原因可能是在干旱第 14d 及复水 5d 后的测定净光合速率数据，当天早晨

表 4-3 自然干旱胁迫下紫果西番莲‘满天星’二倍体和三倍体净光合速率的日变化

处理	时间/h	M	T4	T10	T17
干旱 0d	7:00	14.9115±0.22Ca	17.1493±0.11Ba	17.5465±0.18ABa	18.0239±0.30Aa
	9:00	18.3361±0.12Ca	21.0005±0.11Aa	19.7852±0.19Ba	20.6843±0.25Aa
	11:00	13.6250±0.32Ca	16.7783±0.28ABa	16.0561±0.19Ba	17.2095±0.42Aa
	13:00	4.0949±0.10Ca	6.6644±0.11Aa	6.0978±0.14Ba	6.5322±0.12Aa
	15:00	5.4123±0.16Ba	7.3178±0.10Aa	7.1153±0.14Aa	7.4340±0.16Aa
	17:00	6.4596±0.14Ba	8.4306±0.09Aa	8.5094±0.14Aa	8.6557±0.22Aa
	19:00	0.0031±0Ba	0.0039±0.0001Aa	0.0038±0.0001Aa	0.0041±0.0001Aa
干旱 7d	7:00	12.9931±0.22Bb	15.4102±0.74Ab	15.0224±0.26Ab	15.7813±0.33Ab
	9:00	16.9951±0.29Bb	18.6247±0.25Ab	17.9861±0.24Ab	18.6093±0.19Ab
	11:00	11.8155±0.23Bb	14.4934±0.30Ab	14.5842±0.12Ab	14.7143±0.23Ab
	13:00	3.1532±0.19Bb	5.5242±0.18Ab	4.9807±0.12Ab	5.1482±0.38Ab
	15:00	4.3631±0.05Bb	6.4524±0.12Ab	6.5437±0.16Aab	6.6215±0.16Ab
	17:00	5.4504±0.05Bb	7.4178±0.09Ab	7.4924±0.15Ab	7.5944±0.14Ab
	19:00	0.0027±0.0001Bb	0.0033±0.0001Ab	0.0034±0.0001Ab	0.0035±0.0001Ab
干旱 14d	7:00	11.0212±0.42Cc	14.1383±0.15Ac	13.0372±0.17Bc	13.9968±0.34Ac
	9:00	14.1533±0.32Bd	16.8398±0.15Ac	16.971±0.26Ac	17.0568±0.20Ac
	11:00	9.5865±0.10Cc	12.1525±0.18Bc	12.0961±0.22Bc	12.9819±0.42Ac
	13:00	2.1639±0.43Bc	4.0644±0.32Ac	3.7690±0.21Ac	4.6437±0.24Ab

续表

处理	时间/h	M	T4	T10	T17
干旱 14d	15:00	3.6557±0.12Bc	5.4155±0.26Ac	5.2542±0.34Ac	5.6767±0.19Ac
	17:00	4.0256±0.33Bc	6.6258±0.16Ac	6.3608±0.10Ac	6.5459±0.16Ac
	19:00	0.0025±0.0001Bc	0.0030±0.0002Ac	0.0029±0.0001Ac	0.0033±0.0002Ac
干旱 21d	7:00	8.1959±0.14Cd	10.7431±0.23Bd	11.2532±0.48ABd	11.9803±0.39Ad
	9:00	10.7615±0.20Ce	14.8814±0.13Ad	13.7596±0.28Bd	14.7461±0.29Ad
	11:00	6.3791±0.17Bd	9.3509±0.26Ac	9.5120±0.12Ad	9.5376±0.18Ad
	13:00	1.1937±0.06Bd	2.9804±0.27Ad	3.0250±0.14Ad	3.2649±0.16Ac
	15:00	1.9907±0.20Bd	3.3194±0.16Ad	3.3762±0.14Ad	3.6379±0.19Ad
	17:00	2.7557±0.25Bd	4.9228±0.22Ad	4.7890±0.10Ad	5.1986±0.16Ad
	19:00	0.0012±0.0002Cd	0.0023±0.0002Bd	0.0023±0.0001Bd	0.0029±0.0002Ad
复水 5d	7:00	13.8078±0.36Cb	15.6131±0.26Bb	16.9326±0.33Aa	16.7753±0.40Ab
	9:00	16.1244±0.19Cc	18.7243±0.17Bb	19.2653±0.07Aa	18.7162±0.24Bb
	11:00	11.2386±0.30Bb	14.0935±0.17Ac	13.9784±0.27Ad	14.2541±0.17Ab
	13:00	3.8976±0.38Cab	5.3639±0.25ABb	5.0664±0.17Bb	5.9281±0.26Aa
	15:00	4.0860±0.18Bbc	6.8179±0.26Aab	6.4951±0.13Ab	6.7993±0.09Ab
	17:00	5.4287±0.11Bb	7.6571±0.14Ab	7.6505±0.13Ab	7.8239±0.08Ab
	19:00	0.0029±0.0001Bb	0.0038±0.0001Ab	0.0032±0.0001Bb	0.0037±0.0001Ab

注：不同大写字母表示同一胁迫下同一时间点不同株系间差异显著（$p<0.05$）；不同小写字母表示同一株系同一时间点不同胁迫下的差异显著（$p<0.05$）。

表 4-4　自然干旱胁迫下紫果西番莲‘满天星’二倍体和三倍体蒸腾速率的日变化

处理	时间/h	M	T4	T10	T17
干旱 0d	7:00	0.0036±0.0004Bc	0.0043±0.0002Ac	0.0042±0Ac	0.0045±0.0001Ac
	9:00	0.0058±0.0002Ba	0.0067±0.0002Aa	0.0066±0.0003Aa	0.0068±0.0002Aa
	11:00	0.0035±0.0001Ba	0.0046±0.0001Aa	0.0043±0.0001Aa	0.0045±0.0001Aa
	13:00	0.0021±0.0001Ba	0.0031±0.0001Aa	0.0031±0.0001Aa	0.0033±0.0002Aa
	15:00	0.0023±0.0001Ca	0.0035±0.0001Aa	0.0032±0.0001Ba	0.0035±0.0001Aba
	17:00	0.0027±0.0001Ba	0.0036±0.0001Aa	0.0034±0.0001Aa	0.0038±0.0001Aa
	19:00	0.0031±0Ba	0.0039±0.0001Aa	0.0038±0.0001Aa	0.0041±0.0001Aa
干旱 7d	7:00	0.0030±0.0002Bc	0.0037±0.0001Ad	0.0037±0.0001Ad	0.0038±0.0001Ad
	9:00	0.0052±0.0001Bb	0.0063±0.0001Aa	0.0066±0.0002Aa	0.0064±0.0001Aa
	11:00	0.0029±0Ab	0.0029±0Ad	0.0029±0Ad	0.0029±0Ad
	13:00	0.0017±0.0001Bb	0.0027±0.0001Ab	0.0024±0.0001Ab	0.0026±0.0001Ab
	15:00	0.0019±0.0001Bb	0.0028±0.0001Ab	0.0026±0.0001Ab	0.0028±0.0001Ab
	17:00	0.0023±0.0001Ca	0.0030±0.0001Bb	0.0033±0.0002Aba	0.0034±0.0001Aab
	19:00	0.0027±0.0001Bab	0.0033±0.0001Abc	0.0034±0.0001Ab	0.0035±0.0001Abc
干旱 14d	7:00	0.0052±0.0001Bb	0.0063±0.0001Ab	0.0066±0.0002Ab	0.0064±0.0001Ab
	9:00	0.0043±0.0001Bc	0.0049±0.0008ABb	0.0052±0.0004ABb	0.0056±0.0002Ab
	11:00	0.0022±0.0001Bc	0.0032±0Ac	0.0034±0.0001Ac	0.0033±0.0001Ac
	13:00	0.0013±0Bc	0.0021±0.0001Ac	0.0023±0.0001Ab	0.0021±0.0002Ac

续表

处理	时间/h	M	T4	T10	T17
干旱 14d	15:00	0.0016±0.0002Bc	0.0025±0.0001Ac	0.0021±0.0001Ab	0.0023±0.0002Ac
	17:00	0.0019±0.0001Bb	0.0027±0.0001Ab	0.0028±0.0002Abc	0.0027±0.0002Ac
	19:00	0.0025±0.0001Bb	0.0030±0.0002Ac	0.0029±0.0001Ac	0.0033±0.0002Ac
干旱 21d	7:00	0.002±0.0002Cd	0.0029±0.0001Ae	0.0021±0.0003BCe	0.0027±0.0002Abe
	9:00	0.0024±0.0002Cd	0.0036±0.0001Ac	0.0031±0.0001Bc	0.0035±0.0001Ac
	11:00	0.0014±0.0001Cd	0.0022±0.0001Ae	0.002±0Be	0.0023±0.0001Ae
	13:00	0.0007±0.0001Cd	0.0016±0ABd	0.0013±0.0001Bc	0.0018±0.0002Ac
	15:00	0.0011±0.0001Bd	0.0017±0.0001Ad	0.0015±0.0001Ac	0.0017±0.0001Ac
	17:00	0.0015±0.0001Cc	0.0022±0.0001Bc	0.0025±0.0001Ac	0.0025±0.0001Ac
	19:00	0.0012±0.0002Cc	0.0023±0.0002Bd	0.0023±0.0001Bd	0.0029±0.0002Ad
复水 5d	7:00	0.0069±0.0001Ca	0.0076±0.0001Ba	0.0084±0.0001Aa	0.0081±0.0001Aa
	9:00	0.0055±0.0001Cab	0.0067±0.0001Aa	0.0061±0.0002Ba	0.0067±0.0001Aa
	11:00	0.0032±0.0001Cb	0.0041±0.0001Ab	0.0037±0.0001Bb	0.0040±0.0001Ab
	13:00	0.0017±0.0001Cb	0.0028±0.0001Ab	0.0024±0.0002Bb	0.0027±0.0001Abb
	15:00	0.0022±0.0001Bb	0.0029±0.0001Ab	0.0027±0.0001Ab	0.0028±0.0001Ab
	17:00	0.0024±0.0001Ba	0.0030±0.0001Ab	0.0031±0.0001Aab	0.0033±0.0001Ab
	19:00	0.0029±0.0001Ba	0.0038±0.0001Aab	0.0032±0.0001Bbc	0.0037±0.0001Ab

注：不同大写字母表示同一胁迫下同一时间点不同株系间差异显著（$p<0.05$）；不同小写字母表示同一株系同一时间点不同胁迫下的差异显著（$p<0.05$）。

7：00 时的光照强度就已经达到很高，整体上 Pn 的日变化呈"单峰"曲线，在下午 13：00 时出现最低值，有明显的午休现象。二倍体除了在干旱第 7d 处理 11：00 时，四个株系的 Tr 不存在显著差异外，其余在正常水分条件下（0d）、干旱第 7d、14d、21d 时及复水 5d 后的 Tr 均显著小于三倍体各株系，而三倍体各株系间呈现以下的情况：在正常水分条件下（0d）处理 7：00、9：00、11：00、13：00、15：00、17：00 和 19：00 时，T4、T10 和 T17 株系之间无显著差异。在干旱第 7d 处理 7：00、9：00、11：00、15：00 和 19：00 时，T4、T10 和 T17 株系之间无显著差异，17：00 时，T10 和 T17 差异不明显，均显著大于 T4。在干旱第 14d 处理 7：00、9：00、11：00、13：00、15：00、17：00 和 19：00 时，T4、T10 和 T17 株系之间无显著差异。在干旱第 21d 处理 7：00、9：00 和 11：00 时，T4 和 T17 显著大于 T10，T4 和 T17 之间无显著差异；13：00 时 T17 大于 T4，二者均显著大于 T10；15：00 时，T4、T10 和 T17 株系之间无显著差异；17：00 时，T10 和 T17 显著大于 T4，T10 和 T17 之间无差异；19：00 时，T17 显著大于 T4 和 T10，T4 和 T10 之间无显著差异。在复水 5d 后处理 7：00 时，T17 大于 T10，二者均显著大于 T4；9：00、11：00、13：00 和 19：00 时，T4 大于 T17，二者均显著大于 T10；15：00 和 17：00 时，T4、T10 和 T17 之间无显著差异。三倍体最大和最小 Tr 出现在 T4 和 T17 株系为 0.0067μmol/(m^2·s)，最小 Tr 出现在 T10 株系为 0.0032μmol/(m^2·s)，二倍体最大和最小 Tr 分别为 0.0055μmol/(m^2·s) 和 0.0029μmol/(m^2·s)，速率较二倍体分别提高了 21.82% 和 10.34%，说明三倍体 T4 和 T17 株系的 Tr 在复水后恢复最快，二倍体最慢。

4.2.2.4.3 气孔导度日变化

如表 4-5 所示，在同一倍性条件下，气孔导度（Gs）在测定时间内二倍体和三倍体各株系均呈现先下降后上升的趋势。在正常水分条件下（0d）、干旱第 7d、14d、21d 时及复水 5d 后的 Pn 均在早晨 9：00 时达到峰值，Pn 的日变化呈"单峰"曲线，在下午 13：00 时出现最低值，有明显的午休现象。二倍体除了在干旱第 14d 处理 11：00 时，四个株系的 Gs 不存在显著差异外，其余在正常水分条件下（0d）、干旱第 7d、14d、21d 时及复水 5d 后的 Gs 均显著小于三倍体各株系，而三倍体各株系间呈现以下的情况：在正常水分条件下（0d）处理 7：00、9：00、11：00、13：00 和 15：00 时，T4、T10 和 T17 株系之间无显著差异；17：00 时，T17 大于 T4，

表 4-5　自然干旱胁迫下紫果西番莲‘满天星’二倍体和三倍体气孔导度的日变化

处理	时间/h	M	T4	T10	T17
干旱 0d	7:00	0.8054±0.0116Ba	0.9525±0.0107Aa	0.9496±0.0151Aa	0.9698±0.011Aa
	9:00	0.9685±0.0063Ba	1.0026±0.0322Aa	1.0496±0.0445Ab	1.0657±0.0353Ab
	11:00	0.4063±0.0152Ba	0.5541±0.0118Aa	0.5375±0.0114Aa	0.5673±0.0155Aa
	13:00	0.1721±0.0136Ba	0.2720±0.012Aa	0.2630±0.0137Aa	0.2916±0.0091Aa
	15:00	0.2422±0.0118Ba	0.3597±0.0119Aa	0.3652±0.0113Aa	0.3704±0.0112Aa
	17:00	0.2942±0.0131Ca	0.4237±0.014Aba	0.3978±0.0076Ba	0.4383±0.0073Aa
	19:00	0.3478±0.0116Ca	0.4765±0.0128Aa	0.4593±0.0132ABa	0.4375±0.0107Ba
干旱 7d	7:00	0.6494±0.0189Bc	0.7591±0.0104Ac	0.7445±0.0081Ac	0.7333±0.0157Ac
	9:00	0.7343±0.0151Cc	0.8617±0.0097ABa	0.8338±0.0078Bb	0.8735±0.0144Ab
	11:00	0.3323±0.0095Cb	0.4676±0.0135ABb	0.4456±0.0083Bb	0.4930±0.0108Aab
	13:00	0.1342±0.0129Bab	0.2061±0.0127Ab	0.2453±0.0117Aa	0.2349±0.0176Ab
	15:00	0.2081±0.0084Ca	0.3240±0.0117Ab	0.2750±0.0185Bb	0.3351±0.0151Aa
	17:00	0.2452±0.0145Bb	0.3663±0.0123Ab	0.3471±0.0113Ab	0.3800±0.0079Ab
	19:00	0.2983±0.0189Bb	0.4011±0.0099Ab	0.3994±0.0124Ab	0.4187±0.0051Aa
干旱 14d	7:00	0.4636±0.0136Bd	0.5402±0.0136Ad	0.5346±0.0151Ad	0.5506±0.0137Ad
	9:00	0.5339±0.0114Bd	0.6560±0.0152Ab	0.6490±0.0105Ac	0.6819±0.0125Ac
	11:00	0.3072±0.0101Ab	0.4285±0.0133Ab	0.3075±0.0615Ac	0.4429±0.069Ab
	13:00	0.0983±0.0127Bb	0.1528±0.0127Ac	0.1492±0.0139Ab	0.1640±0.0126Ac

续表

处理	时间/h	M	T4	T10	T17
干旱 14d	15:00	0.1589±0.0143Bb	0.2772±0.0114Ac	0.2419±0.0156Abc	0.2663±0.0138Ab
	17:00	0.1969±0.0069Cc	0.3198±0.018ABc	0.2883±0.0077Bc	0.3378±0.0143Ac
	19:00	0.2257±0.0077Bc	0.3590±0.0115Ac	0.3485±0.011Ac	0.3681±0.0144Ab
干旱 21d	7:00	0.2389±0.0145Be	0.3346±0.0109Ae	0.3451±0.014Ae	0.3513±0.0138Ae
	9:00	0.3430±0.0152Be	0.4703±0.0116Ac	0.4496±0.0125Ad	0.4820±0.0114Ad
	11:00	0.0836±0.0122Bc	0.2149±0.0167Ac	0.1971±0.0147Ad	0.2350±0.0093Ac
	13:00	0.0401±0.014Bc	0.1125±0.0042Ad	0.1341±0.0189Ab	0.1205±0.0058Ad
	15:00	0.1149±0.0056Bc	0.2231±0.0091Ad	0.2075±0.0084Ac	0.2316±0.0112Ab
	17:00	0.1524±0.0089Bd	0.2616±0.0086Ad	0.2742±0.0083Ac	0.2715±0.0086Ad
	19:00	0.1695±0.0135Bd	0.3028±0.0128Ad	0.2802±0.0093Ad	0.3169±0.017Ac
复水 5d	7:00	0.7525±0.0129Bb	0.8438±0.0124Ab	0.8383±0.0018Ab	0.8626±0.0149Ab
	9:00	0.8606±0.0121Bb	0.8900±0.0153Ba	0.9281±0.013Aa	0.9524±0.0106Aa
	11:00	0.4058±0.0141Ba	0.5475±0.0146Aa	0.5745±0.0076Aa	0.5626±0.0178Aa
	13:00	0.1543±0.0103Ba	0.2432±0.0082Aa	0.2304±0.0043Aa	0.2527±0.0229Aab
	15:00	0.2134±0.0161Ba	0.3414±0.0111Aab	0.3565±0.0092Aa	0.3578±0.0116Aa
	17:00	0.2387±0.012Bb	0.3659±0.0122Ab	0.3509±0.0110Ab	0.3810±0.0110Ab
	19:00	0.2815±0.0065Cb	0.4286±0.0159Ab	0.4079±0.0133Ab	0.3650±0.0187Bb

注：不同大写字母表示同一胁迫下同一时间点不同株系间差异显著（$p<0.05$）；不同小写字母表示同一株系同一时间点不同胁迫下的差异显著（$p<0.05$）。

二者均显著大于 T10；19：00 时，T4 显著大于 T17，T10 与 T4 和 T17 均无显著差异。在干旱第 7d 处理 7：00、13：00、17：00 和 19：00 时，T4、T10 和 T17 株系之间无显著差异；9：00 和 11：00 时，T17 显著大于 T4 和 T10，T4 和 T10 无显著差异；15：00 时，T17 大于 T4，二者显著大于 T10。在干旱第 14d 处理 7：00、9：00、11：00、13：00、15：00 和 19：00 时，T4、T10 和 T17 株系之间无显著差异；17：00 时 T17 显著大于 T4 和 T10，T4 和 T10 无显著差异。在干旱第 21d 处理 7：00、9：00、11：00、13：00、15：00、17：00 和 19：00 时，T4、T10 和 T17 株系之间无显著差异。在复水 5d 后处理 7：00、11：00、13：00、15：00 和 17：00 时，T4、T10 和 T17 株系之间无显著差异；9：00 时，T17 大于 T10，二者均显著大于 T4；19：00 时，T4 大于 T10，二者均显著大于 T17。三倍体最大和最小 Gs 均出现在 T17 株系为 0.9524 和 0.3650μmol/(m^2 · s)，二倍体最大和最小 Gs 分别为 0.8606μmol/(m^2 · s) 和 0.2815μmol/(m^2 · s)，速率较二倍体分别提高了 10.67%和 29.66%，说明三倍体 T17 株系的 Gs 在复水后恢复最快，二倍体最慢。

4.2.2.4.4 胞间二氧化碳浓度日变化

如表 4-6 所示，在同一倍性条件下，胞间二氧化碳浓度（Ci）在测定时间内二倍体和三倍体各株系均呈现先下降后上升再下降的趋势，在正常水分条件下（0d）、在干旱第 7d、14d 时及复水 5d 后均在 13：00 时达到峰值，在干旱第 21d 时则是在 11：00 时达到峰值，Ci 日变化曲线为“双峰型”；Ci 日变化曲线来回波动，但幅度比较稳定。二倍体在正常水分条件下（0d）、干旱第 7d、14d、21d 时及复水 5d 后的 Ci 均显著小于三倍体各株系，而三倍体各株系间呈现以下的情况：在正常水分条件下（0d）处理 7：00、9：00、13：00、15：00、17：00 和 19：00 时，T4、T10 和 T17 株系之间无显著差异；11：00 时 T17 大于 T4，二者均显著大于 T10。在干旱第 7d 处理 7：00、9：00、13：00、15：00 和 17：00 时，T4、T10 和 T17 株系之间无显著差异；11：00 和 19：00 时，T4 和 T17 显著大于 T10。在干旱第 14d 处理 7：00、11：00、13：00、17：00 和 19：00 时，T4、T10 和 T17 株系之间无显著差异；9：00 时，T17 显著大于 T4 和 T10，T4 和 T10 无显著差异；15：00 时，T17 大于 T4，二者显著大于 T10。在干旱第 21d 处理 7：00、9：00、11：00、13：00、15：00、17：00 和 19：00 时，T4、T10 和 T17 株系之间无显著差异。在复水 5d 后处理 7：00、9：00、11：00、

表 4-6 自然干旱胁迫下紫果西番莲‘满天星’二倍体和三倍体胞间 CO_2 浓度的日变化

处理	时间/h	M	T4	T10	T17
干旱 0d	7:00	427.4033±10.7905Ba	505.4813±9.5231Aa	541.1811±7.7754Aa	522.8360±16.8030Aa
	9:00	400.4307±14.5577Ba	460.8877±13.3740Aa	445.5476±15.8894Aa	438.9790±16.2107Aa
	11:00	437.9287±10.1407Ca	518.3189±15.1697ABa	494.2598±12.9864Ba	535.1631±9.2395Aa
	13:00	446.6096±10.7005Ba	528.7645±24.2589Aa	531.2528±13.7450Aa	553.3632±11.8031Aa
	15:00	360.8799±12.5278Ba	410.0225±10.1247Aa	427.3427±11.9439Aa	417.2507±22.2025Aa
	17:00	322.9226±8.8757Ba	386.1921±9.5850Aa	376.5164±6.7181Aa	394.8017±13.0017Aa
	19:00	288.4677±15.3456Ba	353.9595±11.5862Aa	336.5846±12.9458Aa	373.0403±10.6668Aa
干旱 7d	7:00	373.1925±10.2072Bb	452.2420±14.5767Ab	436.7099±15.1922Ab	462.2214±7.9896Abc
	9:00	331.2132±7.0130Bb	404.2722±12.0966Ab	384.8743±18.5816Ab	426.4458±18.4721Aab
	11:00	353.3067±8.4559Cb	467.3449±12.3996ABb	441.1332±11.0166Bb	483.4630±8.3338Ab
	13:00	378.5165±10.5667Bb	471.3631±14.2382Ab	454.8796±10.6759Abc	474.4276±13.1732Ab
	15:00	316.0448±15.9349Bb	385.782±15.0339Aa	359.4506±10.5567Ab	391.3185±12.6393Aab
	17:00	273.9791±13.6646Bb	345.4928±17.0176Aab	330.5358±14.3086Abc	351.4138±10.7769Abc
	19:00	249.7885±10.4789Ca	343.8474±5.1494Aa	291.1591±4.8206Bb	332.1638±11.8161Ab
干旱 14d	7:00	321.2350±6.6807Bc	405.8914±13.4621Ac	385.9158±15.3947Ac	422.6173±13.6807Ac
	9:00	286.1510±10.3602Cc	325.9623±14.3071Bc	341.6819±11.8522Bc	388.6025±10.3336Ab
	11:00	315.2492±12.6168Bc	409.8490±9.0413Ac	436.3988±15.8639Ab	443.5536±11.1558Ac
	13:00	333.5407±9.1170Bc	437.6427±9.0124Ab	417.8914±13.5992Ac	414.9944±15.7088Ac

续表

处理	时间/h	M	T4	T10	T17
干旱 14d	15:00	289.3727±12.7938Cb	336.3829±13.5569ABb	317.8947±12.5466BCc	356.4265±10.2724Abc
	17:00	238.9807±13.1833Bc	307.8144±16.1986Abc	307.9979±14.3123Ac	314.7047±13.0344Acd
	19:00	204.5020±14.3759Bb	279.4067±10.6047Ab	250.0893±8.9210Ac	285.6716±13.9136Ac
干旱 21d	7:00	247.2214±12.1036Bd	327.0522±19.5849Ad	332.7141±16.9292Ad	324.2450±7.9240Ad
	9:00	214.8235±11.6524Bd	304.9632±16.2249Ad	284.2753±14.6442Ad	319.4465±15.3856Ac
	11:00	254.4801±14.9432Bd	365.7834±15.5670Ad	376.2195±8.3815Ac	384.9659±10.3101Ad
	13:00	283.5792±19.0114Bd	330.6748±19.4935ABc	341.3608±15.3148Ad	356.5809±13.6008Ad
	15:00	247.3724±14.8423Bc	296.6111±19.8848Ab	309.5630±3.6645Ac	320.1952±10.8940Ac
	17:00	202.9324±10.2823Bd	284.4226±13.0788Ac	259.9056±8.8012Ad	276.1804±13.6000Ad
	19:00	171.1865±8.5974Bb	234.9600±10.8525Ac	250.0616±7.8174Ad	247.3581±12.4614Ac
复水 5d	7:00	361.4189±9.7246Bb	466.4643±15.7204Aab	452.9326±15.7287Ab	475.5141±22.5782Ab
	9:00	347.8945±5.8501Bb	412.4149±15.3084Ab	423.0133±9.1367Aab	434.2962±3.7671Aa
	11:00	360.6085±10.7300Bb	472.2534±7.6489Ab	455.1952±11.6309Ab	486.7027±16.4701Ab
	13:00	380.2544±13.5120Cb	470.0153±10.5216ABb	458.5113±11.7060Bb	497.5474±11.8620Ab
	15:00	324.7851±11.2286Bab	397.7488±13.6495Aa	374.5746±10.6677Ab	398.8046±7.0202Aa
	17:00	289.4055±7.0261Bb	351.9433±12.4750Aa	346.5392±8.8962Aab	365.3632±17.6396Aab
	19:00	260.3728±16.8019Ba	328.6742±17.5653Aa	340.1439±18.0498Aab	343.8124±14.7736Aa

注：不同大写字母表示同一胁迫下同一时间点不同株系间差异显著（$p<0.05$）；不同小写字母表示同一株系同一时间点不同胁迫下的差异显著（$p<0.05$）。

15：00、17：00 和 19：00 时，T4、T10 和 T17 株系之间无显著差异；13：00 时，T17 大于 T4，二者均显著大于 T10；三倍体最大 Ci 出现在 T17 株系为 497.5474μmol/(m^2·s)，最小 Ci 均出现在 T4 株系为 328.6742μmol/(m^2·s)，二倍体最大和最小 Ci 分别为 380.2544μmol/(m^2·s) 和 260.3728μmol/(m^2·s)，速率较二倍体分别提高了 30.85% 和 26.23%，说明三倍体 T17 株系的 Ci 在复水后恢复最快，二倍体最慢。

4.2.2.5 自然干旱胁迫下紫果西番莲‘满天星’二倍体和三倍体各指标相关性分析

相关性分析表明干旱胁迫下二倍体与三倍体各指标存在一定的相关关系（图 4-47、图 4-48）。根系鲜重、茎鲜重和叶片鲜重均与光合速率（P_n）、蒸

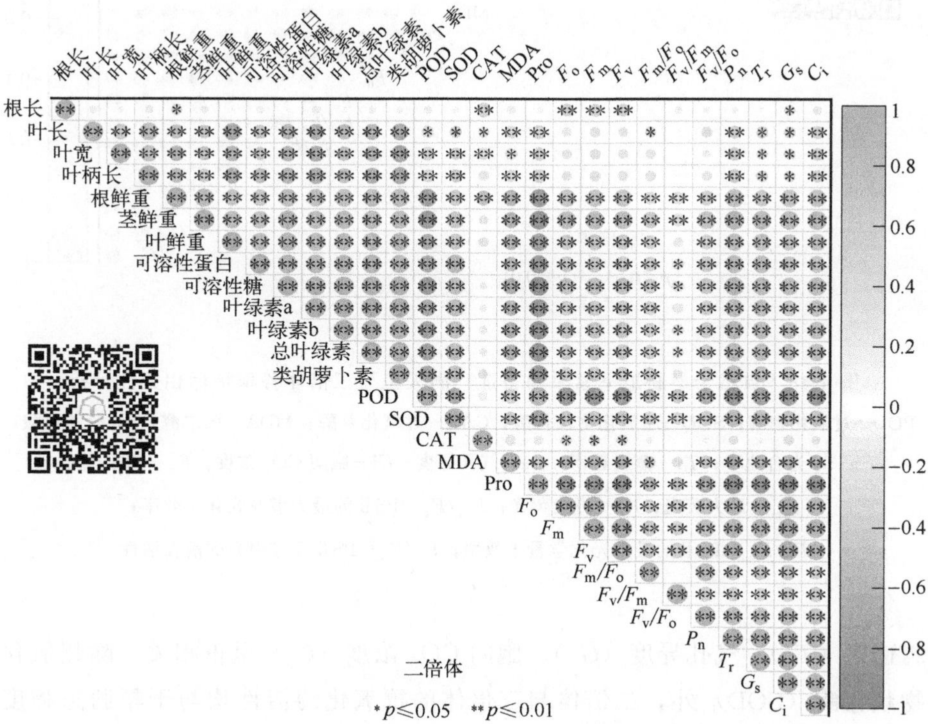

图 4-47 自然干旱胁迫下紫果西番莲‘满天星’二倍体各项指标相关性分析

POD—过氧化物酶；SOD—超氧化物歧化酶；CAT—过氧化氢酶；MDA—丙二醛；Pro—脯氨酸；Pn—净光合速率；Tr—蒸腾速率；Gs—气孔导度；Ci—胞间 CO_2 浓度；F_o—初始荧光；F_m—最大荧光；F_v—可变荧光；F_m/F_o—PSⅡ的最大潜在光化学效率；F_v/F_m—PSⅡ的最大光化学量子效率；F_v/F_o；PSⅡ反应中心的潜在活性

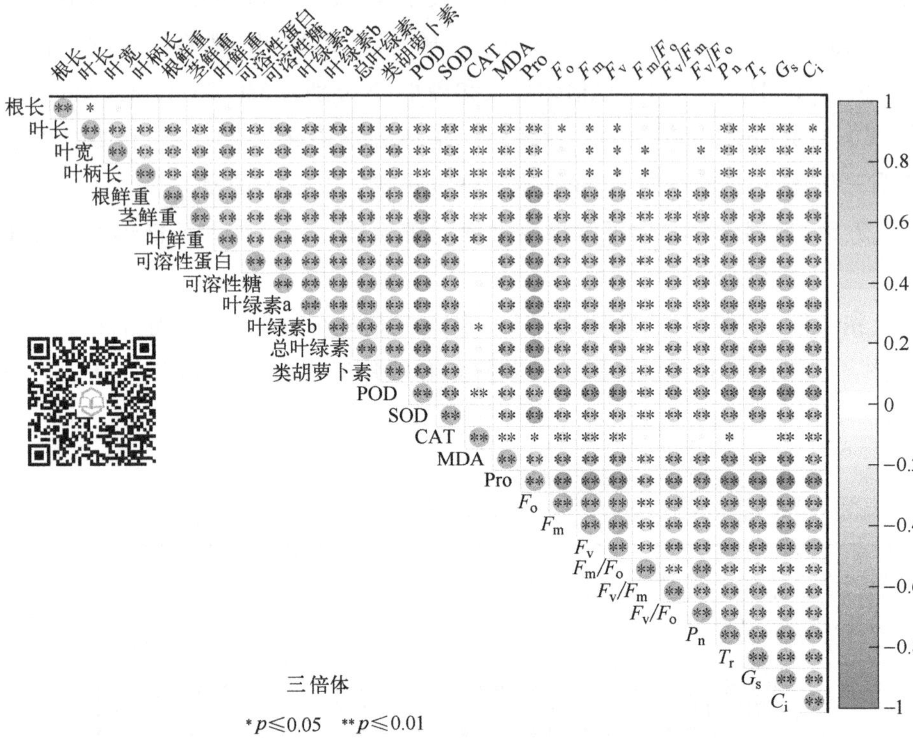

图 4-48 自然干旱胁迫下紫果西番莲‘满天星’三倍体各项指标相关性分析

POD—过氧化物酶；SOD—超氧化物歧化酶；CAT—过氧化氢酶；MDA—丙二醛；Pro—脯氨酸；Pn—净光合速率；Tr—蒸腾速率；Gs—气孔导度；Ci—胞间 CO_2 浓度；F_o—初始荧光；F_m—最大荧光；F_v—可变荧光；F_m/F_o—PSⅡ的最大潜在光化学效率；F_v/F_m—PSⅡ的最大光化学量子效率；F_v/F_o—PSⅡ反应中心的潜在活性

腾速率（T_r）、气孔导度（G_s）、胞间 CO_2 浓度（C_i）呈正相关。除超氧化物歧化酶（SOD）外，二倍体与三倍体的抗氧化酶活性均与干旱胁迫程度呈极显著正相关，而与器官生物量分配、可溶性糖、可溶性蛋白、叶绿素含量及类胡萝卜素呈负相关。可溶性糖、叶绿素含量、光合参数等其他生理性状均与干旱处理呈负相关。可溶性糖、可溶性蛋白、叶绿素 a、叶绿素 b、总叶绿素含量及类胡萝卜素与光合参数、叶绿素荧光均呈显著正相关。

4.2.3 两种干旱胁迫下紫果西番莲‘满天星’二倍体和三倍体的抗性综合比较

不同倍性‘满天星’幼苗样品主成分分析结果显示（图 4-49、图 4-50），主成分分析（PCA）将样品分为两组，每一组的主成分分别占总方差的 60%左右，对应幼苗的 2 个倍性。不同组别样品间的聚类区域不一致，证明了二倍体与三倍体（T4）、（T10）、（T17）株系存在差异。在三倍体的三个株系中，PEG-6000 模拟干旱胁迫中的聚类更接近，而自然干旱胁

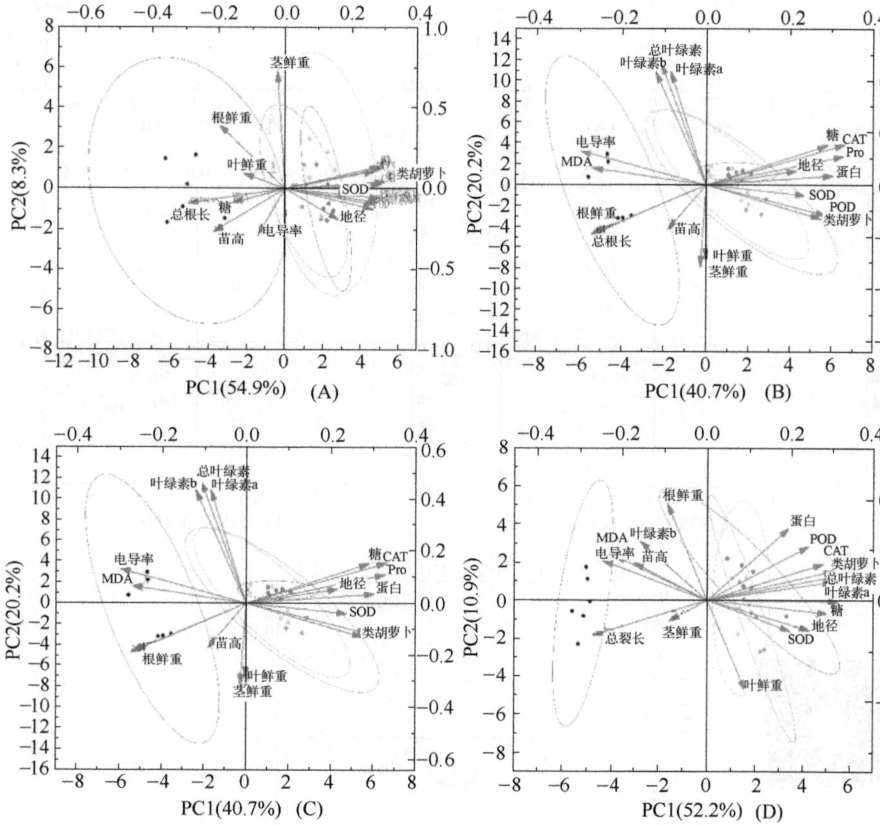

图 4-49　PEG-6000 模拟干旱胁迫下紫果西番莲‘满天星’二倍体和三倍体的主成分分析图

黑色、红色、绿色、蓝色分别表示二倍体（M）、三倍体（T4）、（T10）、（T17）株系的各指标，下同

迫中的距离较分散，但存在交叉区域，同一组别样品间的聚类较为相似。生长指标大多聚在二倍体中，生理指标大多聚在三倍体株系中，两种干旱胁迫呈现的结果相似。

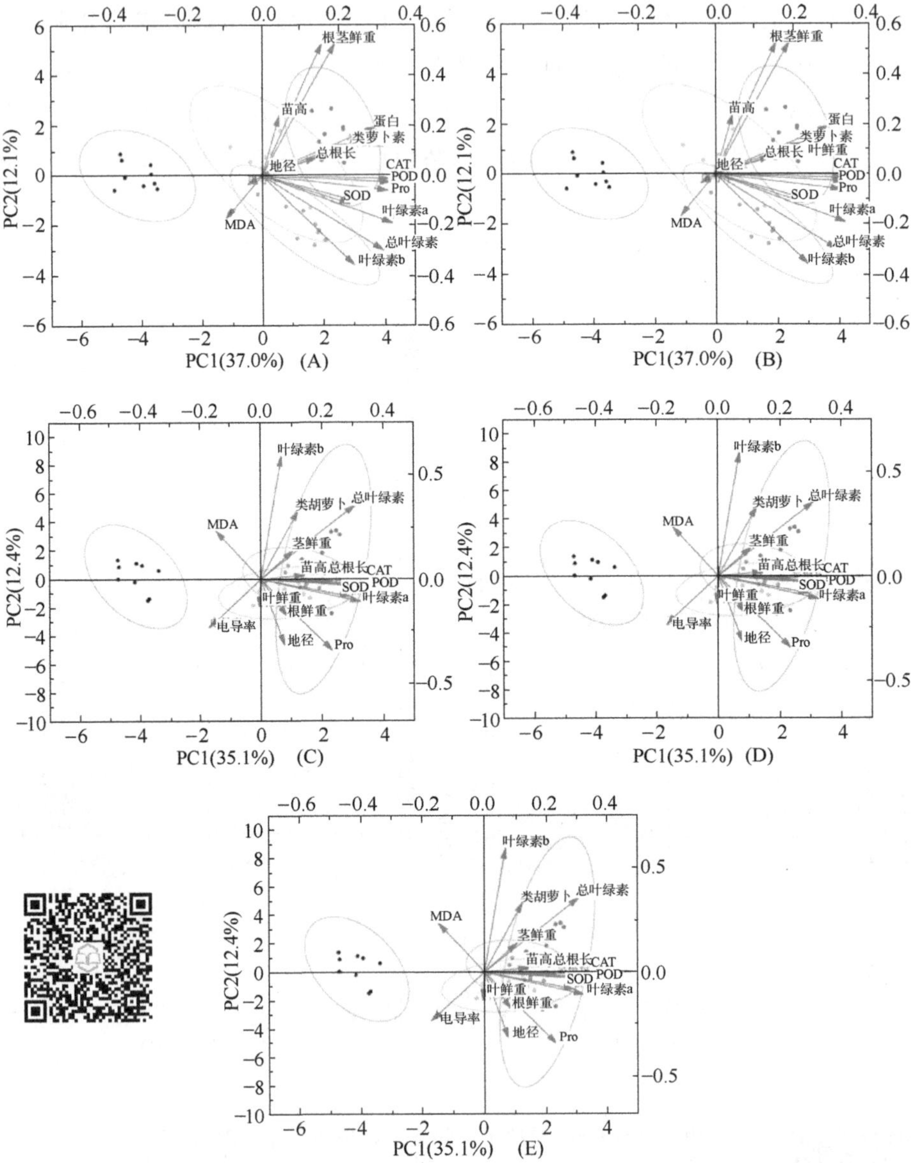

图 4-50　自然干旱胁迫下紫果西番莲‘满天星’二倍体和三倍体的主成分分析图

4.3 讨 论

干旱胁迫是自然界中最常见的非生物胁迫之一，特别是近年来温室效应逐渐增强，致使全球干旱的面积正在不断扩大，研究其植物的抗旱性对植物本身及培育苗木意义重大。植物的抗旱性是受多因素影响的、复杂的数量性状，单单用一个抗旱指标很难说明及确定其植物的抗旱性（高怡然等，2015）。对比单一的生长形态指标或者单一的生理生化指标，用来判定出两个倍性四个株系植物的抗旱性结果和进行综合判定的抗旱性结果，二者存在一定的差异，说明科学选择相关性较强的指标进行综合判定更能反映苗木的抗旱性，也较为适合，这与前人的研究及分析方法相似（李瑞姣等，2018；郑涛等，2019）。干旱和复水在自然界中是循序出现的（Johnson et al.，2018），有学者提出，经过干旱胁迫再进行复水后的植物根系生长发育存在明显的差异（Marcin & David，2011）。有研究结果表明，干旱胁迫再进行复水后的植物根系活力和渗透调节物质得到了提高，降低了抗氧化酶活性，具有更加强劲的抵御干旱胁迫的能力，复水对植物根系总长指标具有促进作用，从而提高了树木幼苗的存活率（Li et al.，2018）。并且，游韧等（2023）研究发现，植物遭受一定强度的干旱胁迫后复水，因干旱造成的生长抑制及生物量的损失等可以弥补恢复一些，复水后植物会出现短暂的加速生长。有研究表明，植物在遭受干旱胁迫后进行复水试验，生理指标、叶片光合特性、叶绿素荧光参数基本能恢复到正常水平附近（Barbara et al.，2014；Lauriano et al.，2004）。

4.3.1 两种干旱胁迫下紫果西番莲‘满天星’二倍体和三倍体的生长情况

植株高度、地径是表征植物生长状况和最直观的指标，这些生长特性指标与植物幼苗耐旱的关系有相关报道（柴文臣和阎世江，2024）。但抗旱性不同的材料表现出不同结果，抗性较强的材料仍然保持较高的生长，反之则生长发育较低。全文选对马尾松幼苗进行不同程度的干旱胁迫，结果表明苗木的苗高、地径、生物量等指标随着干旱程度的增加而减少（全文选，2018）。张曼义（2018）对黄瓜幼苗进行不同程度干旱胁迫中出现株高、地径、生物量随着胁迫程度增加呈现下降趋势。以及翟宇宁等（2023）利用

PEG-6000 溶液对甜菜幼苗进行模拟干旱胁迫，结果表明甜菜幼苗的生长受到抑制，其长势和叶片鲜重呈下降趋势。马廷臣等（2010）利用模拟干旱胁迫对水稻苗期根系形态和部分生理指标影响的研究中，发现根系形态指标随着干旱胁迫处理时间的增加而增大，轻度干旱对根系发育有促进作用，中度及重度则出现明显下降趋势。关于非生物胁迫对不同倍性无性系的生长特性的影响，宋子文等（2020）研究发现，非生物胁迫对不同倍性大青杨无性系的树高和地径随着胁迫液浓度的增加呈下降趋势，且三倍体的生长指标较二倍体更好。以及李媛媛等（2018）的研究结果显示，水分胁迫对不同倍性小麦生物量积累中表明，六倍体的各器官生物量较二倍体的更低，且随着胁迫加重各器官生物量呈下降趋势。

以上的研究结果与本研究结果相符，本研究模拟干旱胁迫和自然干旱胁迫后，二倍体和三倍体各株系‘满天星’的苗高、地径生长影响较小，苗高出现二倍体大于三倍体各株系，且整体上苗高呈下降趋势复水后比开始胁迫时更高。根、茎、叶生物量也随着干旱胁迫的加重逐渐下降，且根、茎、叶生物量出现二倍体大于三倍体各株系。而地径均呈上升趋势，地径可能是随着干旱胁迫的加重需要往下输送水分而有轻度上升的原因。总根长呈先上升后下降的趋势，M 的总根长在各胁迫处理中差异较大，三倍体株系较为稳定，T10 缩减的幅度大于 T4 和 T17。说明在干旱胁迫下，植物本身的苗高、地径、生物量会随着胁迫加重而降低，而一部分地径和总根长则为了应对干旱胁迫出现升高来保存收集水分，提供植株生存所需的水分。

叶片是植物进行同化功能的器官，干旱胁迫主要是通过使植物失水来影响植物的生长，使植物形态出现失水萎蔫症状，叶片外部形态特征与水分亏缺程度密切相关（曹林青等，2018），叶片最能直接反映植物对干旱胁迫的响应（Chavarria et al.，2020）。叶片的长势情况则是鉴别其耐旱性的直观指标，这些生长特性指标与植物幼苗耐旱的关系有相关报道。张诚诚等（2013）通过对油茶容器苗进行水分胁迫观察其叶片解剖结构，结果显示随着基质含水量的减少，叶片大小都相应减小。本研究中随着干旱胁迫加重，两种胁迫处理下的叶长和叶宽均是三倍体株系高于二倍体，而叶宽、叶柄长出现二倍体大于三倍体各株系，且模拟干旱胁迫下的叶长、叶宽和叶柄长的变化不明显，自然干旱胁迫下的叶长、叶宽和叶柄长呈下降趋势复水后比开始胁迫时更高。这与唐茜茜（2023）对扁桃砧木幼苗经过干旱胁迫后观察其叶片结构和根系形态的影响中发现叶片形态指标在不同程度的减少，其结果与上述研究者的结果相符合。

4.3.2 两种干旱胁迫下紫果西番莲‘满天星’二倍体和三倍体生理特性响应

4.3.2.1 两种干旱胁迫下紫果西番莲‘满天星’二倍体和三倍体渗透调节物质变化

干旱胁迫下，植物会通过渗透调节物质使植株适应水分不足的环境。渗透调节物质是植物适应环境水分胁迫的一种生理生化反应，植物通过渗透调节物质的积累，使植物细胞渗透压得以增加，水分散失速率得以降低，最终提高植物的抗旱能力（刘燕等，2023)。刘爱林等（2023）的研究结果显示，干旱胁迫下草本植物的脯氨酸含量呈上升趋势，且复水后有所下降。张丽杰等（2023）通过PEG模拟干旱处理下欧洲垂枝桦幼苗的可溶性蛋白含量呈先上升后下降的趋势。宋嘉雯（2023）在干旱胁迫下叶面施硒对温室番茄生长发育和产量品质的调控效应的研究结果中显示，随着土壤含水量的减小施硒后可溶性糖含量逐渐减少。林姝婧（2023）对长柄扁桃进行干旱胁迫处理发现，游离脯氨酸、可溶性糖和可溶性蛋白含量均随干旱胁迫的加剧呈先升高后降低的趋势。本研究结果得出随着干旱胁迫加重，两种胁迫处理下的可溶性糖含量呈一直下降的趋势，其中可溶性糖的下降幅度最大的是胁迫液浓度从30%增加到45%时且二倍体下降幅度最大，可溶性蛋白含量呈先上升后下降的趋势，说明轻微的干旱胁迫能使‘满天星’幼苗叶片的可溶性糖含量呈上升趋势，脯氨酸呈上升的趋势的结果相似。这与前人的研究结果相似，说明干旱胁迫会使植物叶片的渗透调节物质得到积累，用来提高植物抗旱能力。

4.3.2.2 两种干旱胁迫下紫果西番莲‘满天星’二倍体和三倍体保护酶活性变化

干旱胁迫下，植物细胞中的酶促防御系统可以通过维持活性氧等物质的产生，以及清除的平衡来缓解植物细胞遭受到的损伤（殷奎德等，2003)，植物的保护酶系统主要包括过氧化氢酶、超氧化物歧化酶和过氧化物酶等（史庆华等，2005)。超氧化物歧化酶是一种广泛存在于植物体内的酶，可以清除活性氧自由基，从而防止植物遭受到伤害；过氧化物酶是酶促反应系统中的保护酶，通过防御活性氧来缓解降低干旱胁迫对植物造成的伤害；过氧化氢酶对 H_2O_2 具有较高的亲和力，可以清除植物体内过多的 H_2O_2，将其分解为对植物细胞无害的水和氧（卫凯等，2022）。陈意兰等（2020）对乌桕进行不同干旱胁迫的研究结果显示，乌桕的过氧化物酶（POD）呈上升的趋势。不同的植物对保护酶活性的响应不同，田宝（2019）通过研究不同干旱程度和持续时间对大叶黄杨生理特性的影响，结果显示超氧化物歧化酶（SOD）、过氧化氢酶（CAT）活性第10～30d随干旱程度的加重而升高，第40～50d随干旱程度的加重而降低。关于干旱胁迫下不同倍性无性系的研究有报道，其中张培源（2024）对不同倍性鄂川泡桐进行不同程度的干旱胁迫研究，结果表明CAT、POD活性整体上均随着干旱程度的加深而先上升后下降，且四倍体的CAT、POD活性均比二倍体鄂川泡桐高。这与本研究的结果相一致，本研究结果表明各干旱胁迫处理下三倍体三个株系的POD、SOD和CAT均高于二倍体，且POD随着干旱胁迫程度增加而升高，SOD和CAT随着干旱胁迫程度增加呈先上升后下降。

4.3.2.3 两种干旱胁迫下紫果西番莲‘满天星’二倍体和三倍体相对电导率及丙二醛含量变化

一般来说，植物遭受到干旱胁迫而会引起植物中许多常见的反应，导致植物细胞的失水进而引起细胞渗透压的改变，而相对电导率主要反映植物细胞膜的渗透压变化，植物在逆境条件下生物膜的受损是因积累的氧自由基引发膜脂过氧化，导致细胞膜差别透性丧失所致，从而形成细胞内大量的离子渗透，导致相对电导率变大，而丙二醛（MDA）是已被确认为是膜脂过氧化的产物而被用于衡量植物细胞膜受损程度的一个指标。有研究证明当植物受到干旱胁迫会使相对电导率和MDA含量升高，柳政戎等（2024）利用PEG-6000溶液进行模拟干旱胁迫中发现，胁迫液浓度的上升以及胁迫时间的延长使得陕甘花楸的相对电导率和丙二醛含量呈上升趋势，而胁迫初期相对电导率和丙二醛含量呈上升趋势幅度较小。徐剑秋（2018）通过对不同倍性大青杨进行不同程度的干旱胁迫，结果显示二倍体大青杨与多倍体相比MDA含量较高，三倍体株系的相对电导率小于二倍体和四倍体。本研究中‘满天星’各株系在干旱胁迫下活性氧急剧增加，导致叶片丙二醛含量整体上增加，相对电导率则是先下降后上升的趋势，以及二倍体的MDA和相对电导率高于三倍体各株系，与其研究结果相同。相对电导率随着干旱胁迫程度的增加呈先下降后上升，这可能是幼苗细胞膜的稳定性和通透性没有感应到变化，在干旱初始阶段水分下降不明显的原因，也有可能是轻中度的干旱胁迫能通过机体的渗透调节作用激活抗氧化酶保护系统等减轻干旱带来的伤害的原因。

4.3.2.4 两种干旱胁迫下紫果西番莲‘满天星’二倍体和三倍体叶绿素含量变化

叶绿素是植物吸收太阳光能进行光合作用所需的重要物质，因此叶绿素含量的高低主要影响着植物光合能力的强弱与大小（孟玥和邹吉祥，2020）。干旱胁迫影响植物的自身生长和代谢的第一环节就是光合作用，而研究叶绿素含量的变化是可以得出植物光合作用能力的重要手段（赵英等，2023）。李紫琴（2023）的研究结果表明，不同水分处理下棉花叶片在不同波长下的叶绿素含量随着水分减少而降低，这与本研究结果一致。李文娆（2007）的研究结果显示，水分胁迫和复水后紫花苜蓿幼苗光合色素含量在受到胁迫后有明显的下降趋势，且显著低于对照组的光合色素含量。以及徐剑秋（2018）通过对不同倍性大青杨进行不同程度的干旱胁迫，结果显示大青杨的叶片质量变差，是叶绿素含量降低导致的，且通过观察叶片受损程度及测定叶绿素含量发现，二倍体植株的叶片损伤最为严重，其叶绿素含量也相对最低，这与本研究提出的观点一致。本研究发现在干旱胁迫过程中叶绿素a、叶绿素b含量、总叶绿素含量、类胡萝卜素含量呈一直下降的趋势，且二倍体的叶绿素a、叶绿素b含量、总叶绿素含量和类胡萝卜素含量较三倍体各株系低，在三倍体三个株系中叶绿素a、叶绿素b含量和总叶绿素含量是T4和T17高于T10，复水后四个株系中是T17株系恢复最快；类胡萝卜素含量是T17＞T4＞T10，复水后四个株系中是T4恢复最快。说明干旱胁迫导致二倍体M株系的叶片损伤最为严重，叶绿素含量也相对最低，其次是三倍体T10株系，相比较是三倍体T4和T17株系的叶片损伤较轻，而叶绿素含量也相对更高。

4.3.3 两种干旱胁迫下紫果西番莲‘满天星’二倍体和三倍体叶绿素荧光响应

一般认为干旱胁迫会导致植物的光合特性发生改变，主要反映在PSⅡ活性中心受到伤害程度，导致其电子传递功能受阻，光发生抑制现象，原初光反应效率会降低，从而叶绿素荧光参数发生改变（李丽丽等，2017；冯嘉雨，2021）。有研究表明，随着干旱胁迫程度增强，最大光化学效率（F_v/F_m）、实际光化学效率（*ΦPS*Ⅱ）、电子传递速率（*ETR*）和光化学淬灭系数（*qP*）呈显著下降趋势，非光化学淬灭系数（*NPQ*）显著上升，复水后会出现补偿现象（冯延芝等，2020）。也有研究发现（李红杰等，2020），在不同程度的干旱胁迫下光系统Ⅱ捕获电子率会降低，导致光化学效率也下降，但在复水后出现不同程度的回升。与孙安妮（2024）的研究结果相一致，随着干旱胁迫强度的增强，大豆开花期的光合速率、最大光化学效率、实际光化学效率和光化学淬灭系数呈现下降趋势，非光化学淬灭系数呈现上升趋势，且与对照差值不断增大，复水后有所恢复。

本研究中，随着干旱胁迫加重，二倍体、三倍体各株系的 Fo、Fm、Fv、Fm/Fo、Fv/Fo 和 Fv/Fm 参数均呈下降趋势，ABS/RC、DIo/RC、TRo/RC 和 EIo/RC 参数均呈先下降后上升的趋势，ΦEo 和 ΦPo 则是先上升后下降的趋势，在三倍体的三个株系中整体上大多数处理是 T17 高于 T4 和 T10，且在复水 5 后均有不同程度的回升。与上述的研究结果一致，说明适度的干旱会激发紫果西番莲植株自身抗逆保护作用，但胁迫增加之后又迅速降低，此时干旱可能对植株叶片的光系统造成了一定的损伤，导致 ΦEo 和 ΦPo 参数随着胁迫增加先升高后下降。

4.3.4 两种干旱胁迫下紫果西番莲‘满天星’二倍体和三倍体光合参数响应

在受到干旱胁迫下，植物的光合能力能反映出植物的生长受到抑制的程度，也可以衡量出植物受到干旱胁迫的影响差异性（Nishida & Hanba，2017）。植物的气孔在光合作用中起到平衡水分亏缺与捕获 CO_2 的重要作用（范嘉智等，2016），已有研究证实气孔关闭的一个主要驱动因素是植物的水分运输严重丧失（刘燕等，2023）。也有研究证实（邓平等，2024）随着干旱胁迫的加重，净光合速率（Pn）、蒸腾速率（Tr）、气孔导度（Gs）和胞间 CO_2 浓度（Ci）均显著降低，复水后各干旱处理 Pn、Tr、Gs 和 Ci 比复水前有所提高。这与本研究结果有部分不同，本研究中发现随着干旱胁迫加重，在同一倍性条件下的 Pn、Tr 和 Gs 在测定时间内二倍体和三倍体各株系均呈现先下降后上升的趋势，Ci 则是先下降后上升再下降的趋势。而李进华等（2023）的研究结果与本研究结果相似，净光合速率、气孔导度和胞间 CO_2 浓度日变化曲线类型均为双峰形，均表现出明显的光合“午休”现象。气孔导度、胞间 CO_2 浓度和蒸腾速率日均值均降低；净光合速率均呈先升后降的趋势。本研究也出现 Pn、Tr、Gs 的日变化呈“单峰”曲线，有明显的午休现象；Ci 日变化曲线为“双峰”，Ci 日变化曲线来回波动，但幅度比较稳定。该结果与施俊杰等（2024）的结果一致，随着干旱程度的增强云南松的净光合速率（*Pn*）、蒸腾速率（*Tr*）、气孔导度（*Gs*）和胞间CO_2（*Ci*）显著下降，且*Pn*日变化曲线为“单峰型”，无明显“光合午休”现象；*Tr*日变化曲线为“单峰型”；*Gs*日变化曲线为“双峰型”；*Ci*日变化曲线来回波动，但幅度比较稳定。

光合能力的降低主要受气孔限制和非气孔限制调控（杨振欣等，2023）。通常认为轻度干旱胁迫下，光合速率的下降主要是由气孔限制主导。本研究中出现，*Pn*、*Gs*在正常水分条件下（0d）、干旱第7d、14d、21d时及复水5d后均在早晨9：00时达到峰值；*Tr*在正常水分条件下（0d）、在干旱第7d、21d均在9：00时达到峰值，在干旱第14d及复水5d后均在7：00时达到峰值；*Ci*在正常水分条件下（0d）、在干旱第7d、14d时及复水5d后均在13：00时达到峰值，在干旱第21d时则是在11：00时达到峰值。这与赵娜等（2024）在不同干旱处理下刺槐、侧柏光合特性研究中得出的结果一致，两种植物在干旱处理阶段的净光合速率、气孔导度、蒸腾速率均随土壤体积含水量下降显著降低，复水后又有所上升。表明其光合能力的降低受到了气孔限制的影响，同时*Gs*的显著降低有助于减少植物的蒸腾失水，以致于复水后苗木能适应受过的干旱胁迫得以恢复。

4.3.5 两种干旱胁迫下紫果西番莲‘满天星’二倍体和三倍体的抗性综合比较

通过PEG-6000模拟干旱胁迫与自然干旱胁迫寻找关联性，主成分分析（PCA）将样品分为两组，本研究结果显示不同组别样品间的聚类区域不一致，证明了二倍体与三倍体（T4）、（T10）、（T17）株系存在差异。在三倍体的三个株系中，PEG-6000模拟干旱胁迫中的聚类更接近，而自然干旱胁迫中的距离较分散，但存在交叉区域，同一组别样品间的聚类较为相似。生长指标大多聚在二倍体中，生理指标大多聚在三倍体个株系中，两种干旱胁迫呈现的结果相似。出现这些差异的存在可能有原因，是因为自然干旱胁迫下的一年龄移栽苗的大多数功能细胞已经相对成熟，与PEG-6000模拟干旱胁迫的6月龄无菌苗存在形态差异，植株的各器官相对成熟（宋嘉雯，2023）。生理指标的贡献率较大，说明影响程度较大，可以作为判别干旱胁迫下对不同倍性‘满天星’生长发育的主要调控指标（唐茜茜等，2023）。

4.4 小结与展望

4.4.1 PEG-6000模拟干旱、自然干旱胁迫下紫果西番莲‘满天星’二倍体和三倍体响应

4.4.1.1 两种干旱胁迫下紫果西番莲‘满天星’二倍体和三倍体的生长情况观测

随着干旱胁迫加重，各株系植株在遭受到干旱胁迫症状也随着发生了明显的变化，T4 和 T17 叶片的干旱胁迫症状比 M 和 T10 叶片轻，M 的叶片表现出最严重的干旱胁迫损伤程度，直至复水 5d 后叶片颜色恢复绿色，有少许侧枝发出。除 PEG-6000 模拟干旱胁迫对于二倍体和三倍体各株系‘满天星’的苗高和地径的影响不大外，两种胁迫均对于其余的指标均有影响。随着干旱胁迫加重，两种胁迫处理下的苗高（自然干旱胁迫）、地径和叶长均是三倍体株系高于二倍体，而苗高（模拟干旱胁迫）、叶宽、叶柄长（自然干旱胁迫）、总根长、根生物量、茎生物量和叶生物量则是二倍体大于三倍体各株系。整体上苗高（模拟干旱胁迫）、地径和叶柄长的变化不明显，而苗高（自然干旱胁迫）、叶长、叶宽、根、茎、叶生物量逐渐下降，总根长呈先上升后下降的趋势。三倍体三个株系中，苗高和地径的差异不明显，T17 的苗高较 T4 和 T10 高，T10 的地径较 T4 和 T17 粗；M 的总根长在各胁迫处理中差异较大，三倍体株系较为稳定，T10 缩减的幅度大于 T4 和 T17。三倍体 T17 株系的叶长显著高于其他三个株系，T4 和 T10 较 M 更高，T10 和 T17 的叶宽较 T4 株系更宽，叶柄长则是 T4 和 T10 大于 T17；说明三倍体株系叶片卷缩严重程度较二倍体更低，且 T17 卷缩最不严重。根生物量是 T10 和 T17 大于 T4，茎生物量是 T17 稍高于 T4 和 T10，叶生物量在干旱胁迫前期差异不明显，后期则是 T10 和 T17 显著大于 T4。

4.4.1.2 两种干旱胁迫下紫果西番莲‘满天星’二倍体和三倍体生理特性响应

PEG-6000 模拟干旱和自然干旱胁迫对于二倍体和三倍体各株系‘满天星’的可溶性糖含量，可溶性蛋白含量，叶绿素 a、叶绿素 b 含量，总叶绿素含量，类胡萝卜素含量，POD，SOD，CAT，MDA，PRO 和相对电导率

都有影响。随着干旱胁迫加重，两种胁迫处理下的可溶性糖含量、叶绿素a、叶绿素b含量、总叶绿素含量、类胡萝卜素含量呈一直下降的趋势，其中可溶性糖的下降幅度最大的是胁迫液浓度从30%增加到45%时且二倍体下降幅度最大，可溶性蛋白含量呈先上升后下降的趋势，说明轻微的干旱胁迫能使‘满天星’幼苗叶片得可溶性糖含量上升趋势。POD、MDA和PRO呈上升的趋势，SOD和CAT呈先上升后下降的趋势，相对电导率则是先下降后上升的趋势。各干旱胁迫处理下三倍体三个株系的可溶性糖含量，可溶性蛋白含量、叶绿素a、叶绿素b含量，总叶绿素含量，类胡萝卜素含量，POD，SOD，CAT和PRO高于二倍体，而MDA和相对电导率则是二倍体高于三倍体各株系。三倍体的三个株系间，正常水分条件（0d）、干旱前期及中期时T17的可溶性糖含量较高，干旱后期T4、T10较高；可溶性蛋白含量在胁迫前期差异不明显，后期则是T17＞T10＞T4，复水后T17恢复最快。在胁迫过程中叶绿素a、叶绿素b含量和总叶绿素含量是T4和T17高于T10，复水后T17恢复最快；类胡萝卜素含量是T17＞T4＞T10，复水后T4恢复最快。POD、SOD在胁迫过程中及复水后都是T17高于T4和T10，CAT在胁迫过程中是T17高于T4和T10，复水后T4恢复最快。MDA和PRO在胁迫过程中均是T4和T17差异不明显，均大于T10。T17的相对电导率高于T4和T10，T4和T10差异不明显，说明干旱胁迫造成M株系的损伤最严重。

4.4.1.3 两种干旱胁迫下紫果西番莲‘满天星’二倍体和三倍体叶绿素荧光响应

PEG-6000模拟干旱和自然干旱胁迫对于二倍体和三倍体各株系‘满天星’的Fo、Fm、Fv、Fm/Fo、Fv/Fm、Fv/Fo、ABS/RC、DIo/RC、TRo/RC、ETo/RC、ΦEo和ΦPo都有影响。随着干旱胁迫加重，二倍体M、三倍体T4、T10、T17株系的Fo、Fm、Fv、Fm/Fo、Fv/Fo和Fv/Fm参数均呈下降趋势，ABS/RC、DIo/RC、TRo/RC和EIo/RC参数均呈先下降后上升的趋势，ΦEo和ΦPo则是先上升后下降的趋势。PEG-6000模拟干旱胁迫下除Fm/Fo、Fv/Fo参数在各胁迫处理间差异不明显外，其他4个参数在各胁迫处理间均有显著差异，且胁迫液浓度在45%时各参数达到最小值。自然干旱胁迫下的四个株系在各胁迫处理间均有显著差异，且在干旱胁迫第21时各参数达到最小值，复水5d后各参数大多恢复到初始值附近。在正常水分条件下和各胁迫处理中的Fo、Fm、Fv、Fm/Fo、$Fv/$

Fo、Fv/Fm、ΦEo和ΦPo参数都是三倍体各株系显著高于二倍体M。而ABS/RC、DIo/RC、TRo/RC和EIo/RC参数则是二倍体M较大。在三倍体的三个株系中，整体上Fo、Fm、Fv和Fv/Fm参数都是T17高于T4和T10，T4和T10差异不明显；Fv/Fo和Fv/Fm参数的差异不明显，T4＞T17＞T10。ABS/RC、DIo/RC、TRo/RC、EIo/RC、ΦEo和ΦPo参数三个株系间的差异不明显，大多数时候是T17高于T4和T10，少部分是T4高于T10和T17。

4.4.1.4 自然干旱胁迫下紫果西番莲‘满天星’二倍体和三倍体光合参数响应

自然干旱胁迫对于二倍体和三倍体各株系‘满天星’的Pn、Tr、Gs和Ci都有影响，Pn、Tr、Gs的日变化呈“单峰”曲线，有明显的午休现象；Ci日变化曲线为“双峰”，Ci日变化曲线来回波动，但幅度比较稳定。随着干旱胁迫加重，在同一倍性条件下的Pn、Tr和Gs在测定时间内二倍体和三倍体各株系均呈现先下降后上升的趋势，Ci则是先下降后上升再下降的趋势。二倍体在正常水分条件下（0d）、干旱第7d、14d、21d时及复水5d后的Pn、Ci显著小于三倍体各株系；二倍体除在7d处理11：00时四个株系的Tr不存在显著差异外，各时段其余处理中的Tr均显著小于三倍体各株系；二倍体除在14d处理11：00时四个株系的Gs不存在显著差异外，各时段其余处理中的Gs均显著小于三倍体各株系。在三倍体三个株系中，整体上T4和T17株系的Pn、Gs和Ci较T10更高，T4和T17之间的差异不明显，T17株系的Tr较T4和10更高，T4和T10之间的差异不明显。

4.4.2 建议与展望

本研究仅对6月龄‘满天星’生根无菌苗和一年龄‘满天星’移栽苗进行了PEG-6000模拟干旱胁迫和自然干旱胁迫，揭示了生根无菌苗和移栽苗‘满天星’在不同胁迫方式及不同胁迫处理下的苗高、地径、总根长、各器官生物量的生长、抗旱生理、叶绿素荧光特性、光合作用和可溶性糖、蛋白含量的影响，丰富了‘满天星’的不同干旱胁迫及干旱复水后的理论基础研究，之后的研究可考虑增加复水天数，以及进一步对干旱胁迫后的转录组分析找出差异表达基因。本研究尚不能完全反映4个‘满天星’株系的抗旱性，且所有供试材料均是在组培室的组培瓶中和人工盆栽控水条件下开展的试验，与其复杂的自然生长环境下各株系‘满天星’的真实抗旱性可能有一定误差，但是本文所测定的试验数据与结果具有可对比性，可以体现出各株系的抗旱性强弱，对今后开展多倍体育种的实践及‘满天星’的栽培种植具有指导意义。

附录1 缩略词表

缩略字	英文名称	中文名称
MS	Murashige and Skoog	MS 培养基
6-BA	6-benzyl aminopurine	6-苄基腺嘌呤
NAA	a-naphthalene acetic acid	萘乙酸
IBA	indole-3-butyric acid	吲哚丁酸
IAA	indole-3-acetic acid	吲哚乙酸
TDZ	Thidiazuron	噻苯隆
ZT	Zeatin	玉米素
2,4-D	2,4-Dichlorophenoxyacetic acid	2,4-二氯苯氧乙酸
DMSO	Dimethyl Sulphoxide	二甲基亚砜
PEG-6000	Polyethylene Glycol-6000	聚乙二醇 6000
SOD	Superoxide dismutase	超氧化物歧化酶
POD	Peroxidase	过氧化物酶
CAT	Catalase	过氧化氢酶
MDA	Malondialdehyde	丙二醛
PRO	Proline	脯氨酸
REC	Relative conductivity	相对电导率
SPC	Soluble protein	可溶性蛋白
SSC	Soluble sugar	可溶性糖
F_0	Initial fluorescence	初始荧光
F_m	Maximum fluorescence	最大荧光
F_v	Variable fluorescence	可变荧光
F_m/F_0	PSⅡ electron transport rate	PSⅡ电子传递速率
F_v/F_m	PSⅡ maximum photochemical efficiency	PSⅡ最大光化学效率
F_v/F_0	PSⅡ Potential activity	PSⅡ潜在活性

续表

缩略字	英文名称	中文名称
ABS/RC	Unit reaction center absorbed energy	单位反应中心吸收能量
DIo/RC	Unit energy dissipation of reaction center	单位反应中心耗散能量
TRo/RC	Unit reaction center capture is used to reduce QA energy	单位反应中心捕获用于还原 QA 能量
ETo/RC	Unit reaction center captures energy for electrons to transfer	单位反应中心捕获用于电子传递能量
ΦEo	Quantum yield of electron transport	电子传递的量子产额
ΦPo	Primary photochemical reaction maximum photochemical efficiency	原初光化学反应的最大光化学效率

附录 2 PEG-6000 模拟干旱胁迫处理下生物量相对生长关系分析

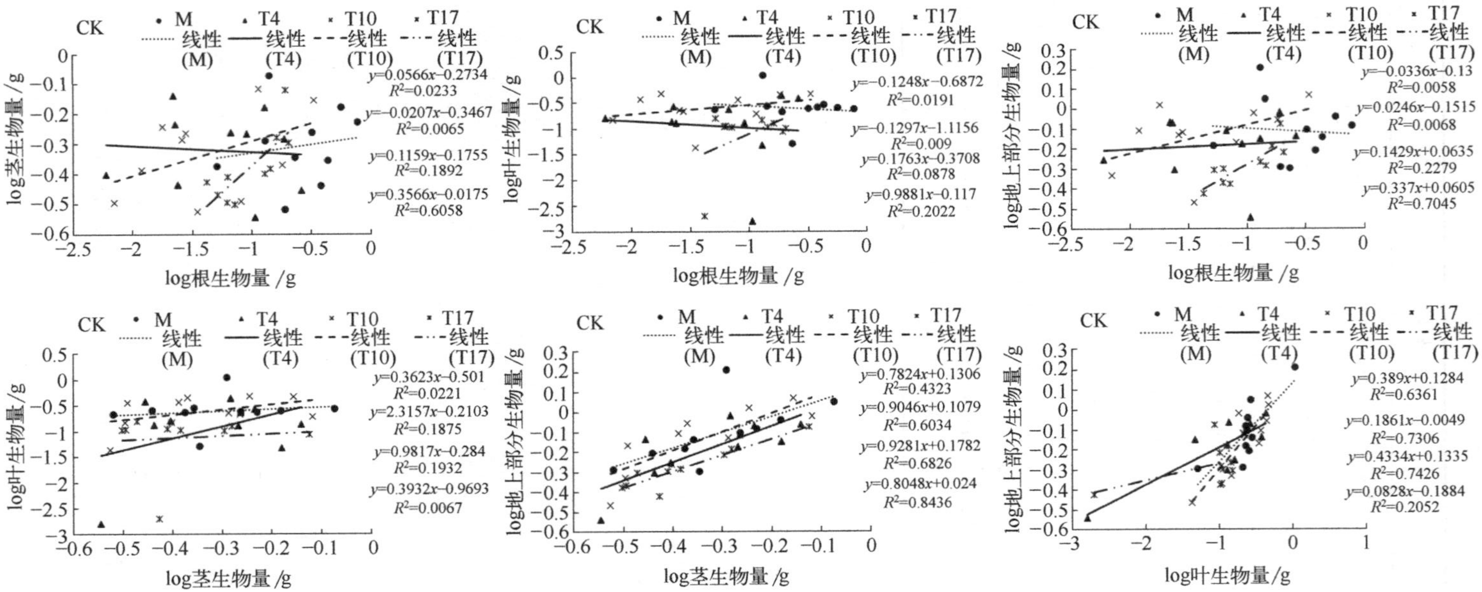

附图 1 紫果西番莲‘满天星’二倍体和三倍体对照条件下各器官生物量间异速生长分析

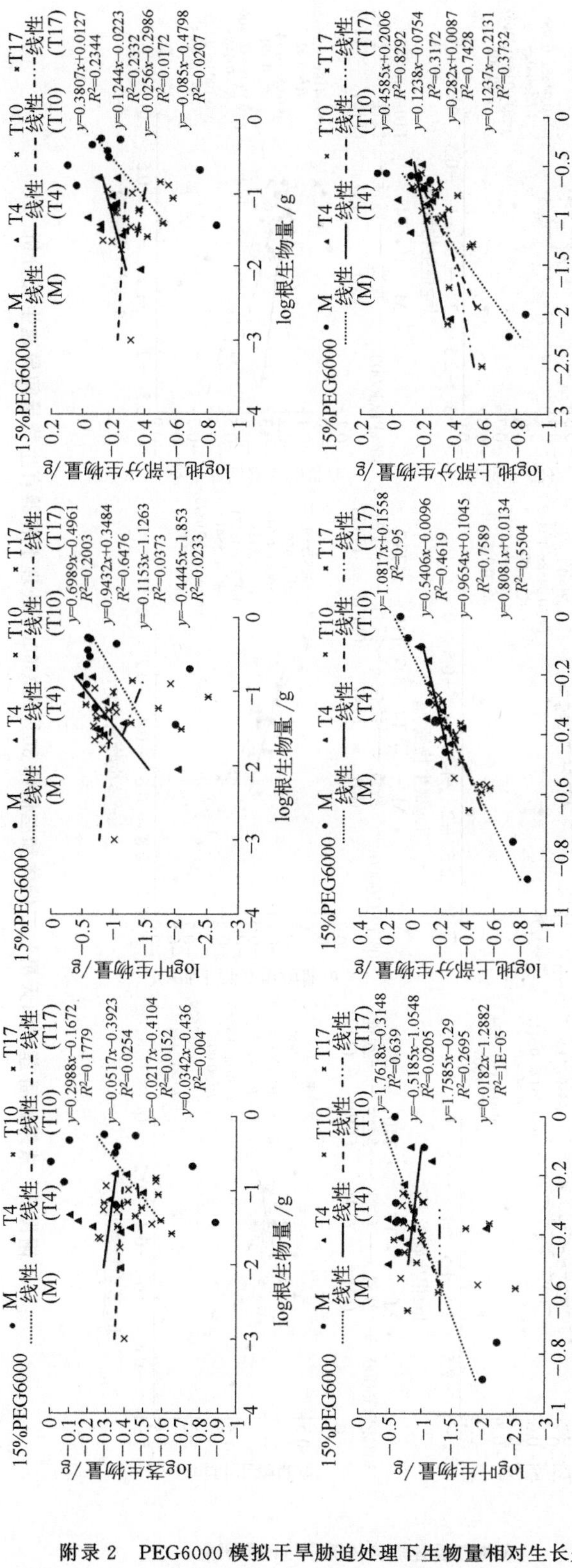

附图2 紫果西番莲‘满天星’二倍体和三倍体15%PEG6000处理下各器官生物量间异速生长分析

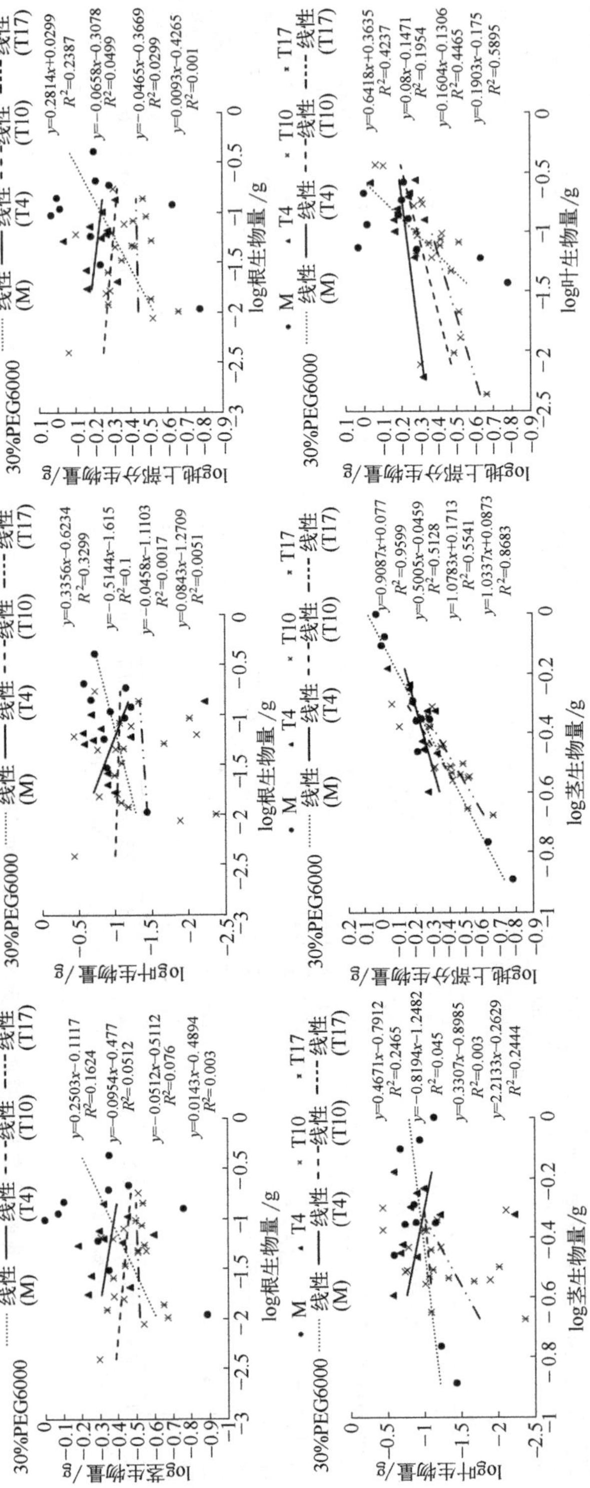

附图 3 紫果西番莲'满天星'二倍体和三倍体 30%PEG6000 处理下各器官生物量间异速生长分析

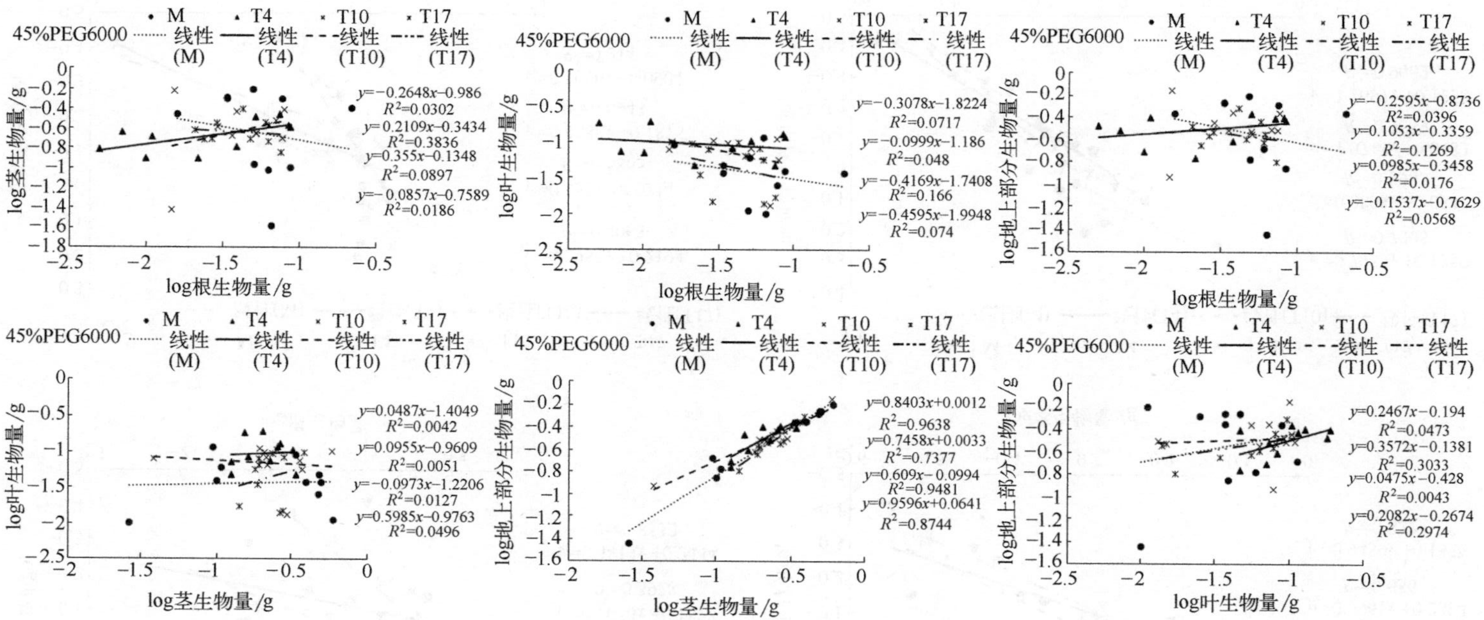

附图 4 紫果西番莲‘满天星’二倍体和三倍体 45%PEG6000 处理下各器官生物量间异速生长分析

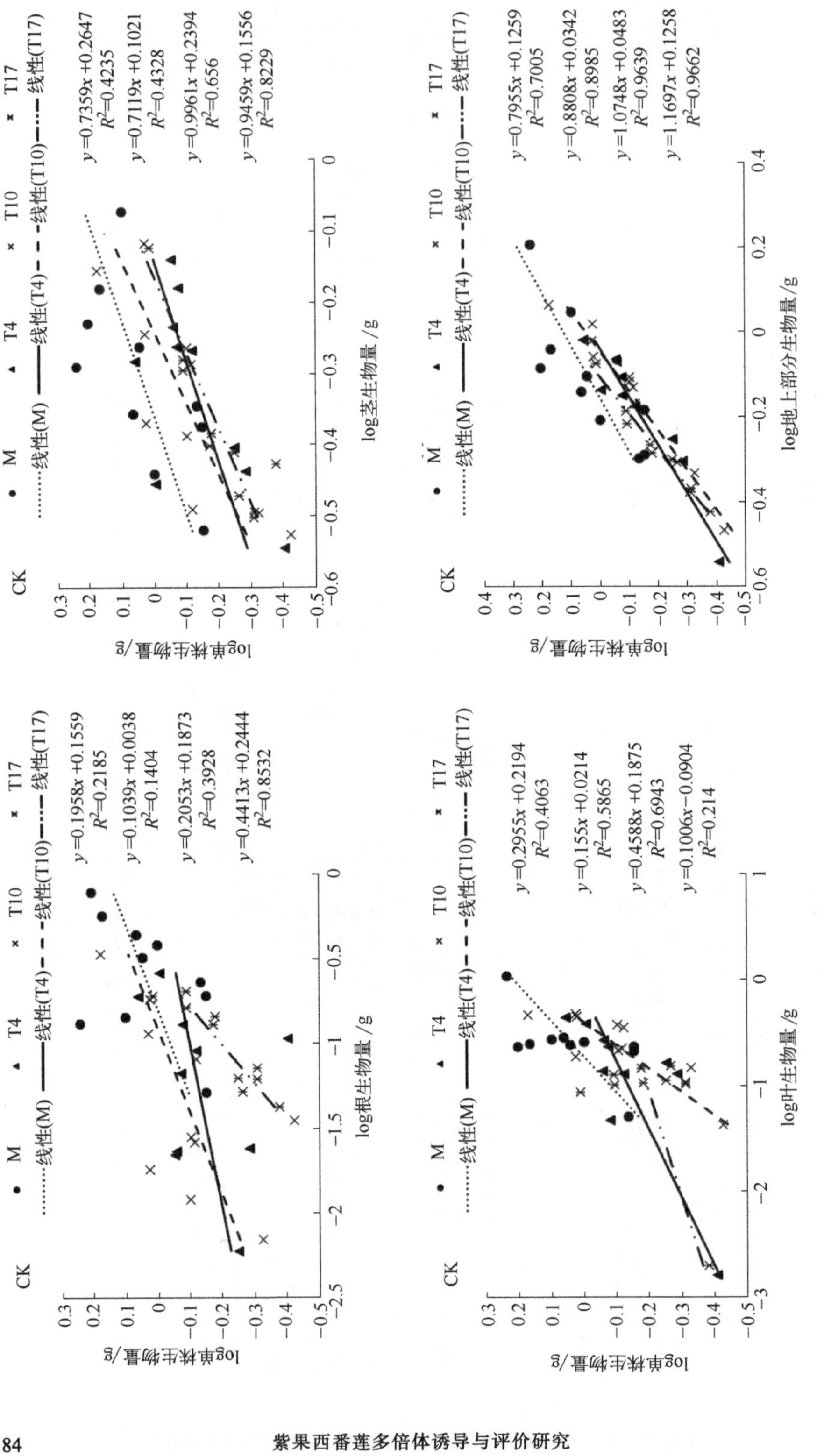

附图 5 紫果西番莲‘满天星’二倍体和三倍体对照条件下各器官与单株生物量间异速生长分析

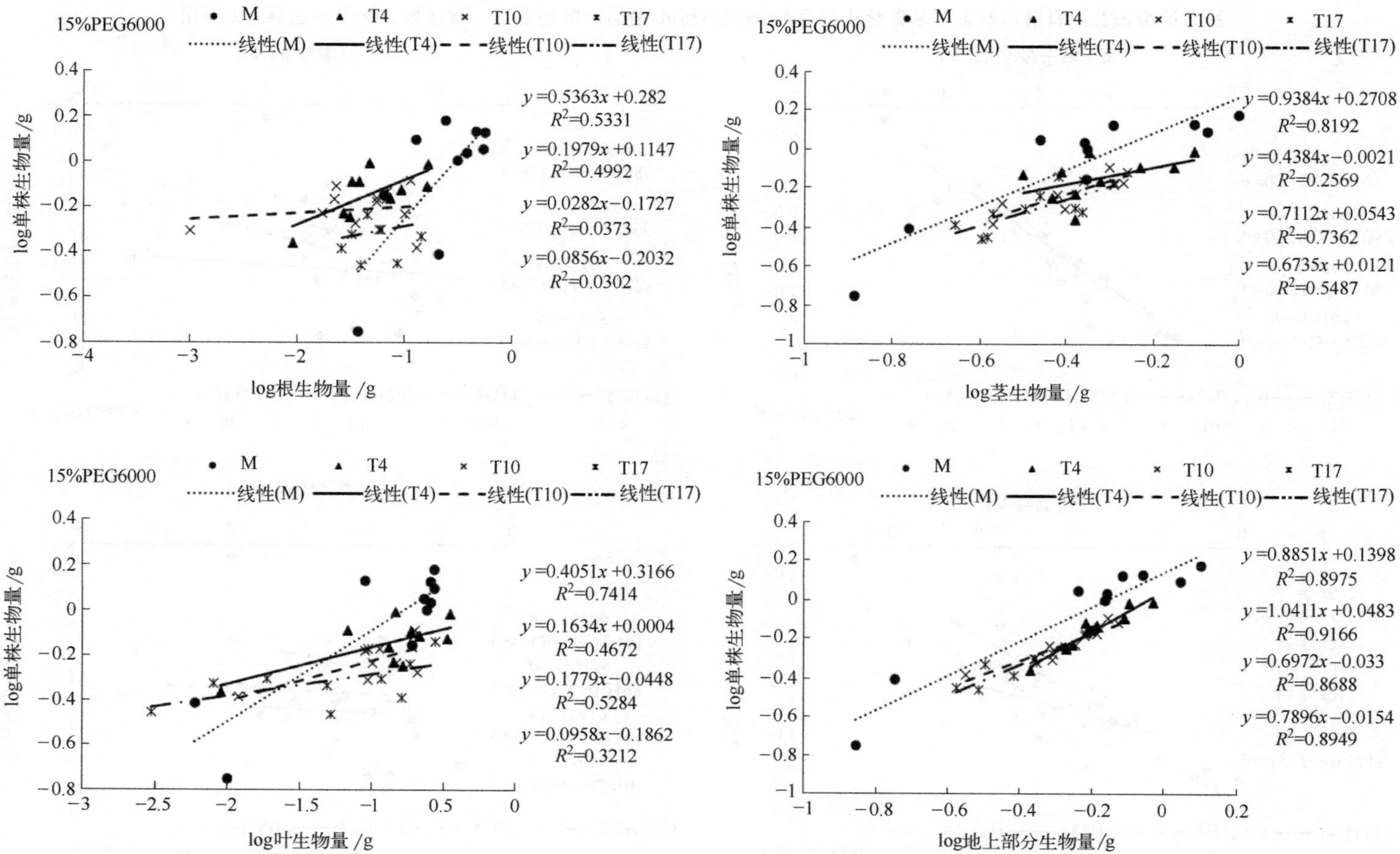

附图 6 紫果西番莲‘满天星’二倍体和三倍体 15%PEG6000 处理下各器官与单株生物量间异速生长分析

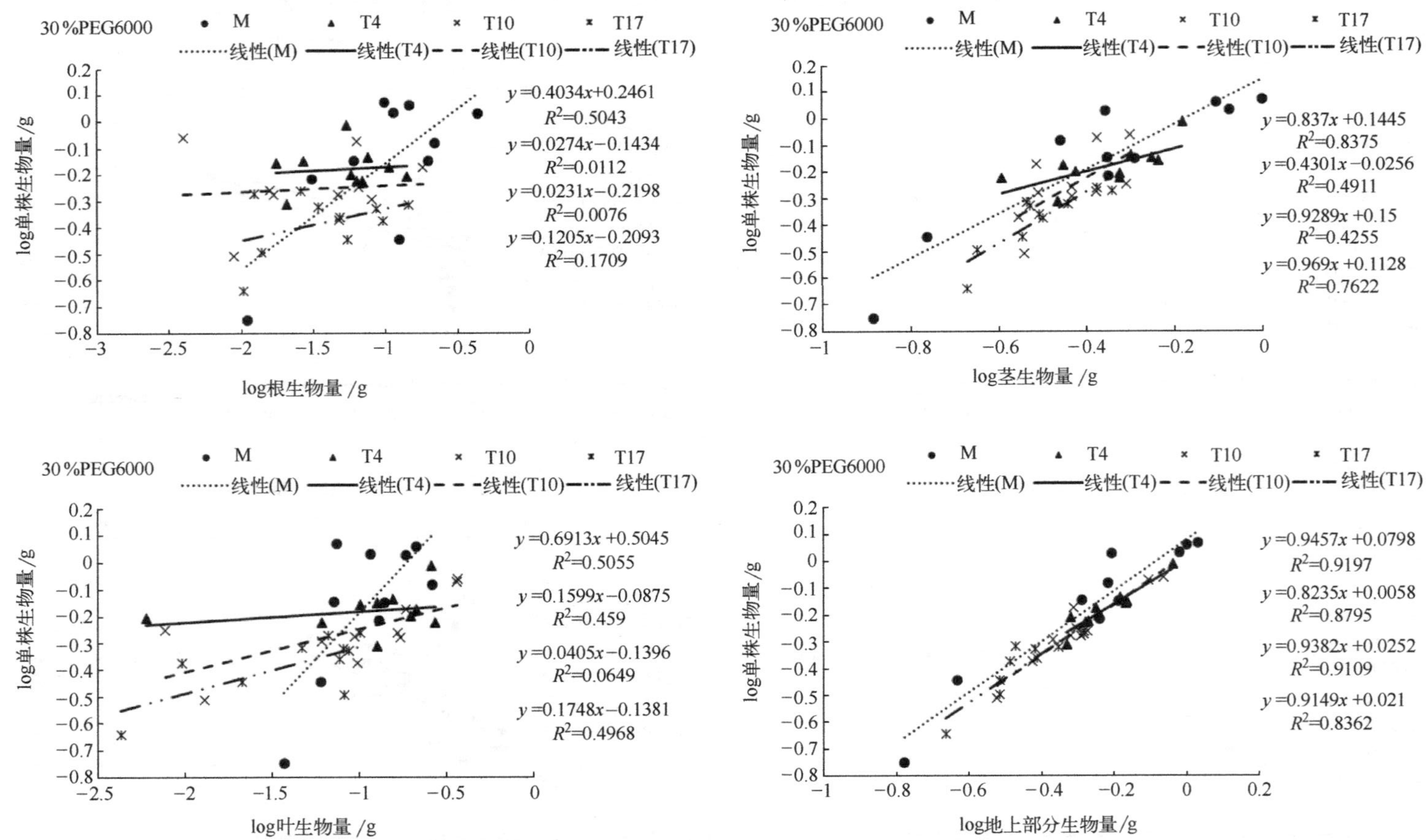

附图 7 紫果西番莲‘满天星’二倍体和三倍体 30%PEG6000 处理下各器官与单株生物量间异速生长分析

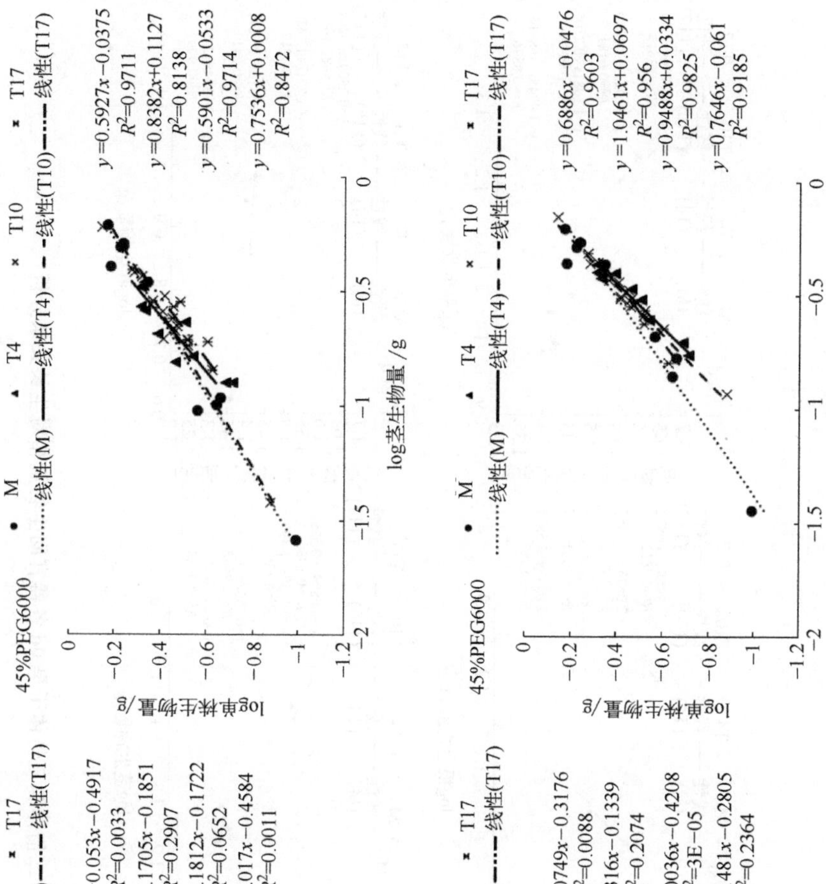

附图 8 紫果西番莲‘满天星’二倍体和三倍体 45%PEG6000 处理下各器官与单株生物量间异速生长分析

附录 3 自然干旱下生物量相对生长关系分析

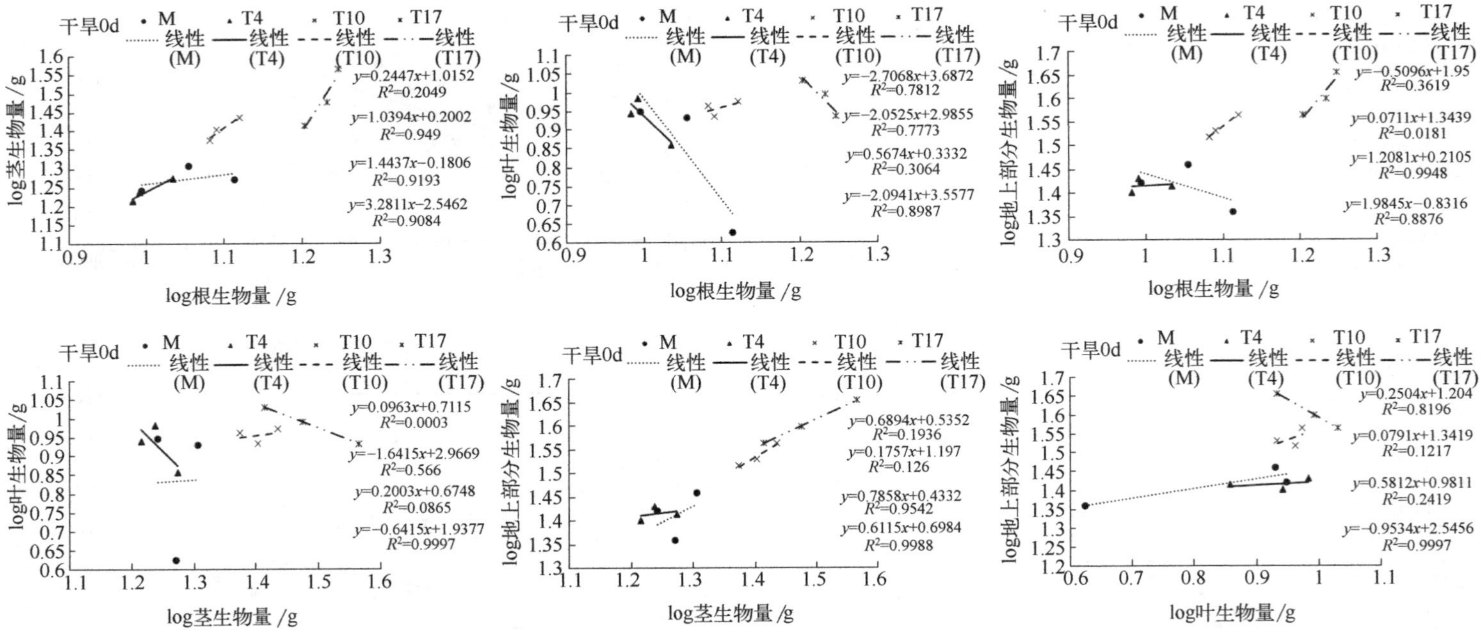

附图 9 紫果西番莲‘满天星’二倍体和三倍体干旱 0d 各器官间生物量相对生长关系分析

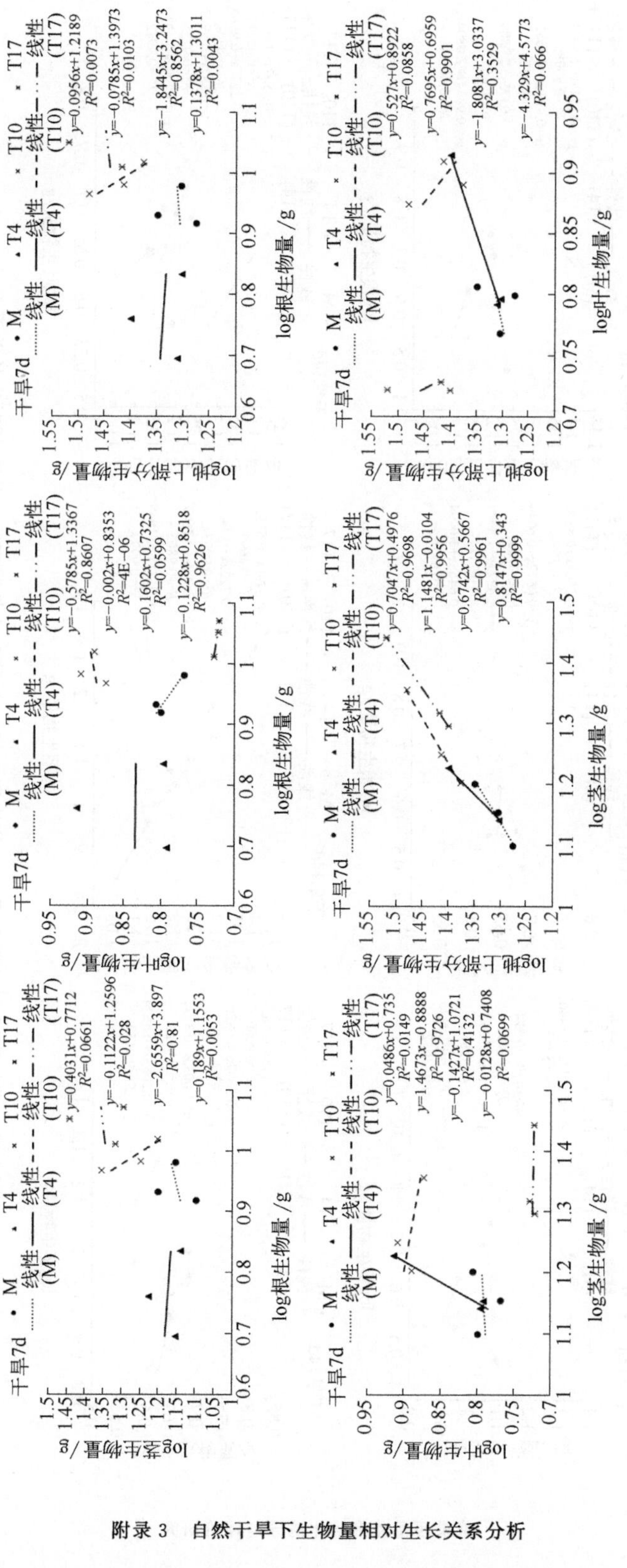

附图 10　紫果西番莲‘满天星’二倍体和三倍体干旱 7d 各器官间生物量相对生长关系分析

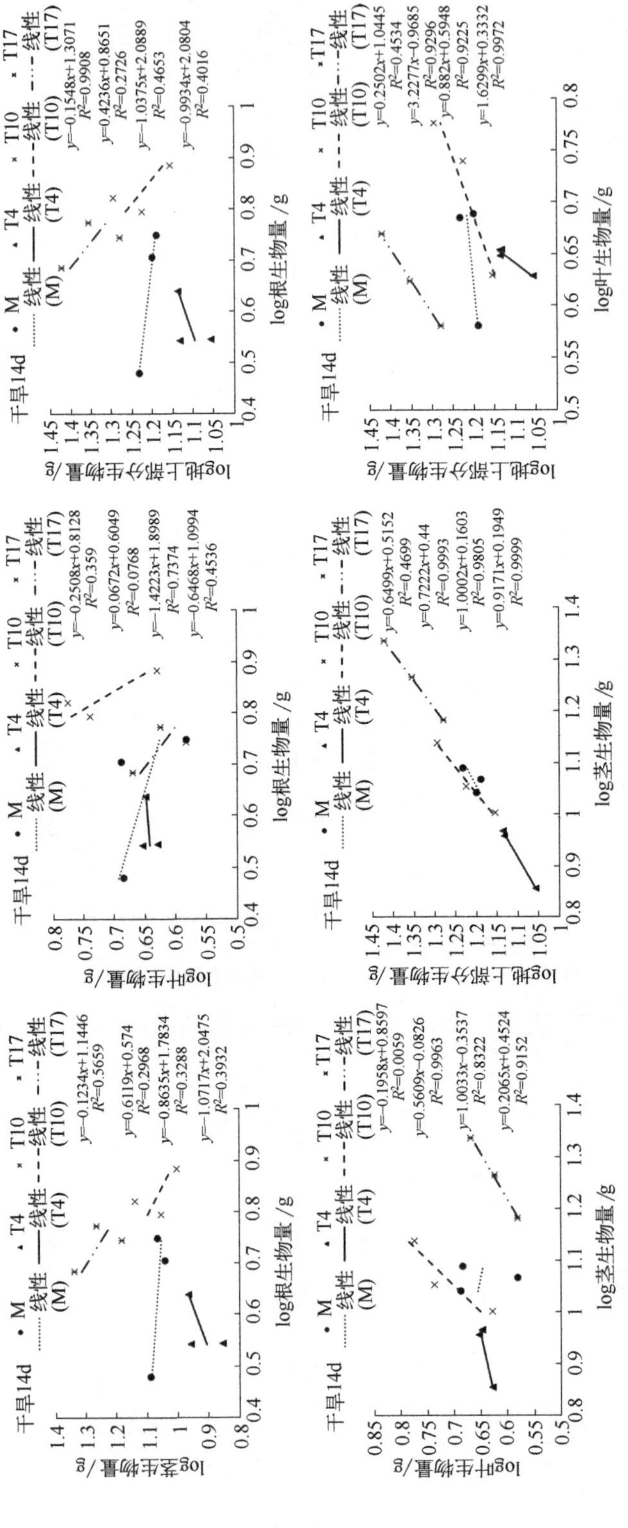

附图 11 紫果西番莲‘满天星’二倍体和三倍体干旱 14d 各器官间生物量相对生长关系分析

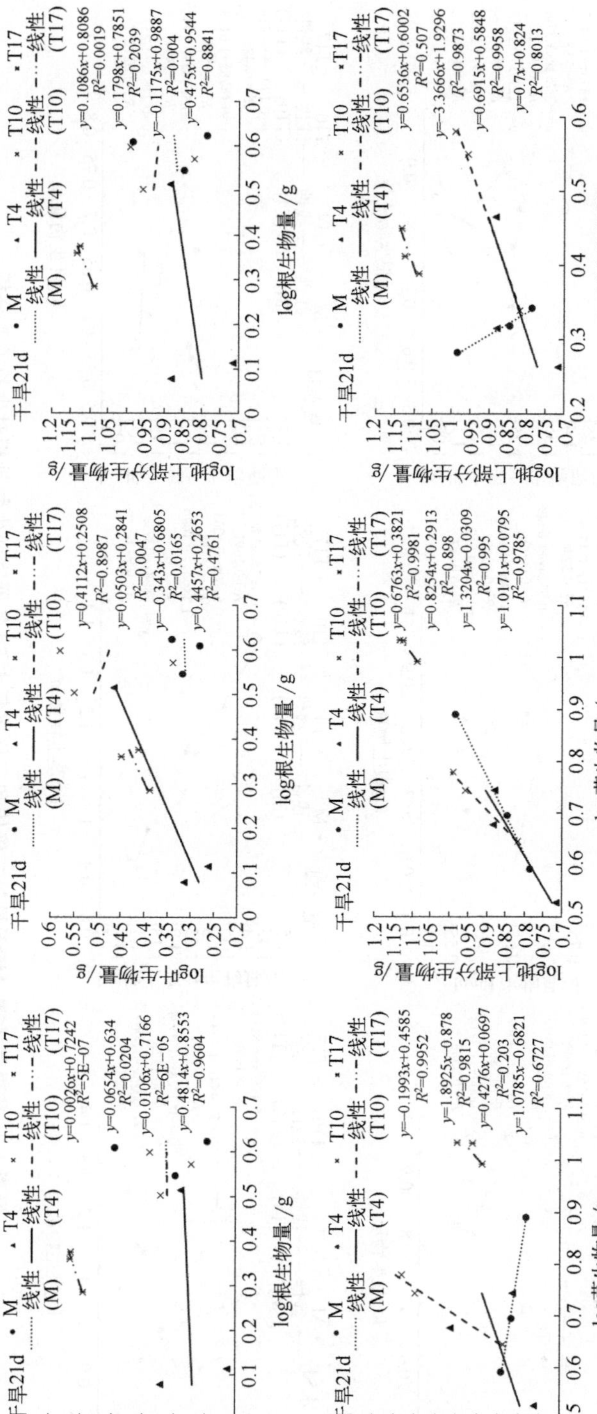

附图 12 紫果西番莲‘满天星’二倍体和三倍体干旱 21d 各器官间生物量相对生长关系分析

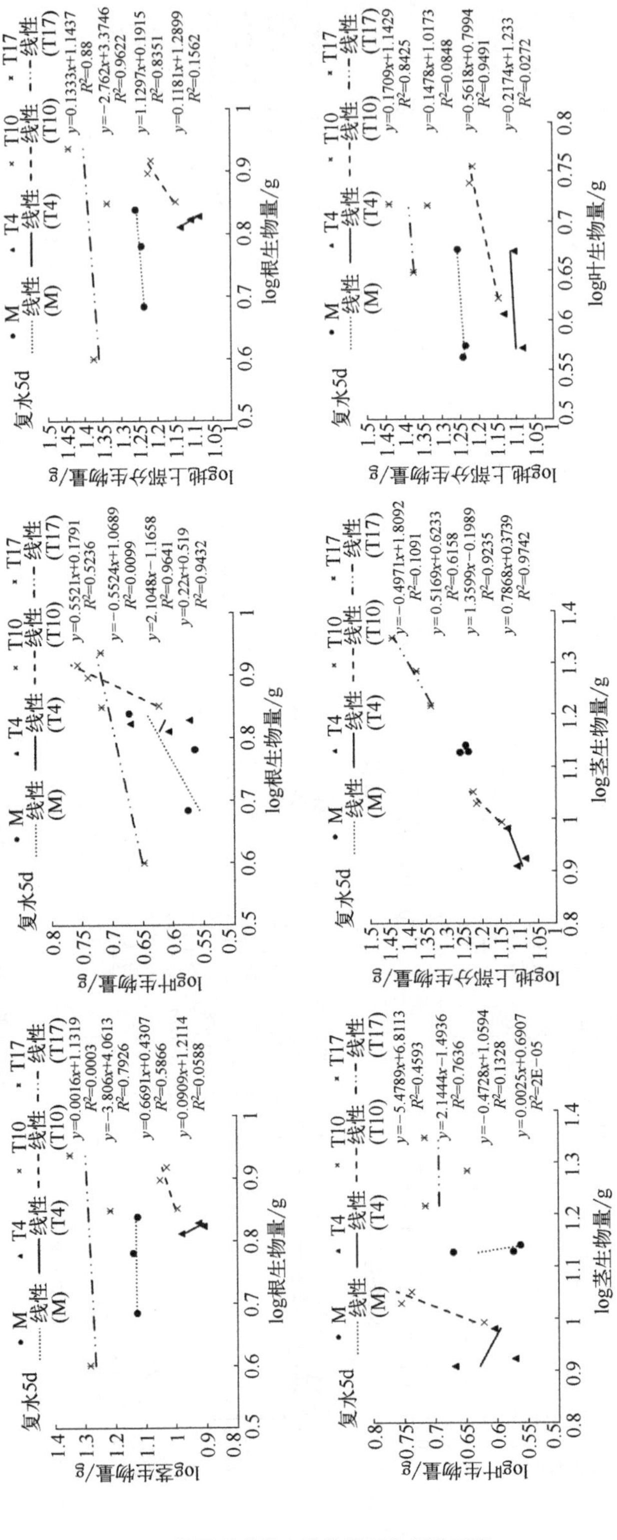

附图 13 紫果西番莲‘满天星’二倍体和三倍体复水 5d 各器官间生物量相对生长关系分析

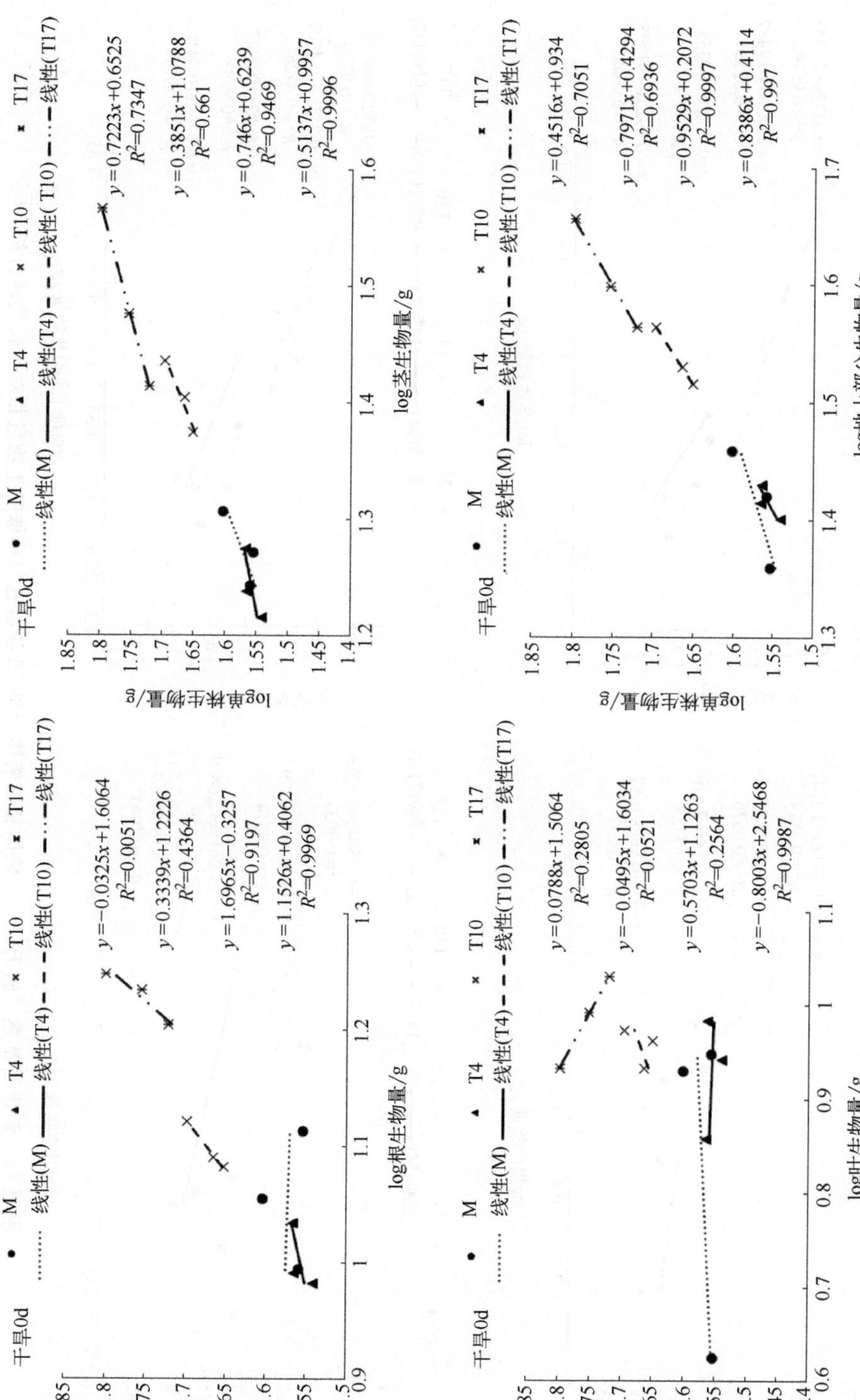

附图 14 紫果西番莲'满天星'二倍体和三倍体干旱 0d 各器官与单株间生物量相对生长关系分析

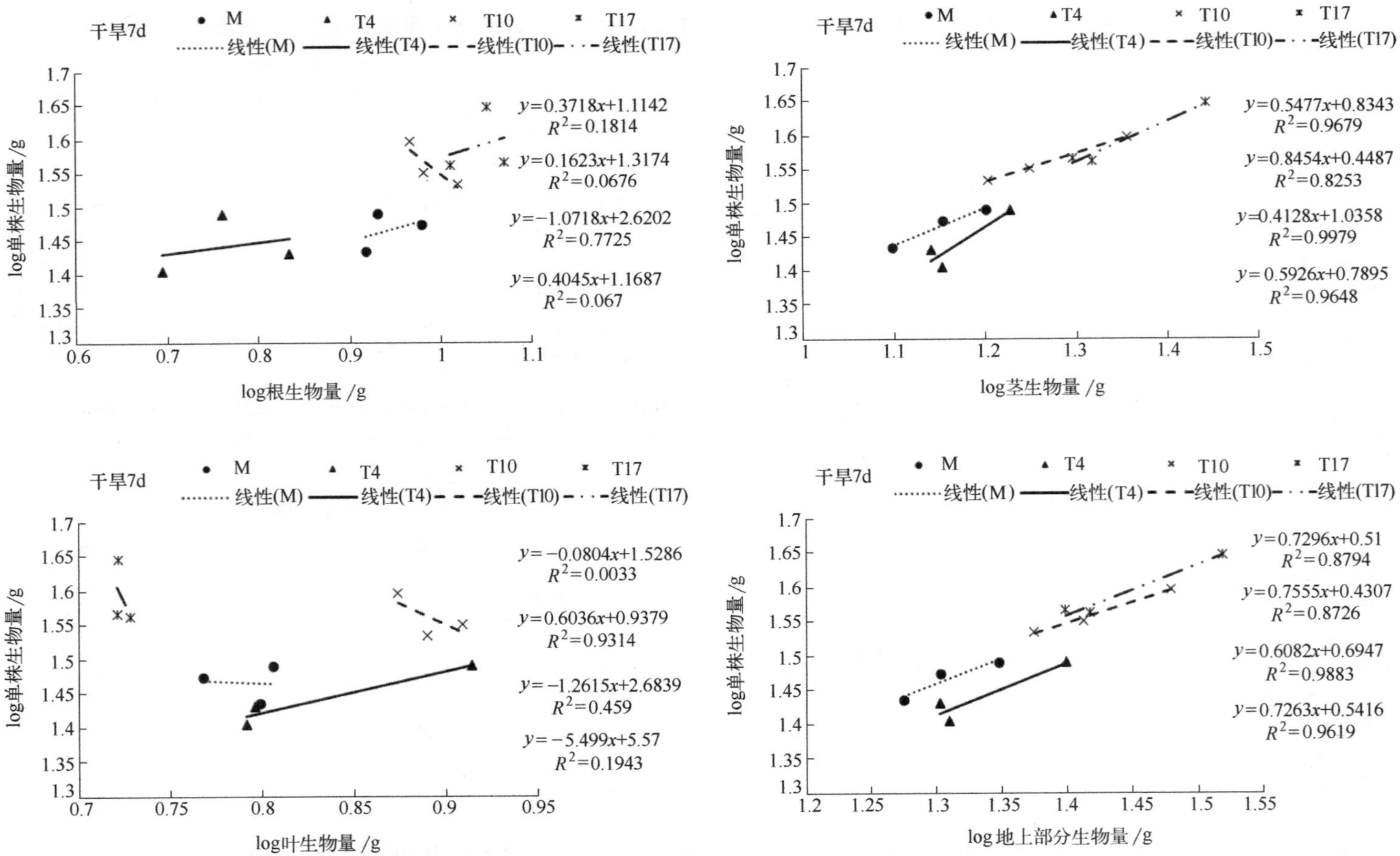

附图 15　紫果西番莲‘满天星’二倍体和三倍体干旱 7d 各器官与单株间生物量相对生长关系分析

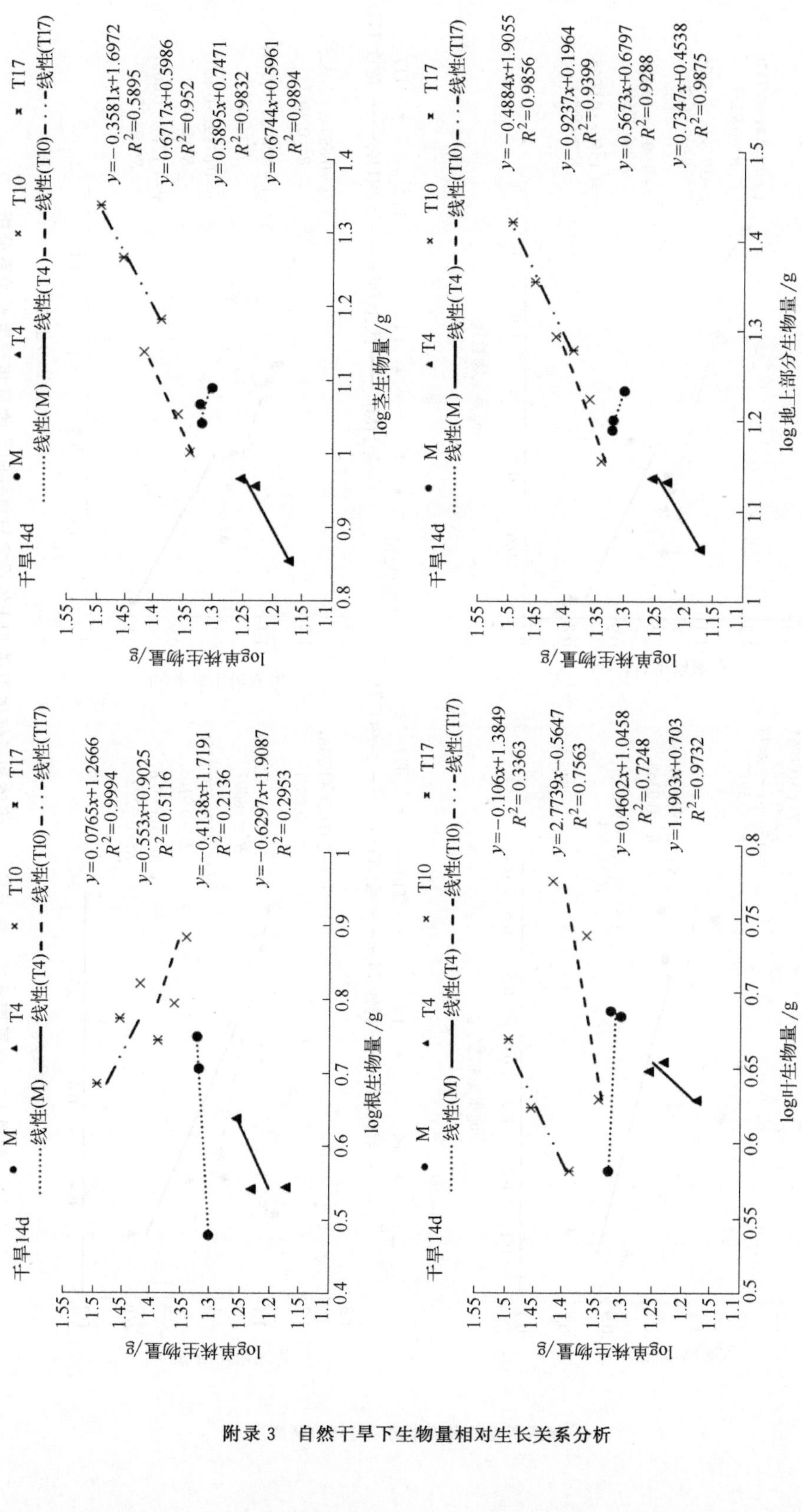

附图 16　紫果西番莲‘满天星’二倍体和三倍体干旱 14d 各器官与单株间生物量相对生长关系分析

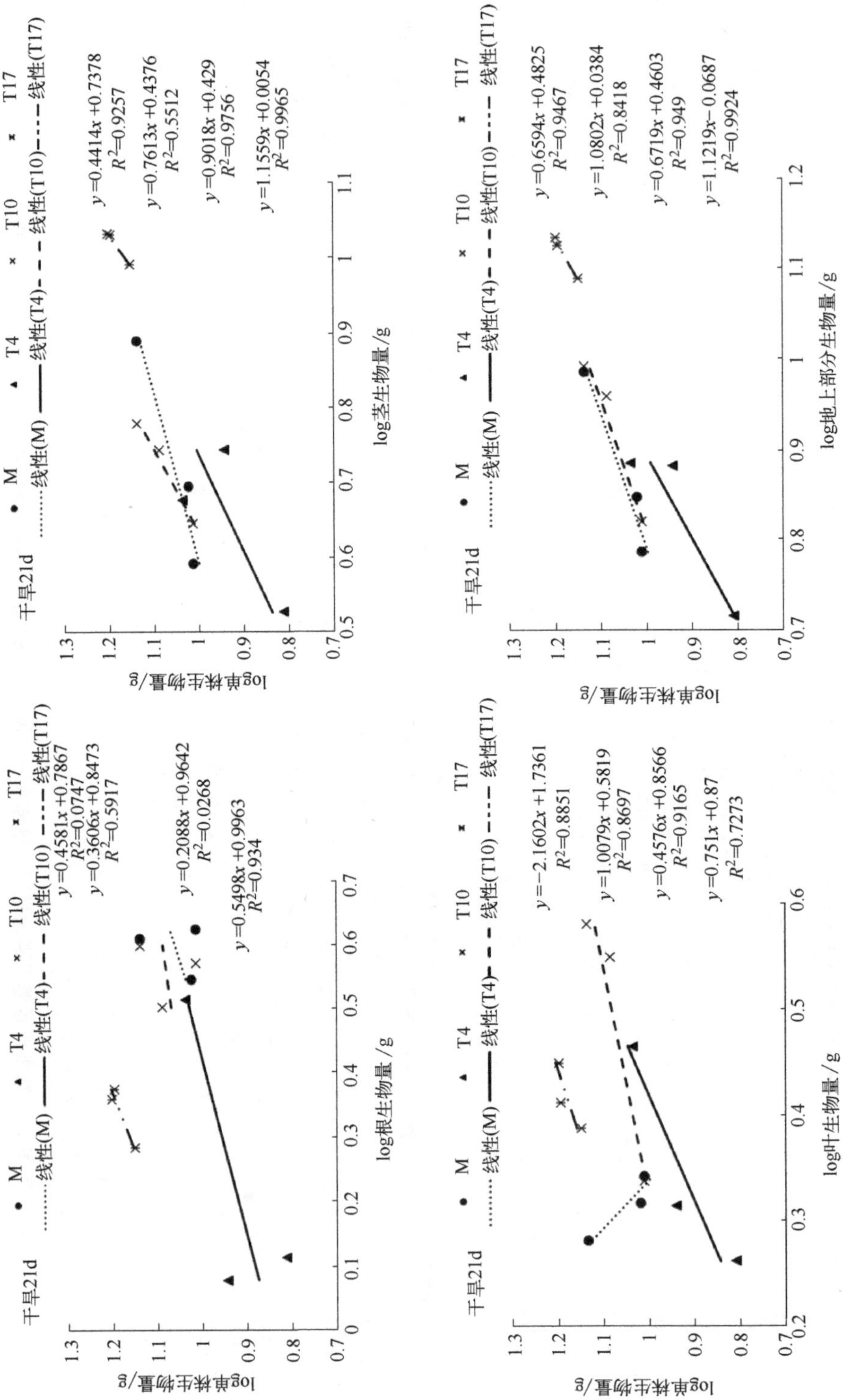

附图 17 紫果西番莲‘满天星’二倍体和三倍体干旱 21d 各器官与单株间生物量相对生长关系分析

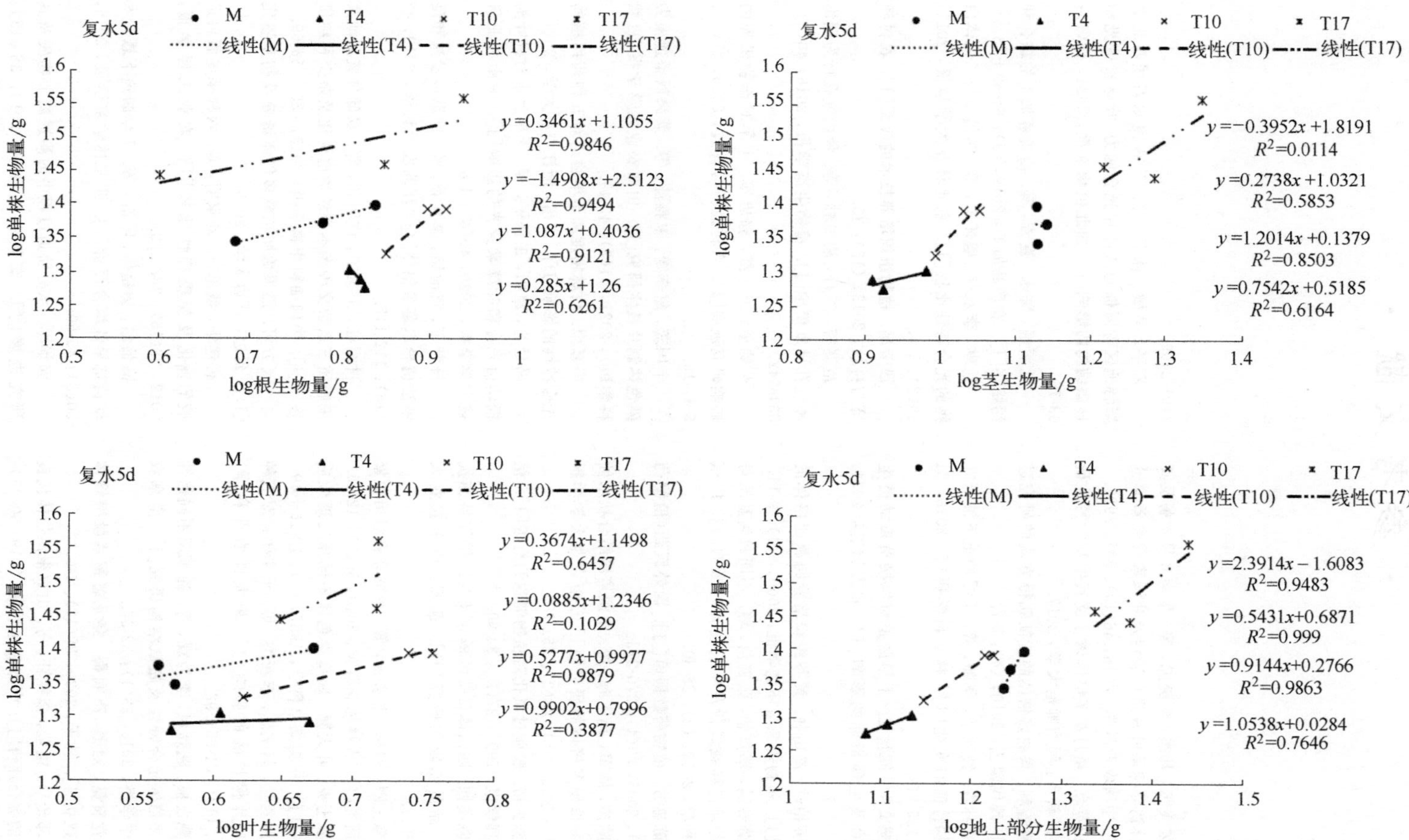

附图 18　紫果西番莲‘满天星’二倍体和三倍体复水 5d 各器官与单株间生物量相对生长关系分析

· 参考文献 ·

安飞飞，凡杰，李庚虎，等. 华南8号木薯及其四倍体诱导株系叶片蛋白质组及叶绿素荧光差异分析[J]. 中国农业科学，2013，46(19)：3978-3987.

白英豪. 裕丹参多倍体诱导及其生物学特性研究[D]. 新乡：河南师范大学，2017.

曹春利. 果树多倍体的特征获得方式的研究进展[J]. 现代园艺，2010，(4)：5-7.

曹林青，钟秋平，罗帅，等. 干旱胁迫下油茶叶片结构特征的变化[J]. 林业科学研究，2018，31(3)：136-143.

柴文臣，阎世江. 干旱胁迫对嫁接黄瓜幼苗生长发育及生理指标的影响[J]. 北方园艺，2024，(7)：10-17.

陈柏君，高山林. 黄芩组织培养同源四倍体的诱导[J]. 植物资源与环境学报，2000，9(1)：9-11.

陈春满，郑贵朝，张善信，等. 不同栽培基质对红掌组培苗移栽成活及生长发育的影响[J]. 广东农业科学，2008，(2)：28-30.

陈惠芳. 植物药数据库[J]. 国外医药(植物药分册)，2005，20(4)：270-273.

陈杰，周军，孙正海，等. 组织培养结合秋水仙素诱导滇杨多倍体的研究[J]. 云南农业大学学报(自然科学)，2013，28(2)：251-256.

陈少裕. 膜脂过氧化对植物细胞的伤害[J]. 植物生理学报，1991，27(2)：84-90.

陈圣栋. 四倍体番茄的诱导及与二倍体番茄抗冷性、品质比较的研究[D]. 泰安：山东农业大学，2007.

陈士刚，陶晶，秦彩云，等. 艳丽花楸组培快繁技术研究[J]. 吉林林业科技，2010，39(5)：12-15.

陈士炎，叶大鹏. 烟草染色体不同预处理效应的研究[J]. 中国烟草科学，1987，(2)：12-16+49.

陈意兰，赵文忠，李新杰，等. 干旱胁迫对五种乔木叶片保护酶的影响[J]. 黑龙江农业科学，2020，(12)：81-85+92.

陈友根，陈劲枫，李为观，等. 甜瓜属不同倍性异源多倍体光合特性及超微结构研究[J]. 南京农业大学学报，2010，33(1)：32-36.

党裳霓，刘影，高润梅. 穿龙薯蓣茎段组培体系的建立[J]. 种子，2020，39(12)：1-6.

邓传华，梁莹，李林轩，等. 山豆根四倍体优良株系的综合评价[J]. 南方农业学报，2019，50(11)：2401-2409.

邓平，吴敏，林丁，等. 干旱-复水对桂西北喀斯特地区青冈栎幼苗叶片光合能力、叶绿素荧光和显微结构的影响[J]. 西北植物学报，2024，44(1)：63-76.

杜丽娟，陈永，袁芳，等. 西番莲加工的综合利用综述[J]. 农产品加工，2019，(3)：64-69+73.

杜琳，李永存，穆怀志，等. 四倍体与二倍体白桦的光合特性比较[J]. 东北林业大学学报，2011，39(2)：1-4.

段莹星. 植物组织培养技术的应用[J]. 农村经济与科技，2018，(12)：33.

范嘉智，王丹，胡亚林，等. 最优气孔行为理论和气孔导度模拟[J]. 植物生态学报，2016，40(6)：631-642.

范钧星，王立红，郭忠军. 干旱对作物机理的影响研究进展[J]. 农村经济与科技，2016，27(7)：6-8，15.

丰国蕊，赵李姗，朱雅静，等. 紫果西番莲根尖染色体制片技术研究[J]. 山西农业大学学报(自然科学版)，2021，41(3)：42-49.

冯嘉雨. 竹林密度和干旱胁迫对五种药用植物光合特性的影响[D]. 杭州：浙江农林大学，2021.

冯延芝，赵阳，王保平，等. 干旱复水对楸叶泡桐幼苗光合和叶绿素荧光的影响[J]. 中南林业科技大学学报，2020，40(4)：1-8.

符芳宁，黄俞铭，李良香，等. 间歇浸没法和浸泡法诱导木薯多倍体[J]. 江苏农业科学，2019，47(16)：112-115.

付绍红，王振宇，许明超，等. 双低甘蓝型油菜细胞质三系杂交种亲本指纹图谱构建及杂交种纯度鉴定[J]. 中国油料作物学报，2013，(35)：56-59.

高方可. 黑果腺肋花楸多倍体诱导及初步鉴定[D]. 延边：延边大学，2016.

高建华，戴思齐，刘家明，等. 六种果皮原料果胶的理化及凝胶特性比较[J]. 农业工程学报，2012，28(16)：288-292.

高怡然，杨超伟，陈浩，等. 干旱胁迫下悬铃木幼苗抗旱性综合评价[J]. 西北林学院学报，2015，30(3)：45-50.

郭华军. 水分胁迫过程中的渗透调节物质及其研究进展[J]. 安徽农业科学，2010，38(15)：

7750-7753.

郭婧. 盾叶薯蓣胚乳培养再生植株及其倍性鉴定[D]. 郑州：河南师范大学，2012.

郭龙，朱大鹏，张敏娟，等. 桑树同源多倍体品种在PEG模拟干旱胁迫下的相关生理生化指标变化[J]. 蚕业科学，2014，(5)：774-780.

郭朋辉，吴景芝，王玉英，等. 百合远缘杂交亲和性分析及杂交障碍克服[J]. 南方农业学报，2019，29(9)：1903-1912.

郭启高，宋明，梁国鲁. 植物多倍体诱导育种研究进展[J]. 生物学通报，2000，35(2)：8-10.

郭展雄，吴进义. 秋水仙素处理桑树杂种实生苗诱导四倍体植株的研究[J]. 蚕业科学，1989，15(1)：13-17.

郭子霞，尚文倩，闫新房，等. 光照强度对白掌试管苗生长的影响[J]. 江西农业大学学报，2011，3(6)：1134-1138.

韩国辉，罗友进，党江波，等. 果桑50个品种的叶片和果实性状及倍性鉴定评价[C]. 中国园艺学会2018年学术年会，2018.

韩玉琴. 春小麦花粉植株的壮苗及染色体加倍技术研究[J]. 中国农学通报，2004，(3)：4-5，37.

何毅，张力，陆杰思，等. 高温对不同倍性西瓜生理特性及果实品质的影响[J]. 贵州农业科学，2015，43(6)：158-161.

和寿星，薛润光，李兆光，等. 兰属新种珍珠矮的组织培养与植株再生[J]. 植物生理学通讯，2007，(3)：131-132.

洪陈洁，林晗，吴承祯. 植物多倍体特征与诱导及其应用[J]. 武夷学院学报，2014，33(02)：1-6.

洪晓云. 太子参离体快繁及多倍体诱导的研究[D]. 福州：福建农林大学，2013.

侯金波. 优良速生树种——美国竹柳[J]. 农村百事通，2007(21)：32-32.

华文. 中国野生西番莲介绍[J]. 花卉，2011，(4)：17-19.

黄礼森，李树玲. 梨多倍体与二倍体性状比较[J]. 中国果树，1990，0(3)：30-31.

霍乃蕊，韩克光. 细胞融合技术的发展及应用[J]. 激光生物学报，2006，(2)：103-107.

简令成. 逆境植物细胞生物学[M]. 北京：科学出版社，2009.

姜冬，张利萍，郑颖，等. 刺五加组培苗移栽炼苗技术研究[J]. 林业科技，2013，(3)：6-8.

姜生秀，严子柱. 不同欧李幼苗品种光合特性比较[J]. 华北农学报，2020，35(6)：122-132.

蒋含笑. 金秀香芋离体快繁体系建立发多倍体诱变研究[D]. 南宁：广西大学，2015.

蒋卉，袁欣，冯乃馨，等. 矮牵牛同源多倍体诱导及其初期表型差异分析[J]. 河南农业科学，2019，48(9)：111-116.

李红杰，刘佳，赵成凤，等. 干旱胁迫及复水处理对玉米苗期叶片光化学活性的影响[J]. 植物生理学报，2020，56(5)：997-1005.

李进华，麦生威，李冰，等. 干旱胁迫对翅茎白粉藤光合作用及叶绿体超微结构的影响[J]. 广西林业科学，2023，52(6)：707-712.

李晶，姚航，曹后男，等. 黑果枸杞的多倍体诱导研究[J]. 农业科学与技术，2016，17(9)：2012-2016.

李丽丽，侯智远，卢海博，等. 干旱胁迫和复水对'张杂谷3号'光合特性和产量的影响[J]. 河北农业大学学报，2017，40(4)：19-24.

李莉萍. 西番莲综合开发利用研究进展[J]. 安徽农业科学，2012，(28)：168-171.

李茂娟，廖祯妮，邓少华，等. 百合新品种引种筛选及组培快繁技术研究[J]. 中国农学通报，2019，35(22)：65-70.

李琦. 植物原生质体融合方法的研究进展[J]. 种子科技，2018，(6)：38-38.

李瑞姣，岳春雷，李贺鹏，等. 干旱胁迫对日本荚蒾幼苗生理生化特性的影响[J]. 西北林学院学报，2018，33(2)：56-61.

李瑞雪，孙任洁，汪泰初，等. 植物抗旱性鉴定评价方法及抗旱机制研究进展[J]. 生物技术通报，2017，33(07)：40-48.

李淑真，林昌黎，许圳涂. 百香果(*Passiflora edulis* Sims.)胚乳培养不定芽再生及三倍体植株建立[J]. 中国园艺，1998，44(4)：413-428.

李树贤，吴志娟，杨志刚，等. 同源四倍体茄子品种新茄一号的选育[J]. 中国农业科学，2002，35(6)：686-689.

李文娆，张岁岐，山仑. 水分胁迫和复水对紫花苜蓿幼苗叶绿素荧光特性的影响(英文)[J]. 草地学报，2007，(2)：129-136.

李向辉. 植物细胞融合[J]. 生物学教学，1987，(1)：2-6.

李璇，岳红，王升，等. 影响植物抗氧化酶活性的因素及其研究热点和现状[J]. 中国中药杂志，2013，38(7)：973-978.

李媛媛，李玉萍，王楠，等. 水分胁迫对不同倍性小麦穗部干物质积累和分配及转运的影响[J]. 麦类作物学报，2018，38(3)：285-292.

李云，朱之悌，田砚亭. 极端温度处理白杨雌花芽培育三倍体植株的研究[J]. 北京林业大学学报，2000，(5)：7-12.

李紫琴. 不同水分处理下棉花叶片光合参数与叶绿素荧光的高光谱监测研究[D]. 阿拉尔：塔里木大学，2023.

梁俊梅. 模拟干旱胁迫对马铃薯组培苗生育进程及试管薯产量的影响[D]. 呼和浩特：内蒙古农业大学，2017.

林定波，刘祖祺. 冷驯化和ABA对柑桔膜稳定性的影响及膜特异蛋白质的诱导[J]. 南京农业大学学报，1994，1：1-5.

林姝婧. 长柄扁桃对干旱胁迫的生理响应[D]. 呼和浩特：内蒙古农业大学，2023.

刘爱林，伏春美，罗中阳，等. 干旱胁迫下云南干热河谷区6个乡土草种生理生化特性的比较分析[J]. 西部林业科学，2023，52(06)：47-54+63.

刘丹，夏雪，吴益梅，等. 植物染色体制片效果影响因素的解析[J]. 浙江农业科学，2015，56(10)：1654-1657.

刘凤霞. 新疆库尔勒香梨多倍体诱导和抗寒突变体筛选[D]. 咸阳：西北农林科技大学，2018.

刘继红. 柑橘原生质体电融合研究进展[J]. 世界农业，2016，(1)：31-32.

刘美妍. 黄瓜多倍体诱导技术的优化与种质创制[D]. 秦皇岛：河北科技师范学院，2021.

刘倩. 6种苜蓿属植物多倍体诱导及倍性鉴定研究[D]. 扬州：扬州大学，2014.

刘婉秋，庞俊秀，曹艳楠，等. 丹参三倍体与二倍体叶片特征及抗旱性分析[J]. 天津农学院学报，2021，28(1)：1-5.

刘晓静，于立梅，庄雪莹，等. 百香果果酒发酵工艺及香气成分分析[J]. 中国酿造，2017，36(12)：153-157.

刘晓静，华小平，陆波，等. 彩色马蹄莲品种多倍体诱导及其生物学特征变化[J]. 植物资源与环境学报，2014，(3)：81-85.

刘岩，林天宝，朱燕. 基于桑树冬芽的多倍体诱导与初步鉴定[J]. 浙江农业科学，2019，(6)：1036-1038.

刘燕，张凌楠，刘晓宏，等. 干旱胁迫植物个体生理响应及其生态模型预测研究进展[J]. 生态学报，2023，43(24)：10042-10053.

刘祖祺，张石城. 植物抗性生理学[M]. 北京：中国农业出版社，1994.

柳政戎，马明呈，吕才忠，等. PEG-6000模拟干旱胁迫对陕甘花楸耐旱性生理指标的影响[J]. 天津农林科技，2024，(1)：22-26.

陆虑远，庄西卿. 我国西番莲属种质资源简介[J]. 福建热作科技，1989，(4)：24-26.

吕天舒. 黑果腺肋花楸胚乳愈伤组织增殖及抗氧化活性研究[D]. 延边：延边大学，2015.

马廷臣，余蓉蓉，陈荣军，等. PEG-6000模拟干旱对水稻苗期根系形态和部分生理指标影响的研究[J]. 中国农学通报，2010，26(08)：149-156.

马卫红，劳永达，钟瑞敏，等. 西番莲果汁饮料风味稳定性及保香效果研究[J]. 食品研究与开发，2017，(21)：15-18.

孟祥才，王喜军，王振月. 防风多倍体形态解剖及性状观察[J]. 现代中药研究与实践，2005(2)：23-24.

孟玥，邹吉祥. 干旱胁迫对短果茴芹叶绿素含量的影响[J]. 广东蚕业，2020，54(3)：17-18.

米娜，张玉书，蔡福，等. 土壤干旱胁迫对作物影响的模拟研究进展[J]. 生态学杂志，2016，35(9)：2519-2526.

穆怀志. 多倍体白桦的诱导及其生长光合特性的分析[D]. 哈尔滨：东北林业大学，2010.

聂振朋，柯甫志，罗君琴，等. 椪柑胚乳三倍体植株诱导研究[J]. 现代园艺，2014，(11)：7-8.

潘静雯，王红尧，李林，等. 不结球白菜同源四倍体苏州青的诱导鉴定[J]. 中国农学通报，2020，36(30)：68-74.

彭晓军，王永清. 枇杷胚乳愈伤组织诱导和不定芽发生的研究[J]. 四川农业大学学报，2002，(3)：228-231.

彭滢，李晓妍，陈芝琳，等. 枳橙四倍体与二倍体干旱生理应答及水通道蛋白基因表达分析[J]. 中国南方果树，2021，50(4)：1-6.

彭云霞，王宏霞，李玉萍. 植物多倍体研究综述[J]. 甘肃农业科技，2012，(11)：29-32.

祁俊青，于文金，谢涛，等. 云南省干旱灾害时空变化特征[J]. 江苏农业学报，2019，35(3)：631-638.

邱芬，辛亚龙，唐军荣，等. 不同倍性滇杨叶片解剖结构差异分析[J]. 中南林业科技大学学报，2017，(6)：56-59.

全文选. 马尾松幼苗对干旱胁迫的响应机理[D]. 贵阳：贵州大学，2018.

饶建新，余平溪，陈益忠. 紫香1号百香果特性及栽培技术[J]. 现代园艺，2012，(21)：15-17.

沙二，刘宝，赵志刚，等. 桦木杂种育苗技术[J]. 林业科技通讯，2008，(9)：28.

邵冰洁，万思琦，刘江淼，等. 黑果枸杞和宁夏枸杞的多倍体诱导和鉴定[J]. 分子植物育种，2018，(8)：195-201.

邵艳军，山仑，李广敏. 干旱胁迫与复水条件下高粱、玉米苗期渗透调节及抗氧化比较研究[J]. 中国生态农业学报，2006，14(1)：68-70.

施俊杰，朱为松，邓健林，等. 持续干旱胁迫下云南松幼苗的光合特性日变化[J/OL]. 分子植物育种：1-20 http：//kns. cnki. net/kcms/detail/46. 1068. S. 20240227. 1736. 008. html.

石小兵，杨航，赵致，等. 三叶木通的组织培养和多倍体诱导[J]. 江苏农业科学，2016，(5)：69-71.

石志刚，万如，李彦龙，等. 基于ITS条形码序列对枸杞杂交种的早期鉴定[J]. 湖北农业科学，2016，(19)：5075-5077.

史庆华，朱祝军，李娟，等. 高锰胁迫与低pH对黄瓜根系氧化胁迫和抗氧化酶的复合效应[J]. 中国农业科学，2005，38(5)：999-1004.

宋嘉雯. 干旱胁迫下叶面施硒对温室番茄生长发育和产量品质的调控效应[D]. 阿拉尔：塔里木大学，2023.

宋子文，刘焕臻，马晓雨，等. 镉胁迫对大青杨不同倍体的生长及生理生化的影响[J]. 植物研究，2020，40(5)：728-734.

孙安妮，贺明慧，李玥，等. 干旱胁迫和复水对大豆开花期光合特性及叶绿素荧光的影响[J/OL]. 分子植物育种：1-9 http://kns.cnki.net/kcms/detail/46.1068.S.20240201.0917.002.html.

孙佩，姬慧娟，张亚红，等. 丹红杨×通辽1号杨杂交子代苗期抗旱性初步评价[J]. 植物遗传资源学报，2019，(2)：297-308.

孙琪，王亚楠，张焕，等. 西番莲组织培养技术研究[J]. 种子，2018，37(07)：78-81.

孙强，王丽艳，荆瑞勇，等. 不同倍性菘蓝对干旱胁迫的耐受能力及保护性酶的响应机制[J]. 水土保持研究，2013，20(6)：48-53.

孙小玲，许岳飞，马鲁沂，等. 植株叶片的光合色素构成对遮阴的响应[J]. 植物生态学报，2010，34(8)：989-999.

孙占育，孙志强，曹斌. 活性炭在促进组培苗植物生根中的作用[J]. 湖南农业科学，2010，(4)：3-5.

唐明荣，唐少东，严兴康，等. 西番莲紫香1号特征特性及高产栽培技术[J]. 中国农技推广，2018，34(03)：45-46.

唐茜茜，木巴热克·阿尤普，张萍，等. 干旱胁迫对扁桃砧木幼苗叶片结构和根系形态的影响[J]. 北京林业大学学报，2023，45(11)：90-99.

唐淑玲. 毛稔无菌再生体系构建与多倍体诱导研究[D]. 福州：福建农林大学，2015.

田宝. 干旱胁迫对大叶黄杨保护酶及渗透物质含量的影响[J]. 山东林业科技，2019，49(4)：64-67.

田永生，赵晓明. 蒲公英二倍体与四倍体的几个生理指标比较[J]. 中国农学通报，2007，23(6)：345-348.

万水林，胡钟东，闫承璞，等. 金沙柚实生后代四倍体诱导研究[J]. 中国南方果树，2018，(3)：37-40.

王红玲，孙倩，黄瑞芳. 楸叶泡桐杂种无性系9503的组织培养技术研究[J]. 江苏林业科技，2019，(2)：43-45.

王惠利，赵晓明. 四倍体金银花的细胞学鉴定[J]. 北方园艺，2014，(06)：92-94.

王家福，陈振光. 影响柑桔球形合子胚离体培养的若干因素[J]. 热带作物学报，1999，(2)：27-30.

王磊，张倩，殷丽丽，等. 小金海棠×山定子后代群体亲缘关系及倍性鉴定方法的比较[C]. 园艺植物染色体倍性操作与遗传改良学术研讨会，2012.

王鹏丽. 平陆百合多倍体的诱导与鉴定[D]. 晋中：山西农业大学，2018.

王茜龄，余茂德，鲁成，等. 果叶兼用多倍体新桑品种的选育及其光合特性研究[J]. 中国农业科学，2011，44(3)：562-569.

王强，金则新，郭水良，等. 濒危植物长叶榧的光合生理生态特性[J]. 生态学报，2014，34(22)：6460-6470.

王雪，朱雅静，陈诗，等. 不同倍性紫果西番莲“满天星”形态、叶绿素及荧光参数差异比较[J]. 山东农业大学学报(自然科学版)，2022，53(05)：755-762.

王亚楠，张湛仪，赵李姗，等. 紫果西番莲愈伤组织诱导分化及不定芽增殖研究[J]. 西南林业大学学报(自然科学)，2019，39(03)：155-160.

王宇婷，张雅倩，杨青杰. 秋水仙素对渥丹百合种子多倍体诱导的影响[J]. 贵州农业科学，2019，(7)：22-24

王园园，叶志琴，刘容，等. 二倍体和四倍体杂交兰幼苗对低温胁迫的生理响应差异分析[J]. 植物资源与环境学报，2014，23(4)：68-74.

王振宇. 油菜染色体加倍及倍性鉴定方法研究[D]. 成都：四川农业大学，2015.

韦晓霞，潘少霖，陈文光，等. 百香果等6种西番莲属植物抗寒性调查[J]. 中国南方果树，2019，48(1)：53-55.

卫凯，朱慧森，岑慧芳，等. 干旱胁迫下偏关苜蓿保护酶及转录组差异性分析[J]. 山西农业科学，2022，50(3)：303-313.

魏秀清，陈晓静. 紫果西番莲染色体制片方法比较及其核型分析[J]. 福建农业学报，2009，24(4)：328-332.

温国，孙皓浦，党江波，等. 多倍体与二倍体枇杷叶片特征及抗旱性初步分析[J]. 果树学报，2019，36(8)：968-979.

文明富，杨俊贤，潘方胤，等. 甘蔗遗传改良研究进展[J]. 广东农业科学，2016，(6)：58-63.

吴凤婵. 百香果砧木抗寒抗旱性评价及筛选[D]. 贵阳：贵州大学，2022.

吴均秀. 浅谈西番莲及其发展前景[J]. 广西热作科技，1994(1)：43-46.

吴婷，葛红，杨树华，等．秋水仙素诱导象鼻兰种子产生多倍体[J]．北方园艺，2022(2)：71-78.

吴雪娟，杨利平，陈敏．条叶百合的离体多倍体诱导[J]．贵州农业科学，2016，44(8)：84-86.

吴玉香，李昱樱，申状状，等．棉属 AD 远缘杂种的合成及性状鉴定[J]．山西农业大学学报(自然科学版)，2018，38(4)：1-4，10.

武维华．植物生理学[M]．2 版．北京：科学出版社，2008：48.

武娅歌，赵建华，宋晓飞，等．欧洲温室型黄瓜同源四倍体新种质的创制与鉴定[J]．江苏农业科学，2019，47(18)：141-145.

席小慧，王攀，王朝阳，等．拟南芥微管结合蛋白 WDL3 参与 ABA 诱导的气孔关闭过程[J]．科学通报，2019，64(11)：95-106.

向素琼．利用染色体倍性技术培育长寿沙田柚与红江橙多倍体新种质的研究[D]．重庆：西南农业大学，2002.

谢华永．杨树胚性悬浮细胞系建立与原生质体融合研究[D]．南京：南京林业大学，2004，(2)：25-26.

辛培尧，何承忠，李根前，等．组织培养结合秋水仙素诱导滇杨四倍体的方法[J]．华南农业大学亚热带农业生物资源保护与利用，2013，118(4)：576-581.

邢冰，董诚明，李曼，等．冬凌草染色体制片方法的初步研究[J]．黑龙江农业科学，2019，(6)：7-9.

徐剑秋．不同倍性大青杨对干旱、盐胁迫的响应机制分析[D]．哈尔滨：东北林业大学，2018.

许维宏，吴宁，吴福忠．干旱条件下植物生长适应策略研究进展[J]．世界科技研究与发展，2010，32(02)：176-179.

许哲，张晨光，张思远，等．二倍体和四倍体西瓜的转录组初步分析[J]．江苏农业科学，2020，48(24)：53-59.

颜志明，张蜀宁，汤伟华，等．二倍体和四倍体扬花萝卜的品质特性及抗寒性比较研究[J]．西北植物学报，2007(7)：1405-1410.

晏春耕．植物多倍体及其应用[J]．生物学通报，2007，42(4)：14-18.

杨春桃．^{60}Co γ 射线诱导的部分四倍体小麦突变体的筛选[D]．成都：四川农业大学 2014.

杨娟，姜阳明，周芳，等．PEG-6000 胁迫对不同抗旱性玉米品种苗期形态与生理特性的影响[J]．作物杂志，2021，(01)：82-89.

杨丽娟．大花蕙兰离体快繁关键技术及多倍体诱变研究[D]．成都：四川农业大学，2009.

杨涛，张建利，溥丽华．不同栽培模式西番莲的光响应特性[J]．中国南方果树，2023，52(05)：99-103.

杨玉双，甘霖，覃碧，等．橡胶草染色体制片技术研究[J]．热带农业科学，2017，37(2)：31-34.

杨振欣，朱雅静，陆庄跃，等．不同倍性紫果西番莲满天星的形态特征和光合特性比较研究[J]．植物遗传资源学报，2023，24(06)：1659-1668.

姚焱，孔曜，黄得凤，等．巴戟天胚乳诱导愈伤组织及三倍体再生[J]．种子，2015(2)：32-34+38.

叶胜拓．苎麻抗旱生理生化指标研究及抗旱性鉴定[D]．武汉：华中农业大学，2013.

殷奎德，马连菊，刘世强．逆境条件下植物活性氧(AOS)的研究进展[J]．沈阳农业大学学报，2003，34(2)：147-149.

游韧，邓湘雯，胡彦婷，等．树木对干旱胁迫及复水的生理生态响应研究进展[J]．林业科学，2023，59(11)：124-136.

于秋艳，王丹萍．葡萄的组培快繁技术[J]．农技服务，2016，33(17)：155.

余东，熊丙全，袁军，等．西番莲种质资源概况及其应用研究现状[J]．中国南方果树，2005，(1)：36-37.

袁梅，林萍．五种藤蔓植物显根与暗根水培适应性及根系生理特性研究[J]．北方园艺，2009，(10)：218-221.

云建英，杨甲定，赵哈林．干旱和高温对植物光合作用的影响机制研究进展[J]．西北植物学报，2006，(3)：641-648.

曾正明，郭启高．植物多倍体形成途径及机制[J]．绵阳经济技术高等专科学校学报，2000，(04)：1-4.

翟宇宁，张广华，董寅壮，等．PEG-6000 模拟干旱胁迫对甜菜幼苗生长及生理指标的影响[J]．黑龙江大学自然科学学报，2023，40(5)：573-580.

张爱清．人工诱导植物多倍体的方法初探[J]．中学生物学，2016，(4)：5-6.

张成磊，周锐，谢善鹏，等．山金柑实生后代四倍体发掘及形态和代谢评价[J]．植物科学学报，2022，40(1)：47-53.

张诚诚，文佳，曹志华，等．水分胁迫对油茶容器苗叶片解剖结构和光合特性的影响[J]．西北农林科技大学学报(自然科学版)，2013，41(8)：79-84.

张凡．金莲花多倍体诱导及鉴定的研究[D]．保定：河北农业大学，2014.

张芬，郑爱红，肖楠，等．芸薹属植物原生质体培养研究进展[J]．分子植物育种，2018，16(2)：546-551.

张桂芳．白鹤芋体胚高效快繁体系的建立及多倍体诱导研究[D]．银川：宁夏大学，2017.

张虹，龙宏周，路国栋，等．黑果枸杞多倍体诱导及鉴定[J]. 核农学报，2017，(1)：59-65.

张佳艳，任仙娥. 西番莲果汁的研究进展[J]. 食品研究与开发，2016，(11)：219-224.

张进忠，韦绍龙，孙嘉曼，等. 二倍体与三倍体香蕉苗对冷胁迫的生理响应[J]. 核农学报，2014，28(8)：1528-1533.

张静，牛喆，范卫芳，等. 狭叶黄芩组织培养再生体系的建立[J]. 植物研究，2020，(1)：50-57.

张静波，詹琳，何英. 西番莲籽油成分的测定及其开发利用[J]. 中国油脂，2000，(6)：115-117.

张丽杰，寇靓，闫冬函，等. PEG模拟干旱处理对欧洲垂枝桦幼苗内源激素含量变化的影响[J]. 沈阳农业大学学报，2023，54(05)：537-546.

张利珍. 秋水仙素和氮离子对蒙古黄芪多倍体诱导的影响及其适应机理的探讨[D]. 呼和浩特：内蒙古大学，2011.

张曼义. 干旱胁迫对黄瓜植株生长的影响机理及光谱估算模型的研究[D]. 南京：南京信息工程大学，2018.

张培源. 干旱胁迫下不同倍性鄂川泡桐的生理特性及代谢组学研究[D]. 郑州：河南农业大学，2024.

张琴，闫勇，梁国鲁. 西番莲胚乳愈伤组织诱导和三倍体植株再生[J]. 西南农业大学学报，2000(5)：398-399+418.

张穗生. 罗汉果多倍体诱导的研究[D]. 南宁：广西师范大学，2002.

张锡庆，汪莲娟，曹钦政，等. 有斑百合多倍体诱导及鉴定[J]. 北京林业大学学报，2017，(7)：96-102.

张艳萍，蒲秀琴. 秋水仙素诱导马铃薯野生种 *S. acaule* 多倍体的初步研究[J]. 中国种业，2018，(6)：66-68.

张勇，房勇霖，邓丽家，等. 厚皮甜瓜四倍体的诱导及其特性变化[J]. 北方园艺，2012，(04)：104-107.

张宇，张蜀宁，韩业飞，等. 秋水仙碱创制优质青梗四倍体不结球白菜[C]. 2012年园艺植物染色体倍性操作与遗传改良学术研讨会，2012：22-29.

张源珊. 彩叶芋多倍体的离体诱导、鉴定及其应用性评价[D]. 荆州：长江大学，2020.

章宁，林清洪，曾新萍，等. 西番莲生物技术研究进展(综述)[J]. 亚热带植物科学，2003，32(4)：77-80.

章希娟，许玲，魏秀清，等. 5份西番莲种质资源性状评价[J]. 福建果树，2017，5(6)：5-8.

赵奉彬，尚策，张莉梅，等. 11种杨属植物的倍性鉴定及山杨天然三倍体的发现[J]. 东北林业大学学报，2016，44(6)：23-27.

赵红艳，江丽丽，马森. 濒危药用植物天山雪莲多倍体植株的化学诱导[J]. 种子，2012，(02)：24-27+33.

赵立宁，臧巩固. 苎麻属全雌型无融合生殖种雄花诱导研究[J]. 中国麻作，1990，(2)：5-8.

赵娜，吕建魁，李少宁，等. 不同干旱处理刺槐、侧柏光合特性与内源脱落酸含量的相关关系[J]. 生态学报，2024，44(5)：2100-2114

赵庆年，姜明慧，高山林. 桔梗四倍体生理生化指标的测定和评价[J]. 药物生物技术，2015，22(4)：316-319.

赵兴蕊，陈玲玲，王洪云，等. 西番莲属植物资源的研究概况[J]. 云南化工，2021，48(04)：17-19+23.

赵英，吴敏，叶晓霞，等. 干旱与复水对喀斯特地区红背山麻杆生长及叶绿素荧光动力学参数的影响[J]. 西北植物学报，2023，43(9)：1537-1546.

郑君强，陈露薇，罗筱玉，等. 金柑多倍体诱导初探[J]. 亚热带农业研究，2005，1(4)：17-20.

郑涛，樊军锋，高建社，等. 11个白杨派无性系抗旱性综合评价[J]. 西北林学院学报，2019，34(4)：101-106.

郑永强，徐坤. 秋水仙素在植物体细胞染色体加倍中的应用研究进展[J]. 中国农学通报，2003，(5)：89-91.

郑于莉. 秋水仙素创制同源四倍体青花菜新种质[D]. 南京：南京农业大学，2014.

周朝彬，宋于洋，王炳举，等. 干旱胁迫对胡杨光合和叶绿素荧光参数的影响[J]. 西北林学院学报，2009，24(4)：5-9.

周慧文，肖亮，曾文丹，等. 木薯同源四倍体的离体诱导及鉴定[J]. 核农学报，2019，(4)：21-26.

周嘉裕. 辣椒多倍体诱导研究及其过氧化物酶同功酶的初步分析[D]. 成都：四川大学，2002.

周葵，滕建文，韦保耀，等. 热处理对西番莲果浆品质的影响研究[J]. 食品科技，2015，(3)：90-95.

周朴华，何立珍. 组织培养中用秋水仙素诱发黄花菜同源四倍体的研究[J]. 中国农业科学，1995，(1)：49-55.

周玉娟，谈峰，邓君. 西番莲属植物的研究进展[J]. 中国中药杂志，2008，33(15)：1789-1793.

朱登云，李浚明. 被子植物胚乳培养研究的历史与现状[J]. 农业生物技术学报，1996，4(3)：205-216.

朱方容，雷扶生，胡乐山，等. 桑树杂交组合桂桑优12的育成[J]. 蚕业科学，2003，(1)：18-23.

朱庆麟，陈新民. 大麦(*Hordum vulgare* L.)未成熟胚乳离体培养再生植株研究初报[J]. 西北农林科技大学学报(自然科学版)，1985，(4)：5-6.

祝泽兵. 山杨和小黑杨多倍体诱导及生长与光

合特性分析[D]. 哈尔滨：东北林业大学，2010.

邹家通，罗一然，韩国伟，等. 澳洲坚果不定芽诱导及生根培养研究[J]. 西南林业大学学报，2019，(5)：165-169.

邹江冰，袁进，蒋琳兰. 紫果西番莲叶提取物抗焦虑作用及其机制[J]. 医药导报，2015，(2)：166-169.

Antoniazzi C A，Faria R，Carvalho P，et al. In vitro regeneration of triploid plants from mature endosperm culture of commercial passionfruit（*Passiflora edulis* Sims）[J]. Scientia Horticulturae，2018，238：408-415.

Baker N R，Rosenqvist E. Applications of chlorophyll fluorescence can improve crop production strategies：an examination of future possibilities[J]. Journal of Experimental Botany，2004，55（403）：1607-1621.

Barbara C，Marta P，Lucinda N，et al. Water stress and recovery in the performance of two Eucalyptus globulus clones：physiological and biochemical profiles[J]. Physiologia plantarum，2014，150（4）：580-92.

Barbosa L V，Mondin M，Oliveira C A，et al. Cytological behaviour of the somatic hybrids *Passiflora edulis* f. *flavicarpa* + *P. cincinnata* [J]. Plant Breeding，2010，126(3)：323-328.

Bohnert H J，Sheveleva E. Plant stress adaptations-making metabolism move[J]. Current Opinion in Plant Biology，1998，1(3)：267-274.

Chavarria M R，Wherley B，Jessup R，et al. Leaf anatomical responses and chemical composition of warm-season turfgrasses to increasing salinity[J]. Current Plant Biology，2020，22：100147.

Chen R，Jiang W Z，Li Q L，et al. Comparison of seven colchicine-induced tetraploid clones with their original diploid clones in purple coneflower（*Echinacea purpurea* L.）[J]. Euphytica，2016，207（2）：387-399.

Cohen，Itay，Sara I Zandalinas，et al. 'Meta-analysis of drought and heat stress combination impact on crop yield and yield components'[J]. Physiologia Plantarum，2020，17(1)：66-76.

Da Graca J V. Studies on woodiness disease of passionfruit，*Passiflora edulis*，in South Africa[J]. Phytophylactica，1976，(8)：37-40.

Davenport R J，Tester M. A weakly voltage-dependent，nonselective cation channel mediatestoxic sodium influx in wheat[J]. Plant Physiology，2000，122(3)：823-34.

De Oliveira C F，Giordani D，Gurak P D，et al. Extraction of pectin from passion fruit peel using moderate electric field and conventional heating extraction methods[J]. Innovative Food Science and Emerging Technologies，2015，29：201-208.

Deng B，Du W，Liu C，et al. Antioxidant response to drought，cold and nutrient stress in two ploidy levels of tobacco plants：Low resource requirement confers polytolerance in polyploids?[J]. Plant Growth Regulation：An International Journal on Natural and Synthetic Regulators，2012，66(1)：37-47.

Dhawan K，Kumar S，Sharma A. Anti-anxiety studies on extracts of *Passiflora incarnata* Linneaus [J]. Journal of Ethnopharmacology，2001，78（2-3）：165-170.

Dhawan K，Kumar S，Sharma A. Anti-anxiety studies on extracts of *Passiflora incarnata* Linneaus [J]. Journal of Ethnopharmacology，2001，78(2)：165-170.

Essah P A，Romola D，Mark T. Sodium influx and accumulation in *Arabidopsis*[J]. Plant Physiology，2003，133(1)：307-318.

Farquhar S P，Sharkey T D. Stomatal conductance and photosynthesis[J]. Annual Review of Plant Physiology，1982，33(1)：317-345.

Fernandes F F，Esposito M P，Regina S D G，et al. The passion fruit liana（*Passiflora edulis* Sims，Passifloraceae）is tolerant to ozone[J]. The Science of the Total Environment，2019，656：1091-1101.

Fernandes F F，Esposito P M，Engela S D G R M，et al. The passion fruit liana（*Passiflora edulis* Sims，Passifloraceae）is tolerant to ozone[J]. Science of the Total Environment，2019，（656）：1091-1101.

Freitas，Jôsie C O，Alexandre P，et al. Genetic basis of the resistance of a passion fruit segregant population to Cowpea aphid-borne mosaic virus（CABMV）[J]. Tropical Plant Pathology，2015，40（5）：291-297

Janzantti N S，Macoris M S，Garruti D S，et al. Influence of the cultivation system in the aroma of the volatile compounds and total antioxidant activity of passion fruit[J]. Food Science and Technology，2012，46(2)：511-518.

Jiana L，Bingnan Z，Jintuo Z，et al. Induction of tetraploids in Paper Mulberry（*Broussonetia papyrifera*（L.）L'Hér. ex Vent.）by colchicine[J]. BMC Plant Biology，2023，23(1)：574.

Johnson K M，Jordan G J，Brodribb T J.

Wheat leaves embolised by water stress do not recover function upon rewatering[J]. Plant, cell environment, 2018, 41(11): 2704-2714.

Lauriano J, Ramalho J, Lidon F, et al. Peanut photosynthesis under drought and re-watering[J]. Photosynthetica, 2004, 42(1): 37-41.

Li M, Wang Y, Adeli A, et al. Effects of application methods and urea rates on ammonia volatilization, yields and fine root biomass of alfalfa[J]. Field Crops Research, 2018, (218): 115-125.

Li X, Piao S, Wang K, et al. Temporal trade-off between gymnosperm resistance and resilience increases forest sensitivity to extreme drought[J]. Nature Ecology Evolution, 2020, 4(8): 1-9.

Marcin Z, David E M. Contrasting the morphology, anatomy and fungal colonization of new pioneer and fibrous roots[J]. The New phytologist, 2011, 190(1): 213-21.

Maxwell K, Johnson G N. Chlorophyll fluorescence—a practical guide[J]. Journal of experimental botany, 2000, 51(345): 659-68.

Mcconnaughay K D M, Coleman J S. Can plants track changes in nutrient availability via changes in biomass partitioning? [J]. Plant & Soil, 1998, 202(2): 201-209.

Mohamed M E, Hicks R G T, Blakesley D. Shoot regeneration from mature endosperm of *Passiflora foetida*[J]. Plant Cell Tissue & Organ Culture, 1996, 46(2): 161-164.

Montanher A B, Zucolotto S M, Schenkel E P, et al. Evidence of anti-inflammatory effects of *Passiflora edulis* in an inflammation model[J]. Journal of Ethnopharmacology, 2007, 109(2): 281-288.

Nejadsadeghi L, Maali-Amiri R, Zeinali H, et al. Comparative analysis of physio-biochemical responses to cold stress in tetraploid and hexaploid Wheat[J]. Cell Biochemistry & Biophysics, 2014, 70(1): 399-408.

Nevo E. Ecological genomics of natural plant populations: The israeli perspective[J]. Methods in Molecular Biology, 2009, 513: 321-344.

Nishida K, Hanba T Y. Photosynthetic response of four fern species from different habitats to drought stress: relationship between morpho-anatomical and physiological traits[J]. Photosynthetica, 2017, 55(4): 689-697.

O' Brien M J, Burslem D, Caduff A, et al. Contrasting nonstructural carbohydrate dynamics of tropical tree seedlings under water deficit and variability[J]. The New phytologist, 2015, 205(3): 1083-1094.

Ony G A, Iago G S D, Renato J A D F, et al. The nephroprotective action of *Passiflora edulis* in streptozotocin-induced diabetes[J]. Scientific Reports, 2022, 12(1): 17546-17546.

Qiao Y, Zhang Z, Gao Y, et al. Genetic diversity in loquat germplasm using SRAP and SSR markers[J]. Acta Horticulturae, 2015, (1092): 105-113.

Rohacek K, Bartak M. Technique of the modulated chlorophyll fluorescence: Basic concepts, useful parameters, and some applicadons[J]. Photosynthetlea, 1999, 37: 339-363.

Rothfels, C J. Polyploid phylogenetics [J]. New Phytologist, 2021, 230(1): 66-72.

Song, C, ShaoJun L, Jun X, et al. 'Polyploid organisms'[J]. Science China Life Sciences, 2012, 55(1): 301-11.

Stirbet A, Govindjee. On the relation between the Kautsky effect (chlorophyll a fluorescence induction) and Photosystem Ⅱ: Basics and applications of the OJIP fluorescence transient[J]. Journal of photochemistry and photobiology, 2011, 104(1-2): 236-257.

Thomas T D, Bhatnagar A K, Bhojwani S S. Production of triploid plants of mulberry (*Morus alba* L.) by endosperm culture[J]. Plant Cell Reports, 2000, 19: 395-399.

Tingting C, Yu S, Zhaodong H, et al. Transcriptome and proteome analysis suggest enhanced photosynthesis in tetraploid Liriodendron sino-americanum [J]. Tree physiology, 2021, 41(10): 1953-1971.

Tyagi K, Park M R, Lee H J, et al. Fertile crescent region as source of drought tolerance at early stage of plant growth of wild barley (*Hordeum vulgare* L. ssp. *spontaneum*)[J]. Pakistan Journal of Botany, 2011, 43(1): 475-486.

Upadhyaya H, Khan M H, Panda S K, Hydrogen peroxide induces oxidative stress in detached leaves of *Oryza sativa* L[J]. Genetic Applications of Plant Physiology, 2007, 33(1-2): 83-95.

Vadim D, Shabala S N, Coutts K B, et al. Free oxygen radicals regulate plasma membrane Ca^{2+}- and K^{+}-permeable channels in plant root cells [J]. Journal of Cell Science, 2003, 116: 81-88.

Viana A J C, Souza M M. Comparative cytogenetics between the species *Passiflora edulis* and *Passiflora cacaoensis*[J]. Plant Biology, 2012, 14(5): 820-827.

Xirui H, Fei L, Yan Y, et al. *Passiflora edulis*: an insight into current researches on phytochemistry and pharmacology[J]. Frontiers in pharmacology, 2020, (11): 617.

ZgallaÏ H, Steppe K, Lemeur R. Photosynthetic, physiological and biochemical responses of tomato plants to polyethylene glycol-induced water deficit[J]. Journal of Integrative Plant Biology, 2005, 47(12): 1470-1478.

Zhang X Y, Hu C G, Yao J L. Tetraploidization of diploid Dioscorea results in activation of the antioxidant defense system and increased heat tolerance[J]. Journal of Plant Physiology, 2010, 167(2): 88-94.